Uni-Taschenbücher 510

T0233898

UTB

Eine Arbeitsgemeinschaft der Verlage

Birkhäuser Verlag Basel und Stuttgart
Wilhelm Fink Verlag München
Gustav Fischer Verlag Stuttgart
Francke Verlag München
Paul Haupt Verlag Bern und Stuttgart
Dr. Alfred Hüthig Verlag Heidelberg
Leske Verlag + Budrich GmbH Opladen
J. C. B. Mohr (Paul Siebeck) Tübingen
C. F. Müller Juristischer Verlag - R. v. Decker's Verlag Heidelberg
Quelle & Meyer Heidelberg
Ernst Reinhardt Verlag München und Basel
F. K. Schattauer Verlag Stuttgart-New York
Ferdinand Schöningh Verlag Paderborn
Dr. Dietrich Steinkopff Verlag Darmstadt
Eugen Ulmer Verlag Stuttgart
Vandenhoeck & Ruprecht in Göttingen und Zürich
Verlag Dokumentation München

Unter Mitarbeit von Dr. rer. nat. WOLFGANG KNÜPFER, Universität Erlangen

Horst Teichmann

Angewandte Elektronik

Band II:

Elektronische Bauelemente

Vierpoltheorie

Mit 67 Abbildungen und 9 Tabellen

Springer-Verlag Berlin Heidelberg GmbH

Prof. Dr.-Ing. HORST TEICHMANN, geboren am 12. Januar 1904 in Dresden, studierte technische Physik an der Technischen Hochschule Dresden. 1931 Habilitation (für das gesamte Lehrgebiet der Physik), 1926–1939 Assistent am Physikalischen Institut der Technischen Hochschule Dresden. Seit 1939 im Dienst (Forschung, Verwaltung) der Deutschen Reichs- und Bundespost (1944 Postrat, 1961 Oberpostrat, 1967 Oberpostdirektor, seit 1969 a. D.) in Berlin, Würzburg und Nürnberg. 1942–1945 Lehrauftrag für theoretische Physik an der Universität Heidelberg, 1948–1972 Lehrauftrag für angewandte Physik an der Universität Würzburg, 1952 Umhabilitation an die Universität Würzburg, seit 1953 Honorarprofessor für angewandte Physik an der Universität Würzburg. Zahlreiche wissenschaftliche Veröffentlichungen, Schriftleiter der Zeitschrift Der Fernmelde-Ingenieur (seit 1951), Hauptredakteur des Handwörterbuches für das elektrische Fernmeldewesen (1963–1970), Koordinator auf dem Gebiete der Dokumentation in der Elektrotechnik (1963–1973). Bundesverdienstkreuz a. Bd. (1968). Lebt gegenwärtig in Würzburg.

CIP-Kurztitelaufnahme der Deutschen Bibliothek

Teichmann, Horst

Angewandte Elektronik. - Darmstadt: Steinkopff.
Bd. 2. Elektronische Bauelemente, Vierpoltheorie. - 1977.

(Uni-Taschenbücher; 510)

ISBN 978-3-7985-0430-1 ISBN 978-3-642-72319-3 (eBook)
DOI 10.1007/978-3-642-72319-3

Ursprünglich erschienen bei Dr. Dietrich Steinkopff Verlag GmbH & Co. KG, Darmstadt 1977

Gebunden in der Großbuchbinderei Sigloch, Stuttgart

Vorwort

Mit dem vorliegenden Taschenbuch erscheint Band II einer 4-bändigen Reihe, die sich mit „Angewandter Elektronik" befaßt. Sie behandelt einen viersemestrigen Vorlesungskurs, den ich an der Universität Würzburg gehalten habe.

Nachdem Band I vornehmlich die Darstellung der elektronischen Leitung und der Elektronenoptik zum Inhalt hatte, sind die Hauptthemen des Bandes II die Beschreibung elektronischer Bauelemente sowie die Grundlagen der Vierpoltheorie; Band III wird elektronischen Geräten und der Strahlungselektronik, Band IV der Kybernetik und Informationselektronik gewidmet sein.

Wie in Band I habe ich mich auch im vorliegenden Band II um jene überschaubare Art der Darstellung bemüht, die meinen Veröffentlichungen stets eine gute Aufnahme sicherten. Die biographischen Notizen sowie die Zitate älterer Originalarbeiten sollen wieder an die Menschen, die hinter dem wissenschaftlichen Werk stehen, sowie an die zeitgebundenen Einflüsse von historischem, aber auch heuristischem Wert erinnern.

Bei der Abfassung, dem Schreiben des Manuskriptes und dem Lesen der Korrekturen des vorliegenden Bandes II standen mir die gleichen Helfer zur Seite wie für Band I: mein Mitarbeiter Herr Dr. WOLFGANG KNÜPFER, Frau HILDEGARD OHMANN sowie meine liebe Frau, BRUNHILDE TEICHMANN geb. KIRCHER. Der Verlag ließ auch dem zweiten Band wieder besondere Sorgfalt bei der redaktionellen Bearbeitung, bei der Zeichnung der Abbildungsoriginale nach meinen skizzierten Vorlagen sowie bei der technischen Gesamtausstattung des gemeinsamen Werkes angedeihen. Ihnen Allen habe ich herzlich für ihre Bemühungen zu danken.

Kreuzwertheim, Frühjahr 1977 HORST TEICHMANN

Vorwort

Inhaltsverzeichnis

Vorwort V

1. Anwendung elektronischer Effekte 1

1.1. Allgemeine Eigenschaften 1

1.1.1. Verstärkung 1
1.1.2. Schwingungserzeugung 2
1.1.3. Rückkopplungsprinzip 11
1.1.4. Negativer Widerstand und Kennlinien 12

2. Elektronische Bauelemente 21

2.1. Elektronenröhren 21

2.1.1. Aufbau und Theorie 21
2.1.2. Kenndaten und ihre Bestimmung 24
2.1.3. Mehrgitterröhren 31

2.2. Photozellen 34

2.2.1. Photowiderstände 36
2.2.2. Zellen mit äußerem Photoeffekt 40
2.2.2.1. Vakuum-Photozellen 41
2.2.2.2. Gasgefüllte Photozellen 43

2.3. Gasentladungsröhren 46

2.3.1. Gasdioden 47
2.3.1.1. Glimmlampen 47
2.3.1.2. Zählrohre 53
2.3.1.3. Gasentladungslampen 56
2.3.2. Gastrioden 58
2.3.2.1. Ignitron 58
2.3.2.2. Thyratron 59

2.4. Halbleiter-Bauelemente 60

2.4.1. Aufbereitungsverfahren 62
2.4.2. Halbleiter-Dioden 67
2.4.2.1. Gleichrichterdioden 68
2.4.2.1.1. Varaktordioden 70
2.4.2.1.2. Varistordioden 71
2.4.2.1.3. Zenerdioden 72
2.4.2.1.4. Tunneldioden 72
2.4.2.1.5. Gunndioden 76
2.4.2.1.6. Schottkydioden 77

2.4.2.1.7. Josephsondioden ... 81
2.4.2.2. Photodioden ... 84
2.4.2.2.1. Photoelemente ... 85
2.4.2.2.2. Leuchtdioden ... 86
2.4.3. Halbleitertrioden ... 88
2.4.3.1. Transistoren ...
2.4.3.1.1. Flächentransistor ... 90
2.4.3.1.2. Feldeffekttransistor ... 95
2.4.3.1.3. Thyristor ... 97
2.4.4. Herstellungsverfahren ... 100
2.4.4.1. Dickschichttechnik ... 104
2.4.4.2. Dünnschichttechnik ... 105
2.4.4.3. Aufdampfmethoden ... 108
2.4.4.3.1. Thermische Aufdampfverfahren ... 109
2.4.4.3.2. Epitaxie-Verfahren ... 110
2.4.4.3.3. Oxidationsverfahren ... 112
2.4.4.4. Photolithographieverfahren ... 112

3. Vierpoltheorie ... 114

3.1. Grundbegriffe ... 115

3.1.1. Vierpolgleichungen ... 116
3.1.2. Vierpolkennwerte ... 120
3.1.2.1. Kurzschluß- und Leerlaufwiderstände ... 121
3.1.2.2. Wellenwiderstand ... 121
3.1.2.3. Schwingwiderstände ... 123
3.1.2.4. Kopplungswiderstände ... 124
3.1.2.5. Strom-, Spannungs- und Leistungsübersetzung ... 125
3.1.2.6. Übertragungsmaß ... 126
3.1.2.7. Kenntwertumrechnung ... 129

3.2. Einfache lineare symmetrische Vierpole ... 131

3.2.1. Doppelleitung ... 141
3.2.2. Übersetzer ... 146
3.2.3. Filter ... 148
3.2.4. Vierpolparameter des Transistors ... 155

3.3. Ersatznetzwerke ... 158

3.3.1. Ersatzschaltbilder ... 159
3.3.2. Ersatzzweipole ... 160

Literatur ... 163

Biographische Notizen ... 166

Sachverzeichnis ... 168

1. Anwendungen elektronischer Effekte

Das Verhalten von Elektronen im materieerfüllten wie im materiefreien Raum unter dem Einfluß von thermischen, elektrischen, magnetischen und elektromagnetischen Feldern ist gekennzeichnet durch den nahezu trägheitslosen Ablauf der elektronischen Prozesse infolge der verschwindend kleinen Masse des einzelnen Elektrons (m_ε) vom Betrage:

$$m_\varepsilon = (9{,}0191 \pm 0{,}0004) \cdot 10^{-28}\,\mathrm{g} \qquad [1]$$

(vgl. Bd. I, Abschn. 1.2.2. Gl. [20]). Daher sind solche Prozesse in Schaltungen aus elektronischen Bauelementen prädestiniert für Steuerungs- und Schaltvorgänge, bei deren Verwendung in elektronischen Geräten es auf kürzeste Ansprech- und Schaltzeiten ankommt.

1.1. Allgemeine Eigenschaften

Es sind insbesondere zwei Prozesse, die in elektronischen Geräten immer wieder angewendet werden, nämlich:

a) die *Verstärkung*, d. h. die Steuerung elektrischer Leistungen durch Steuerleistungen, die um viele Zehnerpotenzen kleiner sind, mittels elektronischer Bauelemente,

b) die *Schwingungserzeugung*, d. h. die Anfachung von elektromagnetischen Schwingungen durch Aussiebung der erwünschten Schwingungsfrequenz aus dem thermischen Rauschen (S. 162 u. Bd. I, Abschn. 1.4.2.10) und Aufschaukelung der Schwingungsamplitude mittels geeigneter elektronischer Bauelemente und Schaltmaßnahmen.

Eine wichtige Rolle spielen bei den Anwendungen auch Kettenreaktionen (z. B. bei Gasentladungen, vgl. Abschn. 2.2.2.2. und 2.3. sowie Bd. I, Abschn. 2.1.1.1.) und die Transformation von elektronischer in optische Energie mit Hilfe von Leuchtstoffen (Abschn. 2.3.1. und Bd. I, Abschn. 2.2.1.).

1.1.1. Verstärkung

Elektronische Bauelemente, die sich zur Leistungsverstärkung eignen, bedienen sich des glühelektrischen Effekts (Elektronenröhre, Abschn. 2.1.), des photoelektrischen Effekts (Photomultiplier, Bd. III, Abschn. 1.2.), der Leitungseigenschaften von Festkörpern, insbesondere von pn-Übergängen (*Schicht-Transistor*, Abschn. 2.4.3.1.1. und Bd. I, Abschn. 1.5.2.5.), des Feldeffektes (*Feldeffekt-Transistor*, Abschn. 2.4.3.1.2.), der magnetischen Induktion (Transduktor, Bd. III, Abschn. 2.4.1.) und galvanometischer Effekte (*Hallgenerator*, *Feldplatte*, Bd. III, Abschn. 2.4. und 2.4.3.). Derartige elektronische Bauelemente werden als *aktive* Schaltelemente (Vierpole, Abschn. 3.) bezeichnet, weil sie eine Energiequelle (Urspannung bzw. Urstrom, Abschn. 2.4.2.2.) enthalten, deren an einen Verbraucher (*passives* Bauelement, *ohmschen Widerstand* R) abgegebene Leistung $N = i^2 R$ über die Einwirkung elektrischer oder magnetischer Felder so gesteuert wird, daß die Stromänderung Δi proportional einer Funktion des jene Steuerfelder hervorrufenden *Steuerstromes* i_s ist:

$$\Delta i = a_i f(i_s), \qquad [2]$$

wobei der *Stromverstärkungsfaktor* a_i in der Regel einen positiven und großen Wert besitzt:

$$a_i \gg +1. \qquad [3]$$

Da es sich bei dem Ziel des Verstärkungsprozesses darum handelt, das Verhalten des Steuerstromes möglichst getreu durch das von Δi abzubilden (z. B. einen Schwingungsvorgang frequenz-, phasen- und amplitudengetreu zu verstärken), ist es erforderlich, daß der funktionale Zusammenhang in Gl. [2] ein linearer ist. Diese Forderung läßt sich stets dadurch in beliebiger Näherung verwirklichen, daß man praktisch nur die geradlinigen Bereiche des Funktionsverlaufes der Gl. [2] (vgl. Abschn. 2.1. und 2.1.2.) für die Verstärkung benutzt.

Es sei weiterhin darauf hingewiesen, daß bei einer linearen Stromverstärkung $a_i = \Delta i / i_s$ die *Leistungsverstärkung* den Wert annimmt:

$$\Delta N = (2 i a_i i_s + a_i^2 i_s^2) R \approx a_i^2 i_s^2 R, \qquad [4]$$

d. h. näherungsweise dem Quadrat des Stromverstärkungsfaktors proportional ist.

1.1.2. Schwingungserzeugung

Aktive elektronische Bauelemente können außer zu einer Verstärkung auch zu einem Schwingungseinsatz Anlaß geben, der zur Entstehung von Wechselströmen in einem breiten Frequenzbereich führt. Da mit wachsender Frequenz der *Leitungsstrom* immer mehr gegenüber dem *Verschiebungsstrom* zurücktritt, wird der *Energietransport* mit wachsender Frequenz in zunehmendem Maße durch *elektromagnetische Wellen* übernommen (vgl. Bd. III, Abschn. 4.1.1.). Verantwortlich für die Schwingungserzeugung sind die jedem Schaltkreis eigenen, kapazitiven und induktiven Eigenschaften zu machen. Denn er besitzt außer dem bereits oben (Abschn. 1.1.1.) erwähnten ohmschen Widerstand R noch eine *Kapazität* C und eine *Selbstinduktion* L, die zwar durch Verursachung einer *Phasenverschiebung* zwischen Spannung U und Strom i den Energietransport hemmen, jedoch (abgesehen von *Hystereseverlusten*) im Gegensatz zum ohmschen Widerstand keine Energie verbrauchen. Da ihre Wirksamkeit in bezug auf den Energietransport der eines ohmschen Widerstandes ähnelt, bezeichnet man sie als (kapazitive bzw. induktive) *Blindwiderstände*.

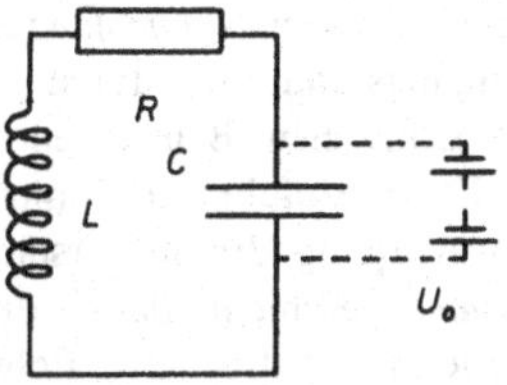

Abb. 1. Elektronischer Schwingungskreis

Das Auftreten von *harmonischen* Schwingungen in Gestalt periodischer Wechselströme in einem ⟨aus R, C und L⟩ Schaltkreis ⟨···⟩ (Abb. 1) läßt sich folgendermaßen erklären: Der Kondensator (C) werde zur Zeit $t = 0$ auf die Spannung U_0 aufgeladen und dann der Schwingungskreis sich selbst überlassen. Zunächst befindet sich die gesamte Energie als elektrische Energie im Kondensator (d. h. in dessen Dielektrikum) gespeichert. Der Kondensator beginnt sich jedoch sofort über den ohmschen Widerstand R und die Selbstinduktion L zu entladen. Die abfließende Ladung Q bildet dabei den Strom $i = \mathrm{d}Q/\mathrm{d}t$, der zuerst anwachsen, dann über ein Maximum gehen und schließlich wegen des Sinkens der Spannung am Kondensator wieder abnehmen wird. Der Entladungsstrom gibt einen Teil seiner elektrischen Energie an den ohmschen Widerstand ab (*Joulesche Wärme*), der größte Teil jedoch baut ein magnetisches Feld um die Selbstinduktionsspule L auf, so daß dieser Teil der ursprünglich in den Kreis eingegebenen elektrischen Energie in magnetische Energie umgeformt wird. Mit schwächer werdendem Strom bricht das magnetische Feld wieder zusammen und induziert einen Induktionsstrom, der die Elektrizitätsströmung aufrechterhält und den Kondensator über den erreichten Spannungsausgleich hinaus umgekehrt auflädt, bis die gesamte Energie des Kreises (abzüglich der ohmschen Verluste) wieder als elektrische Energie gespeichert ist. Dieser Vorgang wiederholt sich periodisch, bis die Energie aufgebraucht ist.

Mit wachsender Frequenz ν tritt zum ohmschen Energieentzug noch der Verlust von Strahlungsenergie durch Abstrahlung elektromagnetischer Wellen hinzu. Die Höhe der Frequenz hängt von der Größe der Kapazität und Selbstinduktion ab. Je kleiner deren Werte sind, um so kürzer ist die Dauer des Transformationsprozesses zwischen elektrischer und magnetischer Energie im Schwingungskreis, d. h. desto höher ist die Frequenz der entstehenden Wechselströme bzw. der abgestrahlten elektromagnetischen Wellen.

Da der Schwingungskreis und damit auch die entstehenden Schwingungen durch den Energieentzug eine *Dämpfung* erfahren, ist es Aufgabe einer Schwingungserzeugungsschaltung, durch geeignete Kombination mit einem aktiven elektronischen Bauelement diese Energieverluste durch phasengerechte Energiezufuhr zu kompensieren und darüber hinaus den Schwingungsvorgang durch Verstärkung aufzuschaukeln. Die *Schwingungsanfachung* geschieht dabei durch die statistischen Schwankungen in der Elektronenströmung. Folgen zufällig zwei Elektronen im zeitlichen Abstand der Schwingungsdauer $T = 1/\nu$ aufeinander, so wird der Kreis zu einer ersten Schwingung angeregt. Sorgt man mittels eines aktiven Bauelements dafür, daß dieser Vorgang durch geeignete Schaltmaßnahmen (Rückkopplung vgl. Abschn. 1.1.3.) verstärkt wird, kommt es zu einer *Entdämpfung*, d. h. einer Aufschaukelung des Schwingungsprozesses, dem eine obere Grenze durch das Gleichgewicht zwischen Energieentzug durch abgegebene Leistungen (z. B. *Joule*sche Wärme, Strahlung) und Energiezufuhr durch aktive Bauelemente gesetzt wird (vgl. Abschn. 1.1.4., Gl. [25e]).

Das Verhalten eines gedämpften elektrischen Schwingungskreises soll im folgenden mathematisch behandelt werden:

Als Ansatz bietet sich das Gleichgewicht zwischen der Summe der Spannungen U_R am ohmschen Widerstand, U_C am Kondensator sowie U_L an der Selbstinduktion und der Aufladungsspannung U_0 zur Zeit $t = 0$ für den sich selbst überlassenen Schwingungskreis an.

Es gilt nämlich:

$$U_L + U_R + U_C = U_0 \,. \qquad [5]$$

Nunmehr lassen sich unter Beachtung von $i = \mathrm{d}Q/\mathrm{d}t$ die Spannungen U_L, U_R, U_C durch L, R, C und Q ausdrücken. Wir erhalten für die Ladung Q die Differentialgleichung:

$$L\frac{\mathrm{d}^2Q}{\mathrm{d}t^2} + R\frac{\mathrm{d}Q}{\mathrm{d}t} + \frac{Q}{C} = U_0 \,. \qquad [6]$$

Durch eine Differentiation nach t läßt sich aus Gl. [6] eine Differentialgleichung zweiter Ordnung mit konstanten Koeffizienten für den Strom i gewinnen:

$$L\frac{\mathrm{d}^2 i}{\mathrm{d}t^2} + R\frac{\mathrm{d}i}{\mathrm{d}t} + \frac{i}{C} = 0. \qquad [7]$$

Zur Auffindung der Lösung setzen wir eine Exponentialfunktion als partikuläres Integral an:

$$i_n(t) = \mathrm{e}^{+b_n t}. \qquad [8\,\mathrm{a}]$$

Dann lautet das allgemeine Integral:

$$i(t) = i_1(t) + i_2(t) = A_1 \mathrm{e}^{b_1 t} + A_2 \mathrm{e}^{b_2 t} \qquad [8\,\mathrm{b}]$$

mit den partikulären Integralen $i_1(t)$ und $i_2(t)$ sowie den Integrationskonstanten A_1 und A_2. Zur Bestimmung von b_1 und b_2 setzen wir Gl. [8a] in Gl. [7] ein und erhalten eine quadratische Gleichung für die Größen b_n, die sogenannte *charakteristische Gleichung:*

$$L b_n^2 + R b_n + \frac{1}{C} = 0. \qquad [9]$$

Sie liefert für b_n die erforderlichen beiden Lösungen b_1 und b_2 (mit j als Bezeichnung für die imaginäre Einheit):

$$b_{1,2} = -\frac{R}{2L} \pm \sqrt{\frac{R^2}{4L^2} - \frac{1}{LC}} = -\frac{R}{2L} \pm j\sqrt{\frac{1}{LC}\left(1 - \frac{R^2 C}{4L}\right)}. \qquad [10]$$

Die allgemeine Lösung von [8b] nimmt damit die Gestalt an:

$$i(t) = \mathrm{e}^{-\frac{R}{2L}t}\left[A_1 \mathrm{e}^{+j\sqrt{\frac{1}{LC}\left(1 - \frac{R^2 C}{4L}\right)}\,t} + \mathrm{e}^{-j\sqrt{\frac{1}{LC}\left(1 - \frac{R^2 C}{4L}\right)}\,t}\right] \qquad [11]$$

Unter Verwendung der *Euler*schen Relation $\mathrm{e}^{\pm jx} = \cos x \pm j \sin x$ läßt sich die Lösung [11] umformen in:

$$i(t) = \mathrm{e}^{-\frac{R}{2L}t}\left[(A_1 + A_2)\cos\sqrt{\frac{1}{LC}\left(1 - \frac{R^2 C}{4L}\right)}\,t + j(A_1 - A_2)\sin\sqrt{\frac{1}{LC}\left(1 - \frac{R^2 C}{4L}\right)}\,t\right]. \qquad [12]$$

Die Lösung wird übersichtlicher, wenn wir von der freien Verfügbarkeit über die Integrationskonstanten Gebrauch machen und statt A_1 und A_2 die maximale Amplitude $\hat{i}_0$ (Scheitelwert) sowie die Phasenverschiebung γ einführen, indem wir setzen:

$$(A_1 + A_2) = \hat{i}_0 \sin\gamma;\; j(A_1 - A_2) = \hat{i}_0 \cos\gamma. \qquad [13]$$

Dann geht Gl. [12] über in:

$$i(t) = \hat{i}_0 e^{-\frac{R}{2L}t} \sin\left(\sqrt{\frac{1}{LC}\left(1 - \frac{R^2 C}{4L}\right)}\, t + \gamma\right). \qquad [14a]$$

Es ist dies die Gleichung einer gedämpften harmonischen Schwingung mit:

$$\delta = \left|\frac{R}{2L}\right| \qquad [14b]$$

als Dämpfungskonstanten.

Bei der Ableitung der Lösung [14a] haben wir bereits in Gl. [11] eine Schreibweise gewählt, welche die Größen b_1 und b_2 komplex erscheinen läßt. Dies ist aber nur der Fall, wenn gilt:

$$\frac{R^2 C}{4L} < 1 \quad \text{bzw.} \quad R < 2\sqrt{\frac{L}{C}}. \qquad [15a]$$

Lediglich unter dieser Nebenbedingung treten Schwingungen auf. Für $R > 2\sqrt{L/C}$ läßt sich die Umformung von Gl. [11] in Gl. [12] überhaupt nicht vornehmen. Dies bedeutet, daß überhaupt keine Schwingungen zustandekommen, sondern nur ein exponentiell abklingender Strom auftritt. Eine besondere Rolle spielt dabei der Grenzfall mit dem Grenzwiderstand R_g:

$$R_g = 2\sqrt{\frac{L}{C}} \qquad [15b]$$

auf dessen Bedeutung noch eingegangen wird (S. 8, Abb. 2b).

Bei der weiteren Diskussion der Lösung von Gl. [14a] wollen wir $\gamma = 0$ setzen. Damit ist lediglich festgelegt, daß für $t = 0$ auch $i(t) = 0$ ist (Anfangsbedingung). Aus Gl. [14a] folgt für die Schwingungsdauer T bzw. Frequenz ν:

$$T = \frac{1}{\nu} = \frac{2\pi\sqrt{LC}}{\sqrt{1 - \frac{R^2 C}{4L}}}, \qquad [16a]$$

woraus sich für den ungedämpften Schwingungskreis ($R = 0$) die bekannte *Thomsonsche Schwingungsformel:*

$$T_0 = 2\pi\sqrt{LC} \quad \text{bzw.} \quad \nu_0 = \frac{1}{2\pi\sqrt{LC}} \quad (\textit{Eigenfrequenz}) \qquad [16b]$$

und für die *Kreisfrequenz* $\omega_0 = 2\pi\nu_0$ die Beziehung:

$$\omega_0 = \frac{1}{\sqrt{LC}} \qquad [16c]$$

ergibt.

Als weiteres Maß für die Dämpfung neben der Dämpfungskonstanten [14b] hat sich das sogenannte *logarithmische Dekrement d* eingebürgert. Es ist dies die Differenz der Logarithmen zweier aufeinanderfolgender, d. h. um

$(t_{m+1} - t_m) = \frac{1}{2} T$ zeitlich voneinander entfernter, maximaler Amplituden $i(t_m)$ und $i(t_{m+1})$. Für d gilt daher:

$$d = \ln i(t_m) - \ln i(t_{m+1}) = \ln \frac{e^{-\frac{R}{2L} t_m}}{e^{-\frac{R}{2L}(t_m + \frac{1}{2} T)}} = \frac{R}{2L} \cdot \frac{T}{2}, \qquad [17]$$

woraus unter Beachtung von Gl. [16a] folgt:

$$d = \frac{\pi}{\sqrt{\frac{4L}{R^2 C} - 1}} \qquad [18a]$$

bzw. für $R^2 C/4L \ll 1$, d. h. bei Schwingungseinsatz:

$$d = \frac{1}{2} \pi R \sqrt{\frac{C}{L}} = \pi \frac{R}{R_g} \qquad [18b]$$

unter Beachtung von Gl. [15b].

Für den Grenzfall $R = R_g$ hat übrigens die charakteristische Gleichung für b_n [9] eine Doppelwurzel. In diesem Fall hat man statt der Gl. [8b] als allgemeines Integral anzusetzen:

$$i(t) = A_1 e^{bt} + A_2 e^{(b+\varepsilon)t} = A_1 e^{bt} + A_2 e^{bt} e^{\varepsilon t}, \qquad [19a]$$

wobei ε eine beliebig kleine Zahl bedeutet, die wir nach weiterer Umformung gegen Null konvergieren lassen werden. Unter Vernachlässigung von Größen höherer Ordnung kann $e^{\varepsilon t} = 1 + \varepsilon t \ldots$ gesetzt werden. Dann nimmt Gl. [19a] die Gestalt an:

$$i(t) = (A_1 + A_2) e^{bt} + (A_2 \varepsilon) t e^{bt}. \qquad [19b]$$

Lassen wir nunmehr $\varepsilon \to 0$ gehen, so können wir im gleichen Maß die willkürliche Integrationskonstante $A_2 \to +\infty$ wachsen lassen, so daß das Produkt $A_2 \varepsilon$ stets einen endlichen Wert besitzt. Ebenso können wir die Summe $(A_1 + A_2)$ auf einen endlichen Wert halten, indem wir entsprechend der Zunahme von A_2 den Wert von $A_1 \to -\infty$ abnehmen lassen. Die auf diese Weise gewonnenen neuen Integrationskonstanten bezeichnen wir aus Zweckmäßigkeitsgründen mit:

$$\hat{\imath}_0 = \lim_{\substack{A_1 \to -\infty \\ A_2 \to +\infty}} (A_1 + A_2) \quad \text{bzw.} \quad \hat{\imath}_0 a \lim_{\substack{\varepsilon \to 0 \\ A_2 \to +\infty}} A_2 \varepsilon. \qquad [19c]$$

Da die Doppelwurzel nach Gl. [10] unter Beachtung von Gl. [15b] und [16c] den Wert $b = -R_g/2L = \omega_0$ annimmt, ergibt sich als Lösung für den Grenzfall $R = R_g$:

$$i(t) = \hat{\imath}_0 e^{-\omega_0 t}(1 + at). \qquad [20a]$$

Man erkennt, daß in diesem sogenannten *aperiodischen Grenzfall* gerade keine Schwingungen mehr auftreten. Mit $\hat{\imath}_0 > 0$ sind für drei typische Wertegruppierungen der Größen ω_0 und a:

$$\begin{array}{lll} \text{I. } a < \omega_0 & \text{II. } a < \omega_0 & \text{III. } a > \omega_0 \\ a > 0 & a < 0 & a > 0 \end{array} \qquad [20b]$$

in den Abbildungen 2a–c die speziellen aperiodischen Stromverläufe wiedergegeben. Nur im Fall II. überwiegt das negative ($a < 0$) zweite Glied bereits nach kurzer Zeit den Einfluß der Exponentialfunktion und führt zu einem einzigen Nulldurchgang durch die Abszisse, eine Schwingungsform (aperiodischer Grenzfall), deren Anwendung sich beispielsweise bei mechanischen Schwingungen von Zeigersystemen in Meßinstrumenten zu deren raschen Einstellung auf die Nullage bzw. den Meßwert besonders eignet. Die wesentlichen Ergebnisse dieser ausführlichen Betrachtungen sind im folgenden zusammengestellt.

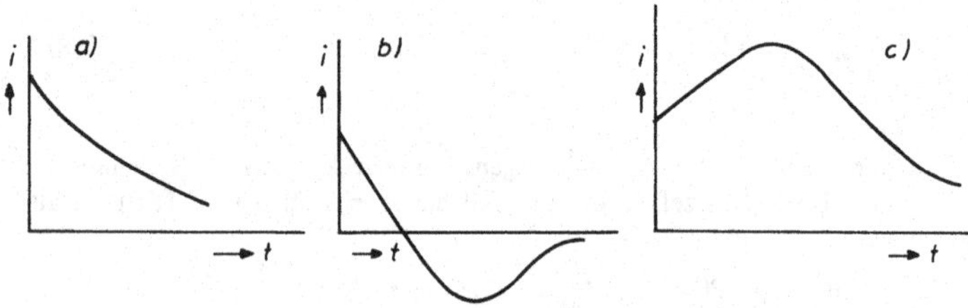

Abb. 2. Aperiodische Schwingungsformen unter den Bedingungen: a) I; b) II; c) III der Gl. [20b]

Aus der mathematischen Behandlung des gedämpften, harmonischen, elektrischen Schwingungskreises folgt das Auftreten gedämpfter Schwingungen mit dem Stromverlauf $i(t)$:

$$i(t) = \hat{i}_0 e^{-\frac{R}{2L}t} \sin\left(\sqrt{\frac{1}{LC}\left(1 - \frac{R^2 C}{4L}\right)}\, t + \gamma\right) \qquad [14a]$$

mit $\hat{i}_0$ als Scheitelwert (vgl. Gl. [13]) unter der Bedingung, daß:

$$R < R_g, \qquad [15a]$$

wobei R_g den *Grenzwiderstand:*

$$R_g = 2\sqrt{\frac{L}{C}} \qquad [15b]$$

bedeutet. Als Maß für die Dämpfung dienen die *Dämpfungskonstante* δ:

$$\delta = \left|\frac{R}{2L}\right| \qquad [14b]$$

und das *logarithmische Dekrement* d (bei Schwingungseinsatz):

$$d = \pi \frac{R}{R_g}. \qquad [18\,b]$$

Bei unseren bisherigen Betrachtungen hat das Schwingungsverhalten eines Schwingungskreises unter dem Merkmal seiner Eigenschwingung (Eigenkreisfrequenz ω_0) und deren Anfachung gestanden. Sehr häufig wird aber einem Schwingungskreis eine – von seiner Eigenfrequenz ω_0 abweichende – Frequenz ω_u aufgezwungen, die ihn zu *erzwungenen Schwingungen* veranlaßt. Dieses Problem taucht bereits bei der einfachen Fortleitung von Wechselstromsignalen über eine Doppelader auf, deren zwei Drähte auf Grund ihres induktiven Längs- und kapazitiven Querwiderstandes einen Schwingungskreis bilden (Doppelleitung, Abschn. 3.2.1., Gln. [84b,c]).

Deshalb soll im folgenden das Verhalten eines Schwingungskreises mit der Eigenfrequenz ω_0 unter dem Einfluß einer Wechselspannung $U(t)$ des Wertes:

$$U(t) = \hat{U}_0 \cos \omega_u t \quad (\hat{U}_0 \text{ Scheitelwert}) \qquad [21\,a]$$

erörtert werden. Sie tritt bei der theoretischen Betrachtung an die Stelle der konstanten Aufladespannung U_0 in Gleichung [5]. Dieser entspricht dann die Beziehung:

$$U_L + U_R + U_C = \hat{U}_0 \cos \omega_u t. \qquad [21\,b]$$

Analog zu [6] ergibt sich daher:

$$L \frac{d^2Q}{dt^2} + R \frac{dQ}{dt} + \frac{Q}{C} = U_0 \cos \omega_u t \qquad [21\,c]$$

und als Ausgangsdifferentialgleichung für die Lösung des vorliegenden Problems des Verhaltens eines Schwingungskreises bei erzwungener Schwingung erhalten wir anstelle [7]:

$$L \frac{d^2 i}{dt^2} + R \frac{di}{dt} + \frac{i}{C} = -\omega_u U_0 \sin \omega_u t. \qquad [21\,d]$$

Damit überhaupt Eigenschwingungen angeregt werden können, muß nach Gln. [15a,b] gelten:

$$R \leq 2\sqrt{L/C}.$$

Da man an dieser Eigenschwingung einer Leitung nicht interessiert ist, wird man zu deren Stabilisierung darauf achten, daß stets die Beziehung eingehalten wird:

$$R > 2\sqrt{L/C}, \qquad [21\,e]$$

weil man dann nach Gl. [20b] die Garantie hat, daß keine exponentiell zunehmenden Eigenschwingungen angefacht werden (vgl. Abschn. 1.1.4., Gln. [24d,e]).

Bereits in diesem Stadium der Erörterung des Verhaltens von erzwungenen Schwingungen erkennt man, daß als stationärer, eingeschwungener Zustand nach Verschwinden der Eigenschwingung eine Schwingung mit der erzwungenen Frequenz übrigbleibt. Und in der Tat folgt aus der Lösungstheorie der Differentialgleichungen zweiter Ordnung mit konstanten Koeffizienten, daß sich die allgemeine Lösung der vollständigen Gleichung [21d] aus einer partikulären Lösung dieser Gleichung und aus der allgemeinen Lösung [14a] ihrer verkürzten Form zusammensetzt.

Als Ansatz für das partikuläre Integral $i_p(t)$ wählen wir die gleiche trigonometrische Zeitfunktion wie die der aufgezwungenen Wechselspannung [21a] und schreiben:

$$i_p(t) = \hat{a}\cos(\omega_u t - \varphi). \qquad [21f]$$

Setzt man diesen Ausdruck in [21d] ein und ordnet die Glieder nach Sinus- und Cosinus-Funktionen, so ergeben sich durch Koeffizientenvergleich zwei Gleichungen zur Bestimmung der Integrationskonstanten $\hat{a}$ und φ des partikulären Integrals. Sie liefern für diese:

$$\hat{a} = \frac{\omega_u \hat{U}_0}{\sqrt{R^2 + L^2(\omega_0^2 - \omega_u^2)^2}} \qquad [21g]$$

und:

$$\varphi = \operatorname{arctg}\frac{L(\omega_0^2 - \omega_u^2)}{\omega_u R}. \qquad [21h]$$

Damit erhält man als allgemeine Lösung der vollständigen Differentialgleichung für erzwungene Schwingungen:

$$i(t) = \frac{\omega_u \hat{U}_0 \cos(\omega_u t - \varphi)}{\sqrt{R^2 + L^2(\omega^2 - \omega_u^2)^2}} + \hat{i}_0 e^{-\frac{R}{2L}t}\sinh\left\{\sqrt{\frac{1}{LC}\left(\frac{R^2 C}{4L} - 1\right)}\,t + \gamma\right\}, \qquad [21i]$$

wobei beachtet worden ist, daß wegen [21e] im Radikanden der Wurzel von [14a] der Ausdruck $R^2 C/4L > 1$ und daher die Wurzel imaginär wird. Damit geht die trigonometrische Sinusfunktion in die hyperbolische Sinusfunktion über (sin → sinh). Der Eigenschwingungsanteil (zweiter Summand der Lösung) klingt rasch ab und als stationärer Zustand stellt sich erwartungsgemäß eine Schwingung mit der aufgezwungenen Frequenz ω_u und dem Scheitelwert $\hat{a}$ [21g] (erster Summand in Gl. [21i]) ein, d. h. eine Schwingung, die dem partikulären Lösungsansatz [21f] entspricht.

Die Beziehungen [21g, h] geben Auskunft über das Amplituden- und Phasenverhalten in Abhängigkeit von der Frequenzdifferenz $|(\omega_0 - \omega_u)|$, der *Verstimmung*, zwischen aufgezwungener und eigener Frequenz des Schwingungskreises. Von besonderem Interesse ist dabei der Frequenzbereich in der Nähe der Resonanzstelle $\omega_u = \omega_0$. Im Resonanzfall nimmt der Scheitelwert $\hat{a}$ seinen maximalen Wert $i_{res} = \hat{a}_{max} = \hat{U}_0/R$ an und die Phasenverschiebung ist $\varphi = 0$. Daraus geht hervor, daß die Resonanzamplitude um so höhere Werte annimmt, je kleiner der ohmsche Widerstand, d. h., die Dämpfung des Schwingungskreises ist. Für $R \to 0$ ergäbe sich theoretisch sogar eine unendlich große Amplitude; praktisch tritt jedoch vorher eine Erschöpfung der Energiequelle ein, welche die Schwingung speist, bzw. eine Zerstörung der Bauelemente des Kreises durch Überlastung.

1.1.3. Rückkopplungsprinzip

Für die Schwingungserzeugung ist nach den Ausführungen im vorhergehenden Abschnitt die phasengerechte Energiezufuhr zum Ausgleich der Energieverluste des Schwingungskreises durch Aufschaukelung der mikrokosmisch durch das „thermische Rauschen" angefachten Elementarschwingungen erforderlich.

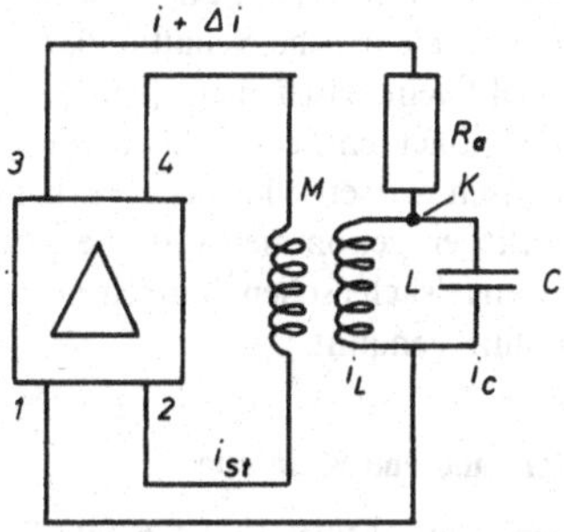

Abb. 3. Schwingungsanfachung durch ein aktives Bauelement mittels Rückkopplung (*Meißner*sche Schaltung)

In Abb. 3 ist die Prinzipschaltung für die Schwingungserzeugung durch *Rückkopplung* mittels eines aktiven Bauelementes dargestellt. Durch das Bauelement laufen der Stromkreis des Schwingungskreises (1, 3) und der Steuerkreis (2, 4). Die Art der Wechselwirkung zwischen den beiden Stromkreisen und die der Energiezufuhr innerhalb des Bauelementes bleibt bei dieser wegen seiner Allgemeinheit gewählten Darstellung als Vierpol (1, 2, 3, 4) (vgl. Abschn. 3., Abb. 51 a) offen. Der Steuerkreis (2, 4) ist mittels der *wechselseitigen Induktion M* induktiv an die Selbstinduktion *L* angekoppelt. Er bewirkt gemäß Gl. [2] eine ihm proportionale und verstärkte Änderung im Stromkreis (1, 3). Dieses führt zur *Schwingungsaufschaukelung* im Schwingungskreis, wenn der Anstoß *gleichphasig* erfolgt (*Entdämpfung*), zu verstärkter *Dämpfung* jedoch bei *gegenphasiger* Steuerung. Erinnert sei an das mechanische Beispiel einer Schaukel, die man durch gleichphasige Anstöße zu wachsenden Amplituden anfachen, durch gegenphasige jedoch abbremsen kann. Die Entdämpfung kommt in [Gl. 14a], nach der im Schwingungskreis das Schwingungsgeschehen abläuft, dadurch zum Ausdruck, daß der Dämpfungsfaktor δ, Gl. [14b] einen positiven Wert annimmt. Dies kann nur dadurch geschehen, daß der ohmsche Widerstand R einen negativen Wert aufweist ($R = -R_n$).

Dies bedeutet, daß er kein Energieverbraucher, sondern ein Energielieferant ist. Durch ihn wird in der Schwingungsgleichung [14a] die Wirkung der Energiezufuhr durch das aktive Bauelement erfaßt, in dem die *Realteile* der im allgemeinen komplexen Lösungen b_1, b_2 [10] der zu [7] und [14a] gehörigen charakteristischen Gleichung [9] *positive Werte* annehmen (*Hurwitzsches Theorem* (1), (2), (3)).

Die induktive Rückkopplungsschaltung wurde im Jahr 1913 von *A. Meißner* (4) erdacht (*Meißner*sche Schaltung), und zwar speziell mit Elektronenröhren als aktivem Bauelement (vgl. Abschn. 1.2.1. und 2.2.). Unabhängig von A. Meißner entdeckte *Lee de Forest* (5) in den USA, mit denen der Austausch wissenschaftlicher Erkenntnisse infolge des 1. Weltkrieges zum Erliegen gekommen war, die gleiche Schaltung. Daher wird letzterer im angelsächsischen Bereich in der Regel als der Erfinder der Rückkopplung genannt.

1.1.4. Negativer Widerstand und Kennlinien

Als wichtigste Eigenschaft aktiver Bauelemente für die Schwingungsanfachung in *elektrischen Netzwerken* – so bezeichnet man einen Komplex von Schaltelementen und -kreisen – erkannten wir, daß sie einen *negativen Widerstand* ($-R$) bzw. eine *negative Leitfähigkeit* ($-G$) besitzen müssen. Die Bereiche, in denen dies der Fall ist, entnimmt man zweckmäßigerweise der graphischen Darstellung des jeweiligen, experimentell gefundenen, funktionalen Zusammenhangs zwischen Strom i und Spannung U:

$$i = f(U) \quad \text{bzw.} \quad U = h(i)\,. \qquad [22\text{a}]$$

Aus dem Kurvenverlauf der *Kennlinie* bzw. *Charakteristik* erhält man mittels des Richtungsfaktors der jeweiligen Kennlinientangente das Vorzeichen und die Größe des *differentiellen Widerstandes* R bzw. der *differentiellen Leitfähigkeit* G:

$$R = \frac{\mathrm{d}U}{\mathrm{d}i} \quad \text{bzw.} \quad G = \frac{\mathrm{d}i}{\mathrm{d}U}\,. \qquad [22\text{b}]$$

In Abb. 4a, b sind die typischen Kennlinienverläufe mit fallender Kennlinie, dem Bereich negativen Widerstandes ($-R_n$) bzw. negativer

Leitfähigkeit $(-G_n)$ dargestellt, dabei gelten als unabhängige veränderliche U_P bei Parallelschaltung (N-Typ) von C und L im Schwingungskreis, hingegen i_R bei Reihenschaltung (S-Typ) dieser passiven Bauelemente.

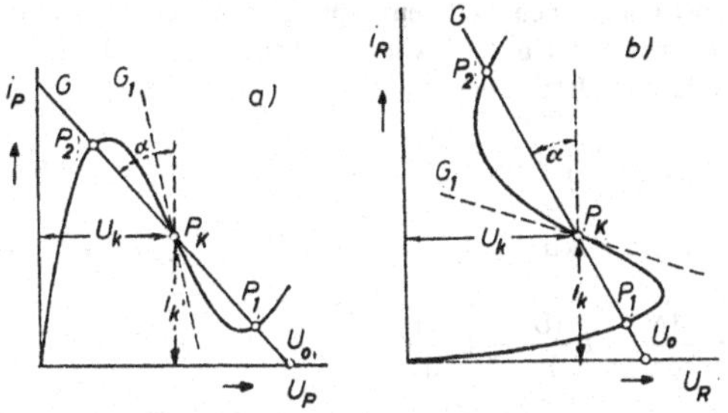

Abb. 4. Fallende Kennlinien (schematisch)
a) N-Typ, $i_P = f(U_P)$; b) S-Typ, $U_R = g(i_R)$
(kurzschlußstabil) (leerlaufstabil)

Das thermische Rauschen verursacht bei Parallelschaltung unregelmäßige kleine Spannungsschwankungen $\frac{dU}{dt}$, bei Reihenschaltung hingegen kleine statistisch streuende Stromschwankungen $\frac{di}{dt}$. Sie fachen in der oben erörterten Weise (vgl. Abschn. 1.1.2.) den Schwingungskreis an. Die Aufschaukelung der Schwingung erfolgt durch Energiezufuhr über den negativen Widerstand, der diese Energie jener Energiequelle entnimmt, die das aktive Bauelement versorgt. Da das betrachtete elektrische Netzwerk außer den Blindwiderständen L und C noch rein ohmschen Widerstand $+R_a$ als Energieverbraucher enthält, werden sich als Arbeitspunkte P_k diejenigen Wertepaare (U_k, i_k) einstellen, die beiden Kennlinien, der des Schwingungserzeugers $(-R_n, L, C)$, wie der des Energieverbrauchers $(+R_a)$ angehören, d. h. die von deren Schnittpunkten.

Da – wie aus Abb. 4a, b ersichtlich ist – der Kennlinienverlauf dem einer Kurve dritten Grades ähnelt, muß man maximal mit drei Schnittpunkten rechnen. Damit erhebt sich die Frage, welcher der drei möglichen Arbeitspunkte dem stabilsten Zustand zuzuordnen ist. Wie *H. Teichmann* (6) gezeigt hat, läßt sich darauf allgemein mittels des *Gaußschen Prinzips des kleinsten Zwanges* (7) unter Verwendung von U und i als generalisierten Koordinaten eine Antwort geben. Der Zwang Z stellt nach *Gauß* die zeitliche Änderung der Leistung N dar, d. h.:

$$Z = \frac{\mathrm{d}N}{\mathrm{d}t}. \qquad [23a]$$

Der Inhalt des Gaußschen Differentialprinzips ist, daß stets der Zustand eines Systems eintritt, für den der Zwang ein Minimum wird, d. h. für den die Variation δZ verschwindet:

$$\delta Z = \delta\left(\frac{\mathrm{d}N}{\mathrm{d}t}\right) = 0. \qquad [23b]$$

Angewandt auf ein elektrisches Netzwerk mit $N = U \cdot i$ ergibt sich für den Zwang:

$$Z = \frac{\mathrm{d}N}{\mathrm{d}t} = i\frac{\mathrm{d}U}{\mathrm{d}t} + U\frac{\mathrm{d}i}{\mathrm{d}t}. \qquad [23c]$$

Für die Parallelschaltung haben wir U_P als unabhängige Veränderliche anzusetzen und erhalten den Verlauf der Kennlinie aus dem funktionellen Zusammenhang $i_p = f(U_P)$, während bei Reihenschaltung i_R die unabhängige Veränderliche ist und die Kennlinie durch $U_R = g(i_R)$ gegeben ist. Tragen wir dem in der Beziehung für den Zwang [23c] Rechnung, so ergibt sich für die entsprechenden Ausdrücke für den Zwang Z_P und Z_R:

$$Z_P = \left(U_P\frac{\mathrm{d}i_p}{\mathrm{d}U_P} + i_p\right)\frac{\mathrm{d}U}{\mathrm{d}t} \qquad [23d]$$

und

$$Z_R = \left(i_R\frac{\mathrm{d}U_R}{\mathrm{d}i_R} + U_R\right)\frac{\mathrm{d}i_R}{\mathrm{d}t}. \qquad [23e]$$

Wir können nunmehr angeben, ob ein Schnittpunkt P_k zweier Kennlinien (z. B. $i_p = f(U_P)$ mit einer Leitfähigkeitsgeraden $i = GU = U/R_a$) einen stabilen Zustand kennzeichnet. In einem *bestimmten* Zeitpunkt t sind für beide Kennlinien die Koordinaten von P_k gleich (i_k, U_k) und $\left(\frac{\mathrm{d}i}{\mathrm{d}t}\right)$ bzw. $\left(\frac{\mathrm{d}U}{\mathrm{d}t}\right)$ konstante Größe. Daher sind die Unterschiede des Zwanges $\Delta Z_{P(P_k,t)}$ bzw. $\Delta Z_{R(P_k,t)}$ für zwei sich schneidende Kennlinien proportional der Differenz der Steilheiten beider Kennlinien:

$$\Delta Z_{P(P_k,t)} \sim \left[\left(\frac{\mathrm{d}i}{\mathrm{d}U}\right)_{\mathrm{I}} - \left(\frac{\mathrm{d}i}{\mathrm{d}U}\right)_{\mathrm{II}}\right] \qquad [24a]$$

bzw.

$$\Delta Z_{R(P_k,t)} \sim \left[\left(\frac{\mathrm{d}U}{\mathrm{d}i}\right)_{\mathrm{I}} - \left(\frac{\mathrm{d}U}{\mathrm{d}i}\right)_{\mathrm{II}}\right], \qquad [24b]$$

wobei die Reihenfolge I, II im Sinne wachsender Winkel der geradlinigen Kennlinienteile gegen die Abszisse zu wählen ist, d. h. im mathematisch positiven Sinne der Winkelzählung. In der Regel legt man in beiden Fällen der Darstellung der Kennlinien ein Koordinatensystem mit $U(U_P$ bzw. $U_R)$ als Abszisse und $i(i_P$ bzw. $i_R)$ als Ordinate zugrunde. Dann ist der Zwangunterschied ΔZ_p proportional dem Leitfähigkeitsunterschied $(G_I - G_{II})$ und ΔZ_R dem Widerstandsunterschied $(R_I - R_{II})$. In beiden Fällen wird der Zustand eintreten, für den gilt:

$$\Delta Z_{P,R} < 0\,, \qquad [24c]$$

d.h. es ergeben sich in den Bereichen fallender Kennlinien die folgenden Stabilitätsbedingungen zur Unterdrückung des Auftretens von Schwingungen:

$$\Delta Z_P = \frac{1}{R_n} - \frac{1}{R_a} < 0 \quad \text{bzw.} \quad R_a < R_n \qquad [24d]$$

und

$$\Delta Z_R = R_n - R_a < 0 \quad \text{bzw.} \quad R_a > R_n\,. \qquad [24e]$$

Danach ist ein Schwingungskreis in Parallelschaltung (wegen $R_a < R_n$) *kurzschlußstabil* $(R_a \to 0)$, während er in Reihenschaltung (wegen $R_a > R_n$) *leerlaufstabil* $(R_a \to \infty)$ ist.

Dabei wird der neue Zustand mit einem Minimum an Leistungsänderung (vgl. Gl. [23a]) erreicht.

Liegen mehrere Schnittpunkte P_k der Kennlinien (Abb. 4a, b) vor, so ist für jeden der Schnittpunkte ΔZ_P bzw. ΔZ_R zu bilden. Der stabilste Zustand ist dann durch den größten negativen Wert nach [24c] gekennzeichnet. Die übliche graphische Regeldarstellung, die von der Norm abweicht, stets die unabhängige Veränderliche (U_P bzw. i_R) als Abszisse zu wählen, bewirkt, daß für Parallel- und Reihenschaltung zwei sich spiegelbildlich gleichende Typen von fallenden Kennlinien (Abb. 4a, b) auftreten, die nach der Klassifikation von *K. W. Wagner* (8) als N- und S-Typ bezeichnet werden.

Den Verlauf der Anfachung des Schwingungsvorgangs kann man erfassen, wenn man berücksichtigt, daß der negative Widerstand keinen konstanten Wert besitzt, weil die reale Kennlinie nicht linear verläuft, aber – wie bereits erwähnt – in ausreichender Näherung als kubische Parabel aufgefaßt werden kann:

$$i = -aU + cU^3\,. \qquad [25a]$$

Der differentielle Widerstand R_n ist dann gegeben durch:

$$R_n = \frac{\mathrm{d}U}{\mathrm{d}i} = \frac{1}{\left(\frac{\mathrm{d}i}{\mathrm{d}U}\right)} = \frac{1}{-a + 3cU^2}\,. \qquad [25b]$$

Für $c = 0$ erhalten wir für R_n den konstanten Wert $-1/a$, mit dem wir bisher arbeiteten.

Zur Ableitung der Schwingungsgleichung für den zeitlichen Verlauf der Anfachungsspannung U gehen wir von einem Netzwerk aus, wie es der Abb. 3 entspricht. Für das Stromverhalten im Netzknoten K des Schwingungskreises gilt die *Kirchhoff*sche Knotenregel:

$$i + i_c + i_L = 0. \qquad [25c]$$

Im Anfachungsstromkreis (1, 3) des aktiven Vierpols mit dem veränderlichen negativen Widerstand $1/(-a + 3cU^2)$ liegt noch der ohmsche Widerstand R_a. Ihn (und damit die Dämpfung) wollen wir gegenüber $|R_n|$ vernachlässigbar klein wählen, um damit die Möglichkeit der Entstehung einer stabilen Schwingung im Parallel-Schwingkreis nach [24d] sicherzustellen. Differenzieren wir nunmehr [25c] nach der Zeit und beachten, daß $\frac{\mathrm{d}i_L}{\mathrm{d}t} = \frac{U}{L}$; $\frac{\mathrm{d}i_c}{\mathrm{d}t} = C\frac{\mathrm{d}^2U}{\mathrm{d}t^2}$ und $\frac{\mathrm{d}i}{\mathrm{d}t} = \frac{1}{R_n}\frac{\mathrm{d}U}{\mathrm{d}t}$ ist, so ergibt sich für U die Differentialgleichung (unter Beachtung von [25b]):

$$\frac{\mathrm{d}^2U}{\mathrm{d}t^2} + \frac{1}{C}(-a + 3cU^2)\frac{\mathrm{d}U}{\mathrm{d}t} + \frac{U}{LC} = 0. \qquad [25d]$$

Das Dämpfungsglied $(-a + 3cU^2) = \frac{1}{R_n}$ ist nur so lange negativ, als gilt:

$$|a| > 3cU^2, \qquad [25e]$$

d. h. mit zunehmender Aufschaukelung der Spannungsamplitude U verkleinert sich die *Entdämpfung* und geht schließlich in eine Dämpfung über, die mit U^2 anwächst und so die Aufschaukelungsamplitude begrenzt (vgl. Abschn. 1.1.2.). Im Kennlinienbild wandert der Arbeitsbereich in die Gebiete positiven Widerstands hinein.

Die Differentialgleichung zweiter Ordnung [25d] besitzt *keine* konstanten Koeffizienten mehr. Sie gilt ganz allgemein für Schwingungsschaltungen mit gekrümmter Kennlinie. Ein allgemeines Lösungsverfahren gibt es für diesen Gleichungstyp nicht. Jedoch hat *B. van der Pool* (9) einen Lösungsweg gewiesen, und zwar unter gewissen Einschränkungen, welche aber in unserem Spezialfall gegeben sind. Durch eine Transformation der Veränderlichen auf dimensionslose Maßgrößen mit Hilfe der Substitutionen:

$$\frac{t}{\sqrt{LC}} = \omega_0 t = t^*; \; U\sqrt{\frac{3c}{a}} = v; \; a\sqrt{\frac{L}{C}} = a^* \qquad [26a]$$

nimmt die Differentialgleichung [25d] die Gestalt an:

$$v'' - a^*(1 - v^2)v' + v = 0, \qquad [26b]$$

wobei die Striche eine Differentiation nach t^* bedeuten. Ob diese Differentialgleichung einen Schwingungsvorgang beschreibt oder nicht, hängt wesentlich von dem Parameter a^* ab. Nach [26a] ist dieser Parameter durch a und $\sqrt{L/C}$ bestimmt. Die Bedeutung von a ist aber aufgrund unserer obigen Ausführungen (Gl. [25b]) die eines reziproken Wertes des negativen Widerstandes. Für die Größe a^* muß gelten (vgl. Gl. [24d] mit $R_a = \sqrt{L/C}$):

$$a^* < 1\,, \qquad [26c]$$

wenn wir mit der Differentialgleichung [26b] ein Schwingungsverhalten beschreiben wollen. Für solche Werte von a^* ergibt sich nach *van der Pool* als brauchbare Näherungslösung für v die Beziehung:

$$v = \frac{2\sin(t^* + \gamma)}{\sqrt{1 + A\mathrm{e}^{-a^* t^*}}}\,, \qquad [26d]$$

wobei A und γ Integrationskonstanten bedeuten.

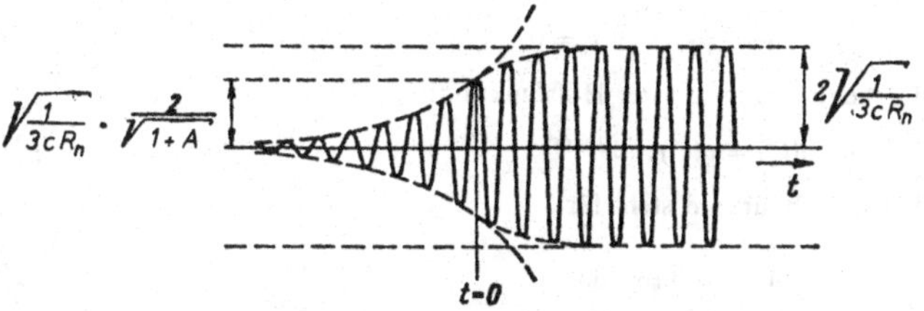

Abb. 5. Zeitlicher Verlauf der Anfachung eines Schwingungskreises bei fallender, gekrümmter Kennlinie (mit $\gamma = \pi/2$)

Unter Rücktransformation auf die in der ursprünglichen Differentialgleichung [25d] enthaltenen Veränderlichen und unter Beachtung, daß $|a| = 1/R_n$ ist, folgt für die Spannung U:

$$U = 2\sqrt{\frac{1}{3cR_n}}\,\frac{\sin(\omega_0 t + \gamma)}{\sqrt{1 + A\mathrm{e}^{-t/CR_n}}}\,. \qquad [26e]$$

Dieser funktionale Zusammenhang beschreibt eine Schwingung mit der Kreisfrequenz $\omega_0 = 2\pi\nu_0$ (Abb. 5). Die Amplitude dieser Schwingung steigt von negativen Werten von t nach $t = 0$ zu exponentiell an, besitzt für $t = 0$ den Wert:

$$U_0 = 2\sqrt{\frac{1}{3cR_n}}\,\frac{\sin\gamma}{\sqrt{1 + A}} \qquad [26f]$$

und nähert sich für wachsende positive Werte von t dem Grenzwert:

$$U_g = 2\sqrt{\frac{1}{3cR_n}}. \qquad [26\,g]$$

Der Koeffizient c ist nach der Beziehung [25a] durch $\left(\frac{d^3 i}{dU^3}\right)_{U_0}$, d. h. durch den 2. Differentialquotienten von $1/R_n$ im Arbeitspunkt gegeben $\left(\text{wegen } 1/R_n = \frac{di}{dU}\right)$. Sein positiver Wert weist darauf hin, daß $|R_n|$ im Wendepunkt (als Arbeitspunkt auf der Kennlinie) einen minimalen Wert besitzt. Für Werte von $a^* > 1$ läßt sich eine Integration, die zu einer mit [26e] vergleichbaren Lösung führen würde, nicht durchführen. Die Differentialgleichung [26b] ist dann nur graphisch zu lösen.

Die vorstehende Näherungslösung [26e] kann nach van der Pool auf folgende Weise gewonnen werden:

Wir schreiben zunächst die Differentialgleichung zweiter Ordnung mit nichtkonstanten Koeffizienten [26b] in etwas allgemeinerer Form:

$$v'' + a^* \psi(v) v' + v = 0 \qquad [27\,a]$$

und arbeiten dann mit der Hilfsfunktion:

$$u(t^*) = v(t^*) e^{a^* \int \lambda(v) dt^*}, \qquad [27\,b]$$

wobei $\lambda(v)$ abkürzend steht für:

$$\lambda(v) = \frac{1}{v^2} \int \psi(v) dv. \qquad [27\,c]$$

Aus der Hilfsfunktion [27b] gewinnen wir durch Logarithmieren den Ausdruck:

$$\ln u = \ln v + a^* \int \lambda(v)\, dt^* \qquad [27\,d]$$

und durch anschließende zeitliche Differentiation die Beziehung:

$$\frac{v'}{v} = -a^* \lambda(v) + \frac{u'}{u} \qquad [27\,e]$$

oder

$$v + a^* v \lambda(v) - v \frac{u'}{u} = 0. \qquad [27\,f]$$

Eine nochmalige Differentiation nach t^* ergibt:

$$v'' + \left[-a^* \lambda(v) - \frac{u'}{u} + a^* \psi(v)\right] \frac{v'}{v} - \left\{\frac{u''}{u} - \frac{u'^2}{u^2}\right\} = 0. \qquad [27\,g]$$

Bilden wir die Differenz dieser Beziehung mit unserer Ausgangsgleichung [27a], so erhalten wir:

$$\left\{a^* \lambda(v) + \frac{u'}{u}\right\} \frac{v''}{v} + \left\{\frac{u''}{u} - \frac{u'^2}{u^2} + 1\right\} = 0. \qquad [27\text{h}]$$

Die Elimination von v'/v aus diesem Ausdruck mit Hilfe von [27e] liefert den einfacheren Zusammenhang:

$$u'' + [1 - a^{*2} \lambda^2(v)] u = 0, \qquad [27\text{i}]$$

der zu einer einfachen Differentialgleichung zur Bestimmung der Hilfsfunktion [27b] führt, wenn wir die für den Schwingungseinsatz gültige Voraussetzung: $a^* < 1$ berücksichtigen. Dann dürfen wir das zweite Glied in der Klammer von [27i] gegenüber 1 vernachlässigen, so daß sich [27i] vereinfacht zu:

$$u'' = -u \qquad [27\text{j}]$$

mit der Lösung:

$$u(t^*) = \sin(t^* + \gamma). \qquad [27\text{k}]$$

Zur Bestimmung von $v(t^*)$ setzen wir die Näherungslösung [27k] in [27e] ein und erhalten:

$$\frac{v'}{v} = a^* \lambda(v) \frac{\mathrm{d}}{\mathrm{d}t^*} [\ln \sin(t^* + \gamma)]. \qquad [27\text{l}]$$

Wir bestimmen nunmehr die Funktion $\lambda(v)$ aus der Gleichung [27c] und berücksichtigen dabei, daß wir bei der Verallgemeinerung der Differentialgleichung [26b] zur Gl. [27a] für $(1 - v^2)$ die Funktion $-\psi(v)$ einführten. Machen wir diese Substitution an dieser Stelle unserer Ableitung wieder rückgängig, so ergibt sich für $\lambda(v)$ der Wert:

$$\lambda(v) = \frac{1}{v^2} \int (v - 1) v \,\mathrm{d}v = -\frac{1}{2} + \frac{v^2}{4}. \qquad [27\text{m}]$$

Damit geht [27l] über in:

$$\frac{\mathrm{d}}{\mathrm{d}t^*} \ln \frac{v}{\sin(t^* + \gamma)} = \frac{a^*}{2} - \frac{a^* v^2}{4}. \qquad [27\text{n}]$$

Diese Differentialgleichung läßt sich durch folgende Substitution einer Lösung näherbringen:

$$z = \left(\frac{v}{\sin(t^* + \gamma)}\right)^2. \qquad [27\text{o}]$$

Sie nimmt dann die Gestalt an:

$$\frac{1}{2} \frac{\mathrm{d} \ln z}{\mathrm{d}t^*} = \frac{a^*}{2} - \frac{a^* z}{4} [\sin(t^* + \gamma)]^2 \qquad [27\text{p}]$$

oder

$$\frac{z'}{z} = a^* - \frac{a^* z}{2} \sin^2(t^* + \gamma). \qquad [27\text{q}]$$

Nunmehr substituieren wir:

$$z = y e^{a^* t^*}. \qquad [27\mathrm{r}]$$

Mit dieser Substitution geht [27q] über in:

$$\frac{y'}{y} = \frac{a^* y}{2} e^{a^* t^*} \sin^2(t^* + \gamma). \qquad [27\mathrm{s}]$$

Die Trennung der Variablen liefert:

$$\frac{dy}{y^2} = -\frac{a^*}{2} e^{a^* t^*} \sin^2(t^* + \gamma) dt^*. \qquad [27\mathrm{t}]$$

Durch Integration folgt als Lösung von [27t]:

$$\frac{1}{y} = \frac{a^*}{2} \int e^{a^* t^*} \sin^2(t^* + \gamma) dt^* + \frac{A}{4}, \qquad [27\mathrm{u}]$$

wobei wir der Integrationskonstanten aus Zweckmäßigkeitsgründen die Gestalt $A/4$ gegeben haben. Durch Rücktransformation mittels der Substitutionsgleichung [27r] und [27o] erhalten wir als Lösung der Ausgangsdifferentialgleichung [27a] für $v(t^*)$ die Beziehung

$$v(t^*) = \frac{2\sin(t^* + \gamma)}{\sqrt{1 + A e^{-a^* t^*}}}, \qquad [26\mathrm{d}]$$

welche schließlich durch Ersetzen der dimensionslosen Maßgrößen durch die ursprünglichen Variablen nach [26a] in die Lösung [26e] übergeht.

2. Elektronische Bauelemente

Unter elektronischen Bauelementen sollen im folgenden alle die technischen Grundbausteine verstanden werden, die sich elektronischer Effekte bedienen, um deren nahezu trägheitslosen Ablauf für praktische Zwecke zu nutzen, und die technologisch so weit entwickelt sind, daß sie, serienmäßig hergestellt, betriebssicher arbeiten.

2.1. Elektronenröhren

Bei der Elektronenröhre handelt es sich um ein elektronisches Bauelement, dessen Wirkungsweise der glühelektrische Effekt (vgl. Bd. I, Abschn. 2.1.3.1.) zugrundeliegt. Den Austritt von Elektronen (Elektronenstrom i) aus einem erhitzten Metall in Abhängigkeit von der Temperatur T beschreibt die *Richardson*sche Gleichung (a.a.O., Gl. [162e, II.]):

$$i = A\,T^2 e^{-\frac{E_a}{kT}} \qquad [28]$$

mit einer Materialkonstanten A, mit E_a der Austrittsarbeit und mit k, der universellen *Boltzmann*schen Konstanten. Wir entnehmen dieser Gleichung, daß für T = const. auch i konstant ist und gleichzeitig den maximal möglichen Elektronenstrom darstellt, den man für diese Temperatur erhalten kann.

2.1.1. Aufbau und Theorie

Um einerseits den Elektronenstrom in der Elektronenröhre für Steuerungs- und Schaltzwecke auf einer Strecke seines Weges beein-

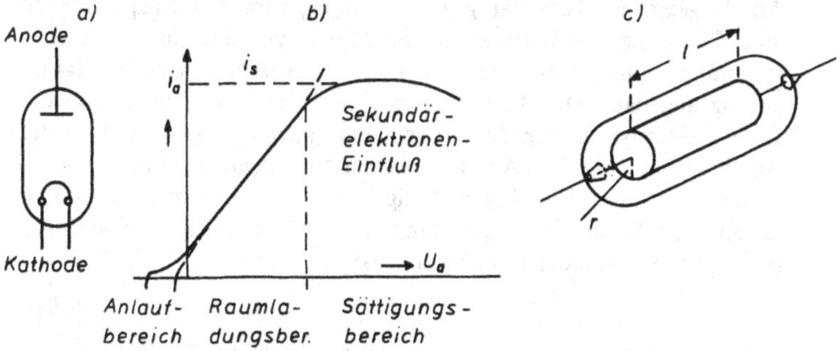

Abb. 6. Röhrendiode a) Schema des Aufbaues; b) Diodenkennlinien-Verlauf (schematisch); c) Ausführungsform mit zylindrischer Elektrodenanordnung

flussen zu können und andererseits das emittierende und hierzu erhitzte Metall vor Oxidation zu schützen, ist es erforderlich, den Prozeß der Emission und der Beeinflussung von Elektronen im Vakuum vorzunehmen, d. h. eine für die Elektronenmission geeignete Metallkathode (*Glühkathode*) und eine zweite Auffangelektrode (*Anode*) in ein evakuierbares Gefäß (Röhre) einzuschließen. Eine solche Anordnung nennt man eine *Diode* (speziell *Röhrendiode*, Abb. 6a).

Ihre Funktionsweise ist dadurch charakterisiert, daß ein Stromübergang nur in einer Richtung möglich ist, und zwar von der Glühkathode zur Anode in Gestalt eines Elektronenstromes i_a unter dem Einfluß der Anodenspannung U_a. Die Diode besitzt demnach eine *unipolare Leitfähigkeit* und bietet sich dadurch zur technischen Verwendung als *Gleichrichter* an. Ihre *Kennlinie*, d. h. der Verlauf der Funktion:

$$i_a = f(U_a) \qquad [29\,a]$$

läßt sich aufgrund folgender Überlegungen angeben: Da die thermisch emittierten Elektronen die Energie, die sie zum Verlassen der Kathode befähigt, aus einer Quelle beziehen, die in keinem Zusammenhang mit der der Anodenspannung steht, werden Elektronen selbst dann emittiert, wenn $U_a = 0$ ist. Da die austretenden Elektronen verschiedene Geschwindigkeiten besitzen (Maxwell-Boltzmannsche Verteilung, vgl. Bd. I, Abschn. 1.4.2.5., Abb. 13a), weil sie auf dem Wege zur Oberfläche der metallischen Glühkathode mehr oder weniger große Energieverluste durch Zusammenstöße in deren Kristallgitter erleiden, häufen sich die langsameren Elektronen in der Nähe der Kathodenoberfläche und bilden eine negative *Raumladung* zwischen den beiden Elektroden. Diese erschwert den nachfolgenden Elektronen den Austritt aus der Kathode, so daß nur einige wenige sehr schnelle, d. h. energiereiche Elektronen zur Anode gelangen, die sogar gegen kleine negative Anodenspannungen anlaufen können (*Anlaufstrombereich*). Lassen wir nunmehr die Anodenspannung – ausgehend von $U_a = 0$ – anwachsen, so wird die Raumladung abgebaut. Der Anodenstrom i_a wächst so lange, bis alle in der Zeiteinheit austretenden Elektronen von einem bestimmten Wert der Anodenspannung ab die Anode erreichen. Von da ab bleibt der Anodenstrom konstant und wird zum Sättigungsstrom i_s, dessen Größe durch die Richardsonsche Gl. [28] bestimmt ($i_s = i$) und daher nur eine Funktion der Glühkathodentemperatur T ist:

$$i_s = g(T)\,. \qquad [29\,b]$$

Bei sehr hohen Anodenspannungen lösen jedoch die auf die Anode aufprallenden Elektronen des Anodenstroms i_a Sekundärelektronen aus (vgl. Bd. I, Abschn. 2.1.1.2.), die eine Schwächung von i_s verursachen, so daß die Kennlinie absinkt.

Den aus diesen Überlegungen erschlossenen, grundsätzlichen Verlauf einer Dioden-Kennlinie gibt Abb. 6b wieder. Mathematisch wird sie im Raumladungsbereich bis zum Wert des Sättigungsstromes ($i_a = i_s$) durch das *Schottkysche Raumladungsgesetz* (10) beschrieben:

$$i_a = K_D U_a^{3/2}, \tag{30}$$

wobei K_D die *Raumladungskonstante* (*Perveanz*) für Dioden bedeutet.

Für eine zylindrische Elektrodenanordnung (Abb. 6c) soll im folgenden das *Schottky*sche Raumladungsgesetz abgeleitet werden. Wir nehmen hierzu an, daß die zylindrische Anode mit dem Radius r_a und der Länge l die koaxial verlaufende, fadenförmige Glühkathode völlig umgibt. Die Raumladungsdichte sei ρ. Dann befinden sich im zylindrischen Raum zwischen Anode und Kathode $2r_a\pi l\rho$ Elektronen, die sich unter dem Einfluß des Potentialfeldes U zwischen Anode und Kathode mit einer Geschwindigkeit v bewegen und den Anodenstrom i_a bilden:

$$i_a = 2r_a\pi l\rho v. \tag{31a}$$

Für die Geschwindigkeit v erhalten wir wegen $\varepsilon U = \frac{m_\varepsilon}{2} v^2$:

$$v = \sqrt{2\frac{\varepsilon}{m_\varepsilon} U}, \tag{31b}$$

so daß sich die Beziehung [31a] in der Gestalt schreiben läßt:

$$i_a = 4\pi\rho\left(\frac{1}{2}\frac{\varepsilon}{m_\varepsilon}\right)^{1/2} l r_a U^{1/2}. \tag{31c}$$

Die Größe $4\pi\rho$ – das 4πfache der Raumladungsdichte ρ –, die als Faktor in der Gleichung [31c] vorkommt, läßt sich auch aus der *Poisson*schen *Gleichung* (vgl. Bd. I, Abschn. 2.1.1.1., Gl. [152]) gewinnen. Beachten wir dabei, daß ρ nur von r, dem Abstand der entsprechenden Raumladungsschicht von der Glühkathode abhängt, so können wir die *Poisson*schen Gleichung in Polarkoordinaten mit nur einer Veränderlichen als totale Differentialgleichung schreiben:

$$4\pi\rho = \frac{d^2U}{dr^2} + \frac{1}{r}\frac{dU}{dr}. \tag{31d}$$

Setzen wir die Beziehung [31d] in die Gleichung [31c] ein, so gewinnen wir für die Bestimmung von U in Abhängigkeit von r die totale Differentialgleichung 2. Ordnung:

$$\frac{d^2U}{dr^2} + \frac{1}{r}\frac{dU}{dr} = A(i_a)\frac{1}{r}U^{1/2}, \tag{31e}$$

wobei $A(i_a)$ bedeutet:

$$A(i_a) = i_a \frac{(2m_\varepsilon)^{1/2}}{l\varepsilon^{1/2}}. \qquad [31f]$$

Wegen des Auftretens einer Potenz von U in der Differentialgleichung liegt es nahe, als Lösungsansatz ein partikuläres Integral in Form einer Potenz von r zu wählen, wobei eine der beiden Integrationskonstanten Exponent von r ist:

$$U(r) = c_1 r^{c_2}. \qquad [31g]$$

Zur Bestimmung der Integrationskonstanten setzen wir das partikuläre Integral [31g] in die Differentialgleichung [31e] ein und erhalten:

$$c_1 c_2(c_2 - 1) r^{(c_2-2)} + c_1 c_2 r^{(c_2-2)} = A(i_a) c_1^{-1/2} r^{-(1+\frac{c_2}{2})}. \qquad [31h]$$

Man erkennt, daß für $c_2 = 2/3$ die Exponenten von r gleiche Werte annehmen und sich die Gleichung [31h] reduziert auf:

$$A(i_a) = \tfrac{4}{9} c_1^{3/2}. \qquad [31i]$$

Die Integrationskonstante c_1 gewinnen wir aus der Gleichung [31g] mittels der Randbedingung, daß für die Anode selbst $r = r_a$ (Anodenradius) und $U = U_a$ (Anodenspannung) ist. Wir erhalten:

$$c_1 = U_a r_a^{-2/3}. \qquad [31k]$$

Die Kombination der Gleichungen [31f], [31i] und [31k] liefert den gesuchten funktionalen Zusammenhang $i_a = f(U_a)$ für die Kennlinie einer Diode:

$$i_a = K_D \cdot U_a^{3/2}, \qquad [30]$$

das *Schottky*sche Raumladungsgesetz, mit der Raumladungskonstanten:

$$K_D = \frac{2}{9}\left(\frac{2\varepsilon}{m_\varepsilon}\right)^{1/2} \frac{l}{r_a}. \qquad [31l]$$

Man erkennt, daß die Größe K_D keine universelle, sondern nur eine spezielle Konstante ist. Denn ihr Wert hängt von der geometrischen Gestalt der Elektrodenkonfiguration ab. Er ist im vorliegenden, zylindersymmetrischen Fall eine Funktion von Länge l und Radius r_a der zylindrischen Anode.

2.1.2. Kenndaten und ihre Bestimmung

Man entnimmt der Abb. 6b, daß die Diodenkennlinie im Raumladungsgebiet nahezu geradlinig ansteigt. Die Neigung des geradlinigen Teils der Kennlinie wird als *Steilheit S* bezeichnet. Für die Röhrendiode nennen wir sie S_D. Sie ist gegeben durch:

$$S_D = \lim_{\Delta U_a \to 0} \frac{\Delta i_a}{\Delta U_a} = \frac{\mathrm{d}i_a}{\mathrm{d}U_a} = \frac{3}{2} K_D U_a^{1/2}, \qquad [32a]$$

wobei das Schottkysche Raumladungsgesetz [30] berücksichtigt wurde. Ihre Dimension ist die einer Leitfähigkeit, deren reziproker Wert den inneren Widerstand R_{iD} der *Röhrendiode* liefert:

$$R_{iD} = \frac{1}{S_D}. \qquad [32b]$$

Die Größe eines Widerstandes wird aus elektronentheoretischer Sicht stets bestimmt durch die für den Ladungstransport bereitgestellte Elektronenmenge und durch den Umfang ihrer Behinderung auf dem Leitungswege. Sind es im Festkörper (Metall, Halbleiter, vgl. Bd. I, Abschn. 1.3.1. und 1.3.3.) thermisch ausgelöste Valenzelektronen, deren Wanderung durch das Kristallgitter infolge von Rekombinationsprozessen erschwert wird, so entspricht dem im Vakuum einmal die Elektronenbereitstellung durch eine Glühkathode (wobei die bereitgestellte Elektronenmenge durch Größe und Temperatur der Kathodenoberfläche in weiten Grenzen variiert werden kann) und zum anderen die Behinderung des Elektronenaustritts aus der Kathode durch die Raumladung.

Bei der *Elektronenröhre* kann man diese Behinderung beeinflussen, indem man zwischen *Anode* und *Kathode* eine gitterförmige Elektrode, das *Gitter*, anbringt und durch das elektrische Feld der Gitterspannung U_g die Größe der Raumladung steuert. Dieser Prozeß beruht auf elektrostatischer Anziehung und Abstoßung und geht im letzteren Fall leistungslos vor sich, da dann kein aus Elektronen bestehender Gitterstrom i_g fließt, wenn man von den um Zehnerpotenzen niedrigeren, positiven Ionenstrom $(+i_g)$ absieht, der von einer Stoßionisation der restlichen Gasatome im Vakuum herrührt (vgl. Bd. I, Abschn. 2.1.1.1.). Mit drei Elektroden: *Kathode, Gitter, Anode* ist die Elektronenröhre zur *Röhrentriode* geworden (Abb. 7a).

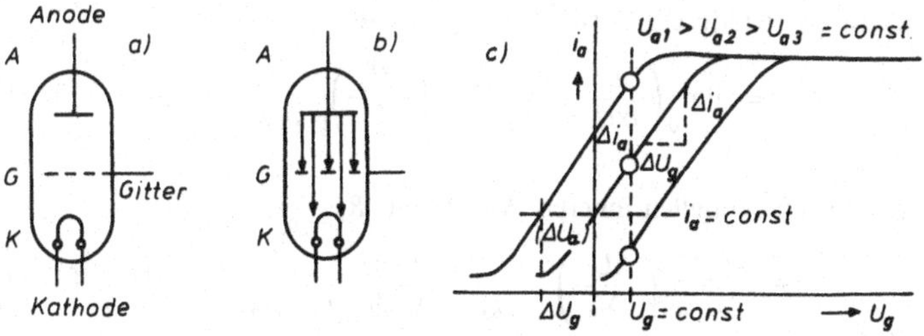

Abb. 7. Röhrentriode a) Schema des Aufbaues: A Anode, G Gitter, K Kathode; b) Feldlinienverlauf zwischen den Elektroden; c) Kennlinienschar

Kennzeichnend für die *Triode* ist, daß der primäre Einfluß auf die Elektronen im Raumladungsbereich vom Feld zwischen Gitter (U_g) und Kathode ausgeht, während die Wirkung des Feldes zwischen Anode (U_a) und Kathode nur zu einem Bruchteil das Gitter durchdringt, der von dessen Maschenweite abhängt (Abb. 7b). Daher kann man mittels einer veränderlichen Gitterspannung U_g bei konstanter Anodenspannung U_a den Anodenstrom in gleicher Weise gemäß dem Schottkyschen Raumladungsgesetz Gl. [30] aussteuern wie bei einer Röhrendiode (Abb. 7c). Nur genügt dafür ein viel kleineres Spannungsintervall. Außer der Gitterspannung U_g wirkt noch der Bruchteil D (*Durchgriff*) der Anodenspannung U_a in der Gitterfläche auf die Raumladung zwischen Gitter und Kathode ein, so daß wir in das Raumladungsgesetz statt der Anodenspannung U_a eine *Steuerspannung* U_{St} einzuführen haben, deren Betrag gegeben ist durch:

$$U_{St} = U_g + D U_a, \qquad [33a]$$

so daß die Beziehung [30] übergeht in:

$$i_a = K_{Tr} U_{St}^{3/2} = K_{Tr}(U_g + D U_a)^{3/2}, \qquad [33b]$$

wobei K_{Tr} die *Raumladungskonstante* für die Röhrentriode bedeutet.

Im Zusammenhang mit den Elektronenröhren-Kennlinien haben wir drei Kenndaten kennengelernt, die zuerst von *H. Barkhausen* (11) in die Theorie der Elektronenröhren eingeführt worden sind. Es sind dies die *Steilheit*, die wir für die Röhrentriode mit S (ohne Index) bezeichnen wollen, der innere Widerstand R_i und der Durchgriff D. Aus der in Abb. 7c dargestellten Kennlinienschar, die drei Kennlinien für verschiedene Werte der Anodenspannungen ($U_{a1} > U_{a2} > U_{a3}$) zeigt, bei denen der Anodenstrom i_a als Funktion der veränderlichen Gitterspannung U_g dargestellt ist, kann man die *statischen Kenndaten* (vgl. S. 30) entnehmen. Entsprechend der Beziehung [32a] für die *differentielle Steilheit* der Röhrentriode ergibt sich:

$$S = \lim_{\Delta U_g \to 0} \left(\frac{\Delta i_a}{\Delta U_g}\right)_{U_a = \mathrm{const}} = \left(\frac{\mathrm{d}i_a}{\mathrm{d}U_g}\right)_{U_a = \mathrm{const}}, \qquad [34a]$$

für den differentiellen inneren Widerstand R_i:

$$R_i = \lim_{\Delta i_a \to 0} \left(\frac{\Delta U_a}{\Delta i_a}\right)_{U_g = \mathrm{const}} = \left(\frac{\mathrm{d}U_a}{\mathrm{d}i_a}\right)_{U_g = \mathrm{const}} \qquad [34b]$$

und für den differentiellen Durchgriff D:

$$|D| = \lim_{\Delta U_a \to 0} \left(\frac{\Delta U_g}{\Delta U_a}\right)_{i_a = \text{const}} = \left(\frac{\mathrm{d}U_g}{\mathrm{d}U_a}\right)_{i_a = \text{const}}, \qquad [34\,c]$$

wie man aus der Gl. [33a] ersehen kann, wenn man $U_{St} = 0$ setzt. Dies bedeutet physikalisch, daß sich U_g und DU_a in der Gitterfläche gerade aufheben ($-U_g = DU_a$). Da das Minuszeichen nur aussagt, daß man zur Kompensation von DU_a eine negative Gitterspannung U_g benötigt, dieses Vorzeichen aber für die Größe des Durchgriffs irrelevant ist, wurde in der Gleichung [34c] der absolute Wert von D angegeben. Er wird üblicherweise in Prozent ausgedrückt und liegt meist in der Größenordnung von 5%. In den Beziehungen [34a – 34c] sind auch die Differenzquotienten angegeben, aus denen man die Differentialquotienten der differentiellen Kenndaten durch Grenzübergang erhält. Die Differenzquotienten können unmittelbar aus zwei Kennlinien der Kennlinienschar (Abb. 7c) entnommen werden. Bildet man das Produkt der drei Kenndaten, erhält man die *Barkhausen*-Formel:

$$S \cdot D \cdot R_i \,. \qquad [34\,d]$$

Die Möglichkeit, mittels des Gitters den Anodenstrom der Röhrentriode praktisch leistungslos zu steuern, macht dieses elektronische Bauelement zur Verwendung als *Verstärker* geeignet (vgl. Abschn. 1.1.1.).

Beim Verstärkungsvorgang haben wir zwischen *Spannungsverstärkung* (μ) und *Stromverstärkung* (α) zu unterscheiden. Aus beiden läßt sich eine Aussage über die *Leistungsverstärkung* sowie ein Maß für die *Röhrengüte* gewinnen. Grundsätzlich gewinnt man Spannungs- und Stromverstärkung, indem das Verhältnis von Spannungen bzw. Strömen am Ein- (U_g, i_g) und Ausgang (U_a, i_a) der Röhrentriode bildet. In der quasi-differentiellen Gestalt eines Differenzenquotienten sind μ und α gegeben durch:

$$\mu = \left(\frac{\Delta U_a}{\Delta U_g}\right)_{i_a = \text{const}} = \frac{1}{D} \qquad [35\,a]$$

bzw.

$$\alpha = \left(\frac{\Delta i_a}{\Delta i_g}\right)_{U_a = \text{const}} = \left(\frac{\Delta i_a}{\Delta U_g}\right)_{U_a} \cdot \left(\frac{\Delta U_g}{\Delta i_g}\right)_{U_a} = S \cdot R_{eg} \qquad [35\,b]$$

mit R_{eg}, dem Eingangswiderstand des Gitterkreises, der in der Regel als konstant angesehen werden darf (eine Ausnahme bildet beispielsweise die Gleichstromverstärkung mittels Schwingkondensators als Gitterwiderstand, vgl. Bd. III, Abschn. 3.1.1.). Die Definitionsgleichungen der Verstärkungsfaktoren μ und α [35a, 35b] zeigen zugleich, wie man diese Größen durch die Kenndaten der Röhrentriode zum Ausdruck bringen kann. Gute Verstärkereigenschaften wird eine Röhre bei hohen Werten der *Röhrengüte G* besitzen, die – wie man sofort einsieht – durch das Produkt der beiden Verstärkungsfaktoren gemessen werden kann:

$$G = \frac{\mu \cdot \alpha}{R_{eg}} = \frac{S}{D}, \qquad [36\text{a}]$$

wobei mit R_{eg} dividiert wurde, um ein vom auswechselbaren Gitterwiderstand unabhängiges Gütemaß zu gewinnen.

Da wegen der Beziehungen [34a, 33a, 33b] die Steilheit S als Funktion des Durchgriffs D dargestellt werden kann:

$$S = \frac{\mathrm{d}i_a}{\mathrm{d}U_g} = \frac{3}{2} K_{\mathrm{Tr}} (U_g + D\,U_a)^{1/2} \qquad [36\text{b}]$$

und mithin für die Röhrengüte G gilt:

$$G = \frac{S}{D} = \frac{3}{2} \frac{K_{\mathrm{Tr}}}{D} (U_g + D\,U_a)^{1/2}, \qquad [36\text{c}]$$

läßt sich der optimale Wert von G für eine bestimmte Triode ermitteln, wenn man setzt:

$$\frac{\mathrm{d}G}{\mathrm{d}D} = \frac{\mathrm{d}\frac{S}{D}}{\mathrm{d}D} = \frac{3}{2} K_{\mathrm{Tr}} \frac{\mathrm{d}}{\mathrm{d}D} \left[\frac{1}{D} (U_g + D\,U_a)^{1/2} \right] = 0. \qquad [36\text{d}]$$

Hieraus erhält man einen optimalen Wert des Durchgriffs (D_{opt}):

$$D_{\mathrm{opt}} = -2 \frac{U_g}{U_a}, \qquad [36\text{e}]$$

der, in [36c] eingesetzt, als optimale Röhrengüte G_{opt} ergibt:

$$G_{\mathrm{opt}} = \frac{S}{D_{\mathrm{opt}}} = \frac{3}{4} K_{\mathrm{Tr}} \frac{U_a}{\sqrt{-U_g}}. \qquad [36\text{f}]$$

Wie man dieser Beziehung entnimmt, muß man durch passende Wahl der Anodenspannung eine Kennlinie benutzen, deren gesamter Raumladungsbereich durch einen möglichst schmalen Bereich *negativer* Gitterspannungen ausgesteuert werden kann, so daß die Wurzel im Nenner von [36f] auf jeden Fall reell wird. Dadurch ist außerdem eine verschwindend kleine Steuerleistung und damit eine günstige Leistungsverstärkung gewährleistet.

Aus der Festlegung der Röhrengüte $G = S/D$ (Gl. [36a]) folgt, daß eine Röhrentriode um so besser verstärkt, je größer die Steilheit S und je kleiner der Durchgriff D ist. Eine Veränderlichkeit dieser Eigenschaften in einem größeren Bereich erreicht man, wenn man von der Eingitter- zur Mehrgitterröhre übergeht (vgl. Abschnitt 2.1.3.).

Für die Ermittlung der Werte der Kenndaten S, D, R_i haben wir das praktisch meist angewandte Verfahren kennengelernt, das den Umweg über die graphische Darstellung von Kennlinien wählt. Es gibt aber auch experimentelle Verfahren, insbesondere Kompensations- bzw. Brückenschaltungen, die eine direkte Messung gestatten. Den jeweiligen Arbeitspunkt P_m mit den Koordinaten U_{gm} und i_{am} stellt man dabei durch passende Wahl von U_{gm} ein. Die Lage der Kennlinie selbst, insbesondere des wichtigen, aussteuerbaren Raumladungsbereichs mit der Steilheit S, relativ zur Abszisse (U_g) wird dabei durch die Anodenspannung bestimmt (vgl. Abb. 7c):

Im folgenden sollen als Beispiel drei experimentelle Methoden zur direkten Bestimmung von S, D, R_i angegeben werden. Man tastet in allen Fällen den näheren Kennlinienbereich um den Arbeitspunkt mit einer kleinen Wechselspannung ab, die man der jeweils zu variierenden Spannung (U_g bzw. U_{St} bzw. U_a) überlagert und die in der Schaltung meßbar kompensiert wird, so daß ein als Nullinstrument dienendes Telefon schweigt.

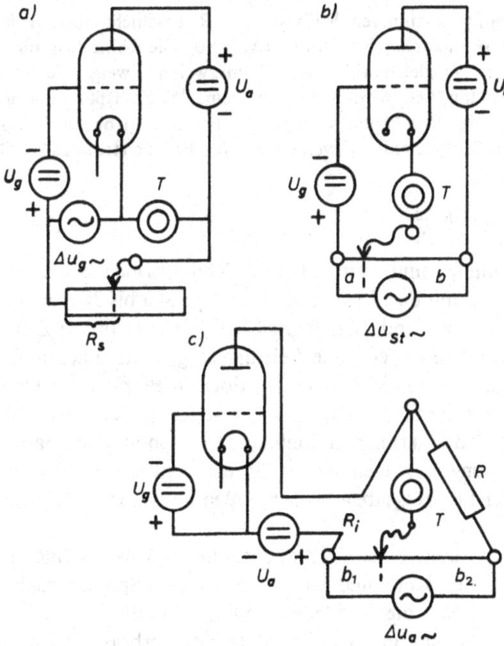

Abb. 8. Direktmeßmethoden für Röhren-Kenndaten a) Steilheit $S\,(=1/R_s)$; b) Durchgriff $D\,(=a/b)$; innerer Widerstand $R_i\,(=R\,a/b)$

Von *W. Schottky* (12) stammt ein Verfahren zur Bestimmung der Steilheit S (Abb. 8a). Die kleine Wechselspannung $\Delta U_g = u_{g\sim}$ erzeugt 1. über das Gitter eine entsprechende Wechselstromkomponente im Anodenstrom, nämlich $\Delta i_a = i_{a\sim} = u_{g\sim} S$ und 2. einen Wechselstrom $i_{R\sim} = u_{g\sim}/R$ über den veränderlichen Widerstand R. Schweigt das Telefon bei der Einstellung auf den Widerstandswert R_S, so gilt:

$$S = \frac{1}{R_S}. \qquad [37a]$$

Für die Messung des Durchgriffs D gab *F. Martens* (13) ein direktes Verfahren an (Abb. 8b). In diesem Fall wird die Steuerspannung durch eine kleine Wechselspannung $u_{St\sim}$ variiert. Über ein Potentiometer wird der Kathodenabgriff so eingestellt (Teilungsverhältnis a/b), daß sich die Änderungen von U_g und U_a gerade kompensieren, so daß $u_{St\sim} = 0$; $a \sim u_{g\sim}$; $b \sim u_{a\sim}$ ist. Dann gilt wegen [33a]: $(a - Db) = 0$ oder:

$$D = \frac{a}{b}. \qquad [37b]$$

Die Messung des inneren Widerstandes R_i geschieht nach *H. Barkhausen* (14) in einer *Wheatstone*schen Brücke (Abb. 8c). Die Röhre liegt im Meßzweig, ein konstanter Vergleichswiderstand R im zweiten Zweig. Die Variation der Anodenspannung ΔU_a wird durch die kleine Wechselspannung $u_{a\sim}$ vorgenommen, die am Brückendraht liegt, der die anderen beiden Brückenzweige (b_1, b_2) bildet. Das Telefon schweigt, wenn die Brücke stromlos ist. Das ist der Fall bei:

$$R_i = R\frac{b_1}{b_2}. \qquad [37c]$$

Die Kennlinien und Kenndaten der Röhrentriode, wie sie in Abb. 7c dargestellt und mit den Gleichungen [33b], [34a bis 34c] mathematisch formuliert worden sind, beziehen sich auf den *statischen* Zustand, d. h. auf das Röhrenverhalten ohne Leistungsabgabe an einen äußeren Verbraucher. Zieht man einen solchen jedoch in Betracht, so treten Rückwirkungen auf die Steuerspannung ein, welche zu einem flacheren Verlauf, d. h. zu einer geringeren Steilheit der Kennlinie und damit auch zu einer Änderung der Kenndaten führen. Kennlinien und -daten der Triode unter Leistungsabgabe nach außen beschreiben den *dynamischen* Zustand.

Die Rückwirkung eines Verbrauchers im Außenkreis einer Triode auf den Verlauf der Kennlinie wird durch einen Spannungsabfall $-U_R$ hervorgerufen, den die Anodenspannung U_a dadurch erleidet, daß der Anodenstrom i_a ihn am Widerstand R_a des Verbrauchers erzeugt:

$$U_{a\,\mathrm{eff}} = U_a - U_R = U_a - i_a R_a. \qquad [38a]$$

Die effektive Anodenspannung $U_{a\,\text{eff}}$ ist demnach im dynamischen Zustand kleiner als im statischen. Da die effektive Anodenspannung $U_{a\,\text{eff}}$ nicht mehr konstant ist, sondern eine Funktion von $i_a R_a$ ist, muß in der Definitionsgleichung der Steilheit [34a] ΔU_g durch ΔU_{St} ersetzt werden. Man erhält dann für die *dynamische Steilheit* S_d in der Differenzenquotienten-Schreibweise mit $\Delta U_a = \Delta_{ia} R_a$ und unter Beachtung der Barkhausen-Formel [34d]:

$$S_d = \frac{\Delta i_a}{\Delta U_{St}} = \frac{\Delta i_a}{\Delta U_g + D\Delta U_a} = \frac{1}{\frac{1}{S} + DR_a} = S\frac{R_i}{R_i + R_a}. \qquad [38\text{b}]$$

In analoger Weise ergibt sich aus [34a] für den *dynamischen Durchgriff* D_d:

$$D_d = \frac{\Delta U_{St}}{\Delta U_a} = \frac{\Delta U_g + D\Delta i_a R_a}{\Delta i_a R_a} = \frac{\Delta U_g}{\Delta U_a} \cdot \frac{\Delta U_a}{\Delta i_a} \cdot \frac{1}{R_a} + D = D\left(\frac{R_i + R_a}{R_a}\right) \qquad [38\text{c}]$$

sowie daraus nach [35a] für den dynamischen Spannungsverstärkungsfaktor μ_d:

$$\mu_d = \frac{1}{D_d} = \frac{1}{D}\left(\frac{R_a}{R_i + R_a}\right) = R\left(\frac{R_i R_a}{R_i + R_a}\right) = S_d R_a. \qquad [38\text{d}]$$

Wie man dem Produkt der Beziehungen [38b] und [38c] entnimmt, entspricht der Barkhausen-Formel [34d] des statischen Zustandes eine ähnlich aufgebaute Gleichung für den dynamischen Zustand:

$$S_d \cdot D_d \cdot R_a = S \cdot D \cdot R_i = 1. \qquad [38\text{e}]$$

Der eingangs dieses Abschnitts erwähnte positive Gitterstrom $+i_g$, bestehend aus positiven Ionen der Restgase im Vakuum, ist proportional der Anzahl der restlichen Gasmoleküle und damit dem Gasdruck. Seine Stromstärke liegt in der Größenordnung von 10^{-9} A. Er kann zur Relativmessung der Güte des Vakuums in einem evakuierbaren System dienen, an das die zur Messung verwendete Röhrentriode durch einen Rohrstutzen angeschlossen ist. Sie arbeitet in diesem Fall als *Ionisationsmanometer*, das zur absoluten Gasdruckmessung allerdings der Eichung bedarf. Ein praktisches, einfaches Meßverfahren ist von *H. Teichmann* (15) angegeben worden.

2.1.3. Mehrgitterröhren

Die Anwesenheit mehrerer Gitter zwischen Anode und Kathode verursacht – unabhängig von den Funktionen der einzelnen Gitter, auf die unten noch eingegangen wird – eine außerordentliche Verkleinerung des Durchgriffs im Raum zwischen Steuergitter und Kathode und damit eine erwünschte Unabhängigkeit von Schwankungen der Anodenspannung, da von jedem Gitter ein hoher Prozentsatz von Feldlinien des elektrischen Feldes zwischen Anode und Kathode abgefangen wird. Dies macht eine gesonderte Stabilisierung der Anodenspannung entbehrlich. Am Beispiel einer Elektronenröhre mit drei Gittern, d. h. mit insgesamt fünf Elektroden, einer *Pentode* (Abb. 9a), soll gezeigt werden, daß die Größe des Durchgriffs D_a der Anode zur Kathode gegenüber einem Triodendurchgriff von 5% auf:

$$D_a = 0{,}0125\,\% \qquad [39a]$$

herabgedrückt wird, was bedeutet, daß Anodenspannungsschwankungen um ± 10 Volt sich nur mit $\pm 1/1000$ Volt im Kathodenraum als Schwankungsanteil der Steuerspannung bemerkbar machen.

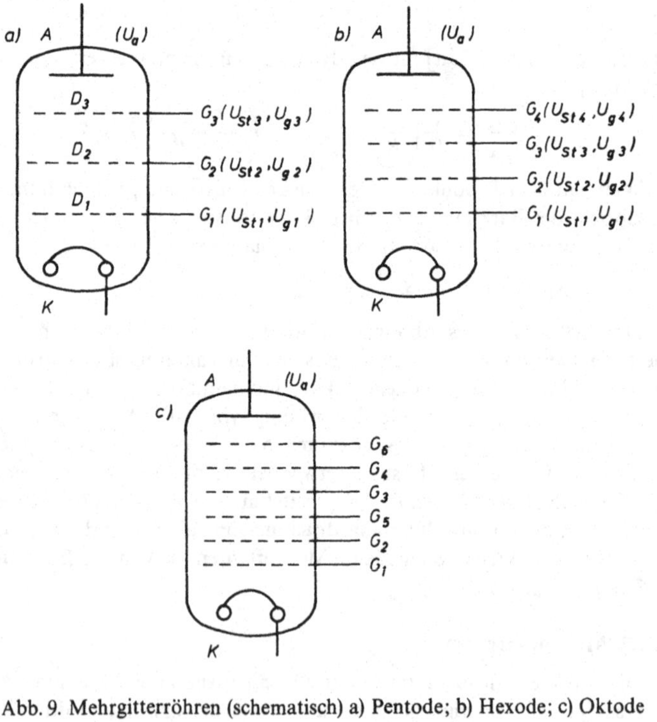

Abb. 9. Mehrgitterröhren (schematisch) a) Pentode; b) Hexode; c) Oktode

Unter sukzessiver Anwendung der Beziehung [33a] können wir schreiben:

$$U_{St\,1} = U_{g1} + D_1 U_{St\,2}; \; U_{St\,2} = U_{g2} + D_2 U_{St\,3};$$
$$U_{St\,3} = U_{g3} + D_3 U_a \qquad [39b]$$

Durch Einsetzen von $U_{St\,2}$ aus der zweiten in die erste und von $U_{St\,3}$ von der dritten in die zweite Gleichung erhält man für den Zusammenhang zwischen $U_{St\,1}$ und U_a folgende Beziehung:

$$U_{St\,1} = U_{g1} + D_1 U_{g2} + D_1 D_2 U_{g3} + D_1 D_2 D_3 U_a, \qquad [39c]$$

d. h. der Durchgriff D_a der Anode, bezogen auf das erste Gitter, ist gegeben durch das Produkt der drei einzelnen Durchgriffe der drei Gitter:

$$D_a = D_1 D_2 D_3 . \qquad [39d]$$

Rechnet man in allen drei Fällen mit 0.05 ($\equiv 5\%$) Durchgriff, so beträgt der Anodendurchgriff D_a:

$$D_a = 1{,}25 \cdot 10^{-4} (\equiv 0{,}0125\%) . \qquad [39a]$$

Den Löwenanteil an der Abschirmfunktion hat in der Pentode das konstant positiv vorgespannte Gitter G_2, das eine positive Potentialfläche bildet und auf das *Steuergitter* G_1 und die Kathode wie eine Anode einer Triode konstanter Anodenspannung wirkt. Das dritte Gitter G_3 zwischen *Schirmgitter* G_2 und Anode A (vgl. Abb. 9a) dient der Abbremsung der Sekundärelektronen (vgl. Abschn. 2.1.1., Abb. 6b) und wird als *Bremsgitter* G_3 bezeichnet. Es liegt auf Kathodenpotential und verhindert daher, daß die Sekundärelektronen das Schirmgitter G_2 erreichen. Dadurch verschwindet der fallende Kennlinienbereich für höhere Anodenspannungen, und der Sättigungscharakter des Anodenstroms bleibt gewahrt (i_s = const.). Der Verlauf der Pentoden-Kennlinienschar gleicht der schematischen Darstellung der Abb. 7c. Anstelle verschiedener Anodenspannungen sind jedoch verschiedene Schirmgitterspannungen zu setzen ($U_{g1} > U_{g2} > U_{g3}$), wobei die Anodenspannung ziemlich beliebige Werte haben darf, da sie praktisch wegen ihres sehr kleinen Durchgriffs keinen Einfluß mehr auf die Steuerspannung besitzt, aber so zu wählen ist, daß gilt: $U_a \geqq U_{g2}$.

Setzt sich einerseits in der Triode die Steuerwirkung der Gitterspannung U_g mit dem durchgreifenden Teil der Anodenspannung U_a *additiv* zur Steuerspannung U_{St} zusammen (vgl. Abschn. 2.1.1., Gl. [33a]), und wird in der Pentode die Steuerwirkung der Anodenspannung wegen des sehr kleinen Durchgriffs D_a der Anode (Gl. [39d]) praktisch unterdrückt, wodurch Anodenspannungsschwankungen unwirksam werden, so hat man andererseits durch Einführung von weiteren Gittern die Möglichkeit geschaffen, mittels zweier Steuergitter, die voneinander abgeschirmt sind, eine *multiplikative Steuerwirkung* zu erzielen. Solche Mehrgitterröhren werden auch als *Mischröhren* bezeichnet. Hierzu gehören die *Hexoden* und *Oktoden*.

In der Hexode (Abb. 9b) dienen als Steuergitter die Gitter G_1 und G_3. Sie werden gegeneinander und gegen die Anode durch die auf konstantem, positivem Potential liegenden Schirmgitter G_2 und G_4 abgeschirmt. Das Einfügen zweier weiterer Gitter G_5 und G_6, die als Bremsgitter fungieren und in beiden Steuerräumen auftretende Sekundärelektronen vom jeweiligen Steuergitter fernhalten, führt zur Oktode (Abb. 9c).

Da in sämtlichen Röhren die Gittereigenschaften in erster Linie von dessen geometrischer Gestalt abhängen, lassen sich Gitter konstruieren, die eine Abhängigkeit der Steilheit S von der Gitterspannung U_g hervorrufen. Solche Röhren werden als *Regelröhren* bezeichnet. Bei zylindrischer Elektrodenanordnung besteht das Gitter in der Regel aus einer Drahtspirale. Wickelt man diese so, daß sie verschiedene Ganghöhen (z. B. logarithmisch anwachsende) besitzt, so ändert sich die Steilheit entsprechend mit der Gitterspannung. Da der Durchgriff in den weitmaschigen Gitterbereichen größer ist, überwiegt bei kleinen Absolutwerten der Gitterspannung U_g der Anteil DU_a in der Steuerspannung U_{St} (vgl. Abschn. 2.1.1., Gl. [33a]).

2.2. Photozellen

Als *Photozelle* bezeichnet man allgemein elektronische Bauelemente, die als *photoelektrische Wandler* wirken, d. h. elektromagnetische Strahlungsenergie (bevorzugt optischer Spektralbereiche) in elektrische Energie umformen.

Dieser Umwandlungseffekt beruht auf dem photoelektrischen Elementarakt, der Loslösung von Elektronen aus dem Atomverband unter dem Einfluß von Strahlungsquanten. Als Summenwirkung solcher Elementarakte treten meßbar ein innerer, äußerer sowie Halbleiter-Photoeffekt in Erscheinung, je nachdem, ob die verursachenden Elementarakte in *homogenem Material* oder nahe von *äußeren* bzw. *inneren Grenzflächen* der photoelektrisch wirksamen Substanz auftreten (vgl. Bd. I, Abschn. 2.1.2.). Die Energiebilanz eines Elementaraktes liefert eine Beziehung, die als *Einsteinsche Gleichung* bekannt geworden ist (vgl. Bd. I, Abschn. 2.1.2.1., Gln. [155a, b, d]) und in den verschiedenen üblich gewordenen Formen ihrer Schreibweise lautet:

$$h\nu = \tfrac{1}{2} m_\varepsilon v_\varepsilon^2 + E_a = \varepsilon U + E_a = \varepsilon U + h\nu_g;\; \varepsilon U = h(\nu - \nu_g), \qquad [40a]$$

wobei die verschiedenen Größen folgende Bedeutung besitzen:

ν Strahlungsfrequenz; $\frac{1}{2} m_\varepsilon v_\varepsilon^2$ kinetische und εU potentielle Energie des ausgelösten Photoelektrons; E_a dessen Austrittsarbeit bei Überwindung etwaiger Grenzflächen; ν_g materialabhängige Grenzwellenfrequenz, bis zu der Photoelektronen gerade noch eine Grenzfläche durchdringen können ($E_{ag} = h\nu_g$); ε elektrische Elementarladung (Ladung des Photoelektrons); h *Planck*sches Wirkungsquantum.

Photozellen mit *innerem Photoeffekt* werden als *Photowiderstände* bezeichnet. Sie sind *passive*, elektronische *Bauelemente*, d. h. sie sind weder die Quelle einer Urspannung noch eines Urstromes. Ihre Funktionsweise besteht in einer Widerstandsabnahme bei verstärkter Bestrahlung durch die Bereitstellung von Ladungsträgern in Gestalt von Photoelektronen, die die elektronische Leitfähigkeit vergrößern (vgl. Bd. I, Abschn. 2.1.2.3.). Da im Falle des inneren Photoeffekts keine Elektronen aus dem Leiter austreten, braucht dieser an sich nicht in einen evakuierten oder gasgefüllten Raum eingebettet werden. Wenn man dies dennoch vorzieht, so ist der Grund dafür, auf diese Weise Korrosionserscheinungen fernzuhalten. Als Füllgase verwendet man dann chemisch inerte Gase, z. B. ein Edelgas oder auch Stickstoff.

Die *Photozelle* im engeren Sinne arbeitet mit dem äußeren Photoeffekt, d. h. mit der *Photoelektronenemission* an *äußeren Grenzflächen*. Als Emissionsprozeß steht sie – bis auf den Elementarakt der Loslösung der Elektronen aus dem Atomverband – in völliger Analogie zur Glühelektronenemission und wird daher auch durch die *Richardsonsche Gleichung* beschrieben (vgl. Abschn. 2.1. sowie Bd. I, Abschn. 2.1.3.1. und 2.1.3.2., Gl. [162f.]), in der für die Austrittsarbeit $E_a = E_{ag}$ das dieser entsprechende Strahlungsquant $h\nu_g$ gesetzt wird, so daß sich ergibt:

$$i = A\,T^2 \mathrm{e}^{-\frac{h\nu_g}{kT}}, \qquad [40\,\mathrm{b}]$$

wobei i den photoelektrischen Elektronenstrom, T die Kathodentemperatur und A eine Materialkonstante bedeuten.

Der Aufbau der Photozelle und ihr Kennlinienverlauf entsprechen daher auch weitgehend denen einer Röhrendiode, wobei die Austrittsenergie der Elektronen aus der Kathode nicht durch thermische Energiezufuhr (Glühkathode), sondern durch Zufuhr von Strahlungsenergie (Photokathode) bereitgestellt wird. In beiden Fällen sind Anode und Kathode in eine Röhre eingeschmolzen, die evakuiert bzw. mit verdünntem Gas gefüllt werden kann (vgl. Abschn. 2.2.2.1. und 2.2.2.2.), wenn man im reversiblen Gasentladungsbereich die „*Gasverstärkung*“ durch Ionisation ausnutzen will. Im Gegensatz zum Photowiderstand ist die auf dem äußeren Photoeffekt beruhende Photozelle ein *aktives* (elektronisches) *Bauelement*, d. h. die mit der Energie $\frac{1}{2} m_\varepsilon v_\varepsilon^2$ austretenden Photoelektronen sind nach [40a] in der Lage, eine Urspannung U aufzubauen des Betrages:

$$U = \frac{h}{\varepsilon}(\nu - \nu_g). \qquad [40c]$$

Für den sichtbaren Strahlungsbereich liegt ihr Wert zwischen 1 und 2 Volt.

Die *Halbleiter-Photodiode* ist ebenfalls ein *aktives* elektronisches *Bauelement*, das mit einer Photoelektronen-Auslösung arbeitet, jedoch nahe einer *inneren Grenzfläche*. Eine solche entsteht an der Grenze zweier Bereiche eines Halbleiters mit verschiedenem Leitfähigkeitscharakter dadurch, daß sich strukturell bedingt unterschiedliche Elektronenkonzentrationen ausbilden, welche in dem einen Gebiet *n-Leitung* durch *Elektronenüberschuß* (*n*egative Ladungsträger), im anderen *p*-Leitung durch *Elektronenmangel* (fiktive *p*ositive Ladungsträger, Defektelektronen) verursachen. Im Grenzgebiet diffundieren aus dem Überschußbereich so lange Elektronen in den Mangelbereich, bis die dadurch verursachte positive Aufladung des Überschußbereiches gegenüber dem Mangelbereich eine weitere Diffusion verhindert. Die auf diese Weise entstandene Potentialschwelle zwischen den Gebieten mit *p*- und *n*-Leitung bezeichnet man als *pn*-Übergang (vgl. Bd. I, Abschn. 1.5.2.5.). In der Nähe des pn-Übergangs ausgelöste Photoelektronen können – ähnlich den an einer Oberfläche ausgelösten Photoelektronen des äußeren Photoeffektes – kraft der ihnen von der auslösenden Strahlung übermittelten Energie die Grenzschicht entgegen dem dort herrschenden elektrischen Feld durchlaufen und eine *Urspannung (photoelektromotorische Kraft)* aufbauen (vgl. Abschn. 2.4.2. und Bd. I, Abschn. 2.1.2.3.).

2.2.1. Photowiderstände

Die Photoleitfähigkeit wurde zuerst von *W. Smith* im Jahre 1873 an Selen beobachtet (vgl. Bd. I, Abschn. 2.1.2., 2.1.2.2. sowie Literatur c) (68)). Selenzellen fanden als Photorelais technisch eine breite Anwendung. Auf diesem Gebiet erhielten sie erst im dritten Jahrzehnt dieses Jahrhunderts ernsthafte Konkurrenz durch Photozellen mit äußerem Photoeffekt in Verbindung mit Röhrenverstärkern. Von der Materialseite fand etwa gleichzeitig mit wachsender Kenntnis des Leitfähigkeitsmechanismus der Halbleiter ein Abwandern zu effektiveren Substanzen statt, die größere Widerstandsunterschiede als Hell-Dunkeleffekt aufwiesen. Praktische Bedeutung erlangte die im Jahre 1920 von *T. W. Case* (16) angegebene „*Thallofidzelle*", deren photoelektrisch wirksame Substanz Thalliumsulfid ist, dessen Lichtempfindlichkeit durch einen Oxidationsprozeß bei 80°C auf einen optimalen Wert gesteigert werden kann („Thallofid“: TlS[O]). Gegenüber Selenzellen weist sie außer einer größeren Empfindlichkeit im Spektralbereich des beginnenden Infrarot auch eine größere Trägheitslosigkeit auf, wie der Vergleich des Stromeinsatzes zwischen einer Thallofid- und Selenzelle zeigt (Abb. 10).

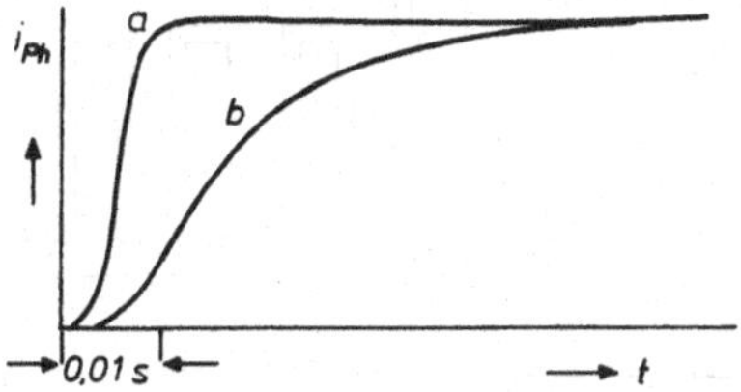

Abb. 10. Vergleich der Trägheit des Photostromeinsatzes zwischen (a) Thallofid- und (b) Selenzelle

Ein weiterer Schritt in dieser Richtung war die Verwendung von Selen-Tellur-Legierungen durch *F. Michelsen* (17). Die Fortschritte der Halbleiterphysik in den folgenden Jahren führten durch systematische Untersuchungen der verschiedensten Metallverbindungen insbesondere von Sulfiden, Seleniden und Telluriden unter dem Gesichtspunkt der Struktur ihrer Bändermodelle (vgl. Bd. I, Abschn. 2.1.2.2.) zu einem technisch bedeutsamen Erfolg auf dem Gebiet der Photoleitfähigkeit. *R. Frerichs* (18) konnte in den Jahren 1946/47 zeigen, daß die Verbindungen von Cadmium mit Schwefel, Selen und Tellur – und von diesen wiederum insbesondere *Cadmiumsulfid* (CdS) – hervorragende Photoleitfähigkeitsdaten aufweisen. Deshalb sind überall da, wo sich bisher der Photowiderstand wegen der Einfachheit und Robustheit seiner Schaltung – in erster Linie als Photorelais – gegenüber der inzwischen als weitere Konkurrenz entwickelten Kombination einer Photodiode mit einem (Transistor-)Verstärker (vgl. Abschn. 2.4.2.2. und Bd. III, Abschn. 2.1.2.) durchsetzen konnte, an die Stelle von Selenwiderständen Cadmiumsulfidwiderstände getreten, die bei einer Helligkeitsschwankung von 8 Zehnerpotenzen eine Widerstandsänderung um etwa 9 Zehnerpotenzen aufweisen (Abb. 11a). Eine technische Ausführungsform zeigt Abb. 11b. Die auf einer isolierenden Unterlage aufgebrachte CdS-Schicht trägt auf der dem Licht zugewandten Seite zwei kammförmige Elektroden, deren Anordnung geringen Elektrodenabstand mit optimaler Größe der bestrahlten lichtempfindlichen Fläche vereint. Eine durchsichtige Kunststoffschicht schützt den Photowiderstand vor korrodierenden Umwelteinflüssen. Besonders hohe Infrarotempfindlichkeit weisen Photowiderstände aus Bleisulfid (PbS) auf, worauf *B. Gudden* (19) im Jahre 1944 aufmerksam machte.

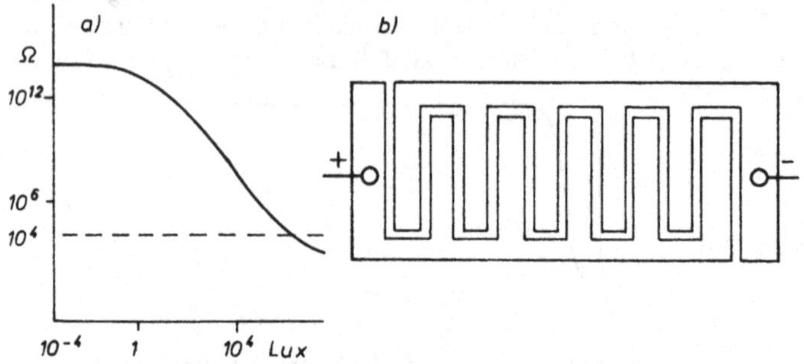

Abb. 11. CdS-Photowiderstand
a) Kennlinien; b) technische Ausführungsform (schematisch)

Einen neuen Anwendungsbereich fanden die photoleitenden Substanzen in Fernsehaufnahmeröhren (vgl. Bd. III, Abschn. 1.5.), in denen derartige Widerstandsschichten als Signalplatte dienen, d. h. als jener Bauteil, der die Helligkeitswerte der einzelnen Bildpunkte eines durch eine *Elektronenstrahlabtastung (scanning)* aufgerasterten Bildes in eine hochfrequente Folge elektrischer Signale (Impulse) umwandelt. Als besonders geeignet für diesen Zweck hat sich die rote Modifikation von Antimontrisulfid (Sb_2S_3) erwiesen. Die wichtigsten Photoleitfähigkeitsdaten der angeführten Substanzen sind in der folgenden Tab. 1 zusammengestellt.

Tab. 1. Eigenschaften photoleitender Substanzen

Substanz	$\lambda_m (\mu_m)$	e(A/Lm)	ν_{tr}(Hz)
Se	0,7	0,05	10^2
TlS [O]	1,05	1	10^2
CdS	0,6	10	10^2
PbS	2,5	0,003	10^4
Sb_2S_3	0,8	–	10^2

λ_m Wellenlänge der maximalen spektralen Empfindlichkeit;
e photoelektrische Empfindlichkeit;
ν_{tr} Frequenzgrenze, bedingt durch Trägheit des inneren Effektes.

Als photoleitende Substanzen finden auch n- bzw. p-dotierte Halbleiter, wie z. B. Ge (vgl. Tab. 2) Verwendung. Für die Anwendung wichtig sind folgende Kenngrößen des Photowiderstandes:

Die *Widerstandsänderung* ΔR (in Ω) bei gegebener Beleuchtungsänderung ΔB (z. B. $\Delta B = 10^4$ Lx).

Die *Relaxationszeit* τ (in s), welche der Photowiderstand benötigt, um nach Wegfall der Beleuchtung in den Ausgangszustand zurückzukehren (bzw. die Grenzfrequenz $\nu_g = \frac{1}{\tau}$ von Wechsellicht, bis zu der die verursachten Stromänderungen dieser variierenden Beleuchtung noch trägheitslos folgen).

Die *photoelektrische Empfindlichkeit* e_{Ph} (in A/Lm bzw. μA/Lx), wobei sich das auf dem Lichtstrom (Lm) bezogene Maß $e_{Ph, Lm}$ durch Multiplikation der bestrahlten Fläche (in m^2) auf die Beleuchtung (Lx) beziehen läßt: $e_{Ph, Lx}$.

Mittlere Werte dieser Kenndaten sind für drei Typen von Photowiderständen in Tab. 2 zusammengestellt. Außerdem sind noch die Breite der verbotenen Zone ΔE (eV) sowie die ungefähre Lage der Absorptionskante durch Angabe ihrer Wellenlänge λ_0 (in nm) angeführt. Zwischen diesen beiden Größen besteht der Zusammenhang:

$$\lambda_0 = \mathrm{h}c/\Delta E . \qquad [51]$$

Tab. 2. Kenndaten von Photowiderständen

Substanz	E eV	$e_{Ph, Lm}$ A/Lm	$e_{Ph, Lx}$ μA/Lx	$R(\Delta B = 10^4\,\text{Lx})$	τ s	λ_0 nm
Se	2,2	0,01 – 0,1	0,1 – 6	$10^7 - 10^3$	1	~540
CdS	2,5	1 – 10	10 – 600	$10^9 - 10$	$6 \cdot 10^{-3}$	~480
Ge	0,72	0,1 – 1	1 – 60	$10^{13} - 10^4$	10^{-6}	~1600

Das Vorhandensein einer nicht vernachlässigbaren Relaxationszeit bis zum Erreichen des Dunkelwiderstandswertes ist die Ursache von Trägheitserscheinungen bei der Verwendung von Photowiderständen als elektronisches Bauelement (Relais, Schalter). Seine hohe photoelektrische Empfindlichkeit verdankt der Photowiderstand der großen Zahl vom inneren Photoeffekt (vgl. Bd. I, Abschn. 2.1.2.2., S. 107) bereitgestellter Ladungsträger, die bei äußeren Spannungen von etwa 20 Volt einen relativ starken Photostrom bilden.

2.2.2. Zellen mit äußerem Photoeffekt

Für eine technische Verwendung des äußeren Photoeffektes in einer Photozelle wird man eine möglichst günstige spektrale Empfindlichkeit und eine hohe elektrische Ausbeute zu fordern haben. Man kann diese Ziele auf zwei Weisen erreichen; einmal durch Steigerung der Ausbeute der Photokathoden, zum anderen durch Verstärkung des Photoelektronenstromes in der Zelle selbst unter Verwendung bekannter elektrischer Sekundäreffekte. Hierzu bieten sich die *Gasverstärkung* durch Stoßionisation und die *Sekundärelektronenvervielfachung* durch gesonderte Prallelektroden an (vgl. Bd. I, Abschn. 2.1.1.2.).

Als Photokathoden haben sich bis in die Gegenwart die Mehrstoff-Photokathoden aus Cäsium-Cäsiumoxid-Silber ($Cs-Cs_2O-Ag$)-Schichten und die Legierungsphotokathoden von Cäsium mit Antimon und Wismut [($Cs-Sb$); ($Cs-Bi$)] behauptet, die zuerst von *K. T. Bainbridge* und *L. R. Koller* (1930) bzw. von *P. Görlich* (1936) beschrieben wurden (vgl. Bd. I, Abschn. 2.1.2.4.).

Das für die Herstellung der Mehrstoffkathoden in kleinsten Mengen benötigte Cäsium gewinnt man mit dem geringsten apparativen Aufwand aus folgenden Reaktionen zwischen Cäsiumchlorid ($CsCl$) und Bariumazid (BaN_6):

$$BaN_6 + 2CsCl \longrightarrow BaCl_2 + 2CsN_3 \qquad [41a]$$

$$2CsN_3 \longrightarrow 2Cs + 3N_3, \qquad [41b]$$

die bei Temperaturen zwischen 250–400°C am günstigsten ablaufen. Zu diesem Zweck stellt man eine äquimolare wäßrige Lösung der Ausgangssubstanzen her. Da BaN_6 in 16% wäßriger Lösung bezogen werden kann, empfiehlt es sich, in 5 cm³ davon 1,3 g $CsCl$ aufzulösen, das in Pulverform erhältlich ist. Man gießt etwa 1–2 cm³ dieser Lösung in eine evakuierbare Destillationsvorlage (unter Umständen mit mehreren Stufen zur Reinigung des Cäsium durch mehrfache Destillation). Dann wird zunächst das Wasser abgepumpt, anschließend auf Hochvakuum evakuiert. Die Vorlage mit dem an den Glaswänden zurückgebliebenen $CsCl/BaN_6$-Gemisches wird in einem elektrischen Ofen erhitzt. Der Zerfall des CsN_3 nach Reaktionsgleichung [41 b] verursacht dabei einen kurzen Druckanstieg in der Vakuumanordnung. Das freigewordene Cäsium schlägt sich als spiegelnder Belag an den kühleren Teilen der gläsernen Vorlage nieder. Da es bereits bei 112° verdampft, läßt es sich leicht – ggf. über die weiteren Destillationsvorlagen – bis in die an die (letzte) Vorlage angeschmolzene Photozelle treiben. Dort muß die silberne Oberfläche der Photokathode bereits vor der Cäsiumherstellung durch eine Glimmentladung in Sauerstoffatmosphäre (ca. 8 Torr) mit einer Schicht Silberoxid von ca. 1 μm Dicke überzogen worden sein, die im reflektierten Licht eine goldbraune Färbung (Interferenzfarbe) aufweist. Beim Aufdampfen des Cäsiums in monomolekularer Schicht erhält man ($Cs-Cs_2O-Ag$)-Kathoden optimaler Ausbeute, wenn man – unter Messung des äußeren Photoeffektes – durch Erhitzen der Photozelle überschüssiges Cäsium entfernt.

Aus gegenwärtiger Sicht stellen uns solche monomolekularen Schichten vor ähnliche, ebene Energieverteilungsprobleme, wie sie zur Erforschung des Bändermodells durch Untersuchungen an dünnen Schichten halbleitender Substanzen von *G. Landwehr* et al. (20) durchgeführt werden.

Im Falle von Legierungskathoden bringt man eine der geplanten Zusammensetzung entsprechende Menge Wismut (Bi) bzw. Antimon (Sb) in eine weitere angeschlossene Vorlage und destilliert diese Substanz im Vakuum in die zweite Vorlage der Cäsiumdestillationsapparatur, wo sie mit dem Cäsium legiert. Gemeinsam werden die beiden Substanzen dann in die Photozelle auf die silberne (und nicht weiter vorbehandelte) Photokathode gedampft. In diesem Fall empfiehlt es sich, bereits die Aufdampfung unter Messung des Photoeffektes zu überwachen, um eine optimale Schichtdicke zu erhalten.

2.2.2.1. Vakuum-Photozellen

In einer optimal evakuierten Photozelle, die praktisch als gasfrei gelten darf, liegt die mittlere freie Weglänge der Elektronen bei einem Gasdruck von 10^{-6} Torr in der Größenordnung von 10^4 cm ($\equiv 100$ m), d. h. sie übertrifft jede der drei Dimensionen der Zelle um rund das 1000fache, so daß man die Möglichkeit eines Zusammenstoßes mit Molekülen bzw. Atomen der Restgase in der Zelle und damit einer Ladungsträgererzeugung durch Stoßionisation außer Betracht lassen kann (vgl. Bd. I, Abschn. 2.1.1.1., Gl. [151]). Es wird daher die der Belichtung proportionale Stärke des Photostromes ausschließlich durch die Zahl der Photoelektronen bestimmt. Diese wiederum hängt außer von der Stärke auch von der spektralen Verteilung der Belichtung ab. Bei gleichbleibender Belichtung wird mithin auch der Photoelektronenstrom einen konstanten Wert besitzen. Für sein Verhalten auf dem Wege von der Photokathode zur Auffangelektrode (Anode) erweist sich die Geometrie der Elektrodenanordnung als maßgebend. Alle ausgelösten Photoelektronen werden aufgefangen, wenn z. B. eine kugelförmige Anode eine zentrale, in ihrem Mittelpunkt stehende Photokathode umgibt (Abb. 12a). In diesem Falle wird sich die Stärke des Photostromes auch nicht ändern, wenn an die Auffangelektrode eine positive Saugspannung U_a gelegt wird, weil diese die Zahl der Elektronen nicht beeinflußt. Die *Kennlinie einer Vakuum-Photozelle* mit Zentralkathode hat daher den Charakter einer Sättigungskurve (Abb. 13, a)). Für negative Werte der Anodenspannung zeigt sie einen Abfall der Stromstärke auf den Wert Null innerhalb eines Bereiches von rund 2 Volt. Das bedeutet, daß die Photoelektronen bei einer Belichtung der Zelle, ohne eine Saugspannung anzulegen ($U_a = 0$), in der Lage sind, eine Urspannung

(Photo-EMK) dieser Größenordnung aufzubauen, so daß eine solche Photozelle als – freilich wenig leistungsfähiges – *Photoelement* wirkt und ein *aktives* elektronisches *Bauelement* ist. Die Energie für diese Wirksamkeit entstammt dem Konversionsprozeß von Strahlungsenergie in elektrische Energie (vgl. Bd. III, Abschn. 2.3.), dessen Energiebilanz durch die *Einstein*sche Gleichung beschrieben wird (vgl. Abschn. 2.2., Gl. [40a]). Nach der Seite positiver Werte der Anoden-(Saug-)spannung U_A hin verläuft die Kurve parallel zur Abszisse. Man darf daher eine solche Photozelle als einen spannungsproportionalen Widerstand auffassen, der sich – wegen der erforderlichen Konstanz der Belichtung praktisch nur bedingt – zur Spannungsstabilisierung eignet.

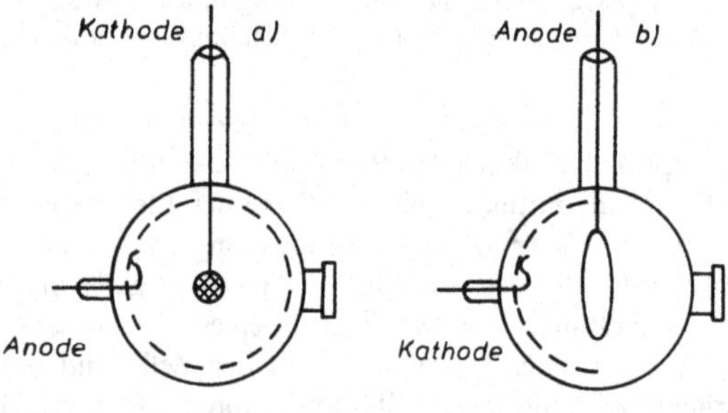

Abb. 12. Vakuum-Photozelle (A Anode, K Photokathode) a) mit zentraler, möglichst punktförmiger Kathode und kugelförmiger Anode; b) mit großflächiger, halbkugelförmiger Kathode und ringförmiger Anode

Der ideale Verlauf der Kennlinie einer Vakuum-Photozelle mit Zentralkathode wird mit dem Nachteil erkauft, daß die belichtete Kathodenfläche nur sehr klein sein kann, da sonst der zentrale Charakter des elektrischen Feldes mit seinen streng radial auf den Kugelmittelpunkt ausgerichteten Feldlinien gestört würde. Aus dem gleichen Grunde muß die Kathodenzuführung in Glas eingebettet werden, weil sich anderenfalls die Feldlinien senkrecht zur metallischen Zuleitung hinkrümmen.

Die Forderung nach hoher Leistung führt daher zu einem Verzicht auf die ideale Kennlinienform und zur Konstruktion einer Photozelle, in der die Form von Kathode und Anode vertauscht sind. Die Photokathode ist (halb-)kugelförmig und bietet der Belichtung das Maximum an lichtempfindlicher Oberfläche bei gegebenem Zellenvolumen, während die Zentralanode als kleine Kugel oder größerer Ring im Zentrum der Zelle steht (Abb. 12b). Dann erreichen die ausgelösten Photoelektronen

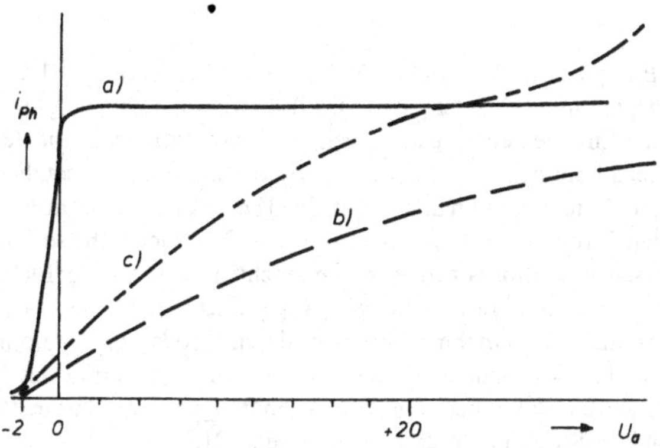

Abb. 13. Kennlinien von Photozellen a) Vakuumzelle (Zentralkathode); b) Vakuumzelle (Zentralanode); Photozelle mit Gasfüllung

in ihrer Gesamtheit die Anode allerdings nur, wenn ihre Bahnen durch das Feld einer Saugspannung auf die Anode hin gekrümmt werden. Ohne Saugspannung fliegt ein großer Teil von ihnen an die Glaswand der Zelle, die einen sehr hohen Isolationswiderstand besitzt. Infolgedessen bildet sich dort ein stationäres Gleichgewicht durch eine negative Oberflächenladung aus, die auf die nachfolgenden Photoelektronen abbremsend wirkt. Mit wachsender Saugspannung gelangen mehr und mehr Elektronen zur Anode, bis schließlich bei einer bestimmten, durch die geometrischen Verhältnisse der Elektrodenkonfiguration bedingten Spannung alle Elektronen die Anode erreichen. Die Kennlinie erreicht nunmehr den Sättigungswert erst bei höheren positiven Spannungswerten (Abb. 13, b)).

2.2.2.2. Gasgefüllte Photozellen

Diese genaue Kenntnis des Einflusses der geometrischen Elektrodenkonfiguration auf die elektronischen Vorgänge in der Vakuumphotozelle erleichtert die Beurteilung des Verhaltens der Photozelle bei einer Füllung mit Gas. In einer solchen gasgefüllten Photozelle erleiden die Photoelektronen auf ihrem Wege zwischen Kathode und Anode Zusammenstöße mit Gasmolekülen, welche deren Zahl und damit auch dem Gasdruck proportional sind. Der Weg, den ein Elektron zwischen zwei Zusammenstößen zurücklegt, seine „freie Weglänge", wird um so kleiner, je höher der Druck des Gases ist. Unter dem Einfluß der Anodenspannung wird das Elektron auf jener Strecke beschleunigt und nimmt daher Energie aus dem Feld auf (vgl. Bd. I, Abschn. 2.1.1.1.). Ist die Anodenspannung so hoch, daß das Elektron Geschwindigkeiten erreicht, die Energien entsprechen, welche der Ionisationsenergie des Füllgases gleichkommen, so tritt durch Stoßionisation eine zusätzliche Bildung von Ladungsträgern und damit eine *Verstärkung* des photoelektrisch bedingten Stromes ein. Mit zunehmendem Gasdruck wird so lange ein Anwachsen des Photostromes zu beobachten sein, als die Elektronen beim Durchfliegen der freien Weglänge Energie aus dem Feld der Anodenspannung aufnehmen können, deren Größe zur Stoßionisation ausreicht. Ist dies nicht mehr der Fall, so wird die Stärke des Photostromes wieder abnehmen. Die Druckabhängigkeit der Gasverstärkung geht nach A. Stoletow durch ein Maximum (21).

Die Strom-Spannungskennlinie einer gasgefüllten Photozelle gibt Abb. 13, c) wieder. Von einer Anodenspannung von rund 20 Volt ab tritt Stoßionisation ein, die mit wachsender Spannung zu einem exponentiell anwachsenden Photostrom führt. Mit wachsender Anodenspannung nehmen aber nicht nur die Photoelektronen, sondern auch die durch Stoß erzeugten positiven Ionen mehr und mehr Energie aus dem Feld auf. Das bedeutet, daß der Aufprall von positiven Ionen, dem dann die Photokathode ausgesetzt ist, immer stärker wird und schließlich zur Zerstörung der Kathodenschicht führt. Weiterhin sind die Ionen von einer gewissen Anodenspannung (Zündspannung) ab in der Lage, selbst wieder zu ionisieren und dadurch einen elektrischen Strom unabhängig von der Anwesenheit der Photoelektronen aufrechtzuerhalten. Diese selbständige Entladung, die in ihrer reinsten Form nicht mehr durch eine Belichtung gesteuert werden kann, bezeichnet man als Glimmentladung (vgl. Abschn. 2.3. und Bd. I, Abschn. 2.1.1.1.). Mechanische Instabilität der Photokathode und das Auftreten einer selbständigen Glimmentladung setzen also der *Gasverstärkung* des Photostromes eine *obere Grenze.* Bis zum Jahre 1932 hat man daher gasgefüllte Photozellen nur mit Spannungen betrieben, die weit unterhalb der Glimmspannung lagen (22). Die damit gegenüber Vakuumzellen erreichte Verstärkung des Photostromes beträgt das Fünf- bis Sechsfache. Dennoch gelang es, die Gasverstärkung nochmals um rund das Fünffache zu steigern, indem man durch die geometrische Formgebung der Elektroden eine Feldgestaltung und damit eine Entladungsform erzwang, welche die Erhöhung der Anodenspannung bis dicht an die Zündspannung der selbständigen Glimmentladung gestattet.

Wählt man die Anode möglichst klein, z. B. stabförmig, gibt man ihr außerdem eine Neigung zur großflächigen Kathode (Abb. 14) und sorgt man für eine Strombegrenzung durch einen hohen Widerstand im Kreis, etwa durch Überziehen der Anode mit einer schlechtleitenden Oxidhaut, so drängen sich die elektrischen Feldlinien an der Anode dicht aneinander, d. h. aber, daß die Elektronen den Hauptanteil ihrer Beschleunigung im Feld der Anodenspannung in unmittelbarer Nähe der Anode erhalten. Infolge der Kleinheit der Anodenoberfläche werden die meisten Elektronen sich ihr auf spiralförmigen Bahnen nähern, so daß sie in Anodennähe auf einem langen Weg das Füllgas ionisieren können. Auf diese Weise erreicht man, daß die meisten Ionen durch Stoß in unmittelbarer Nähe der Anode gebildet werden. Dies wird auch visuell wahrnehmbar, weil man infolge der Stoßdichte das Anregungsleuchten aller der Atome, bei denen der Stoß noch nicht zur Ionisation ausreicht, als zarte, die Anode umgebende Lichthaut beobachtet.

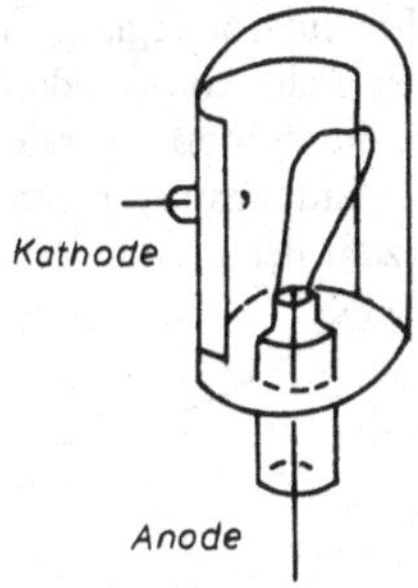

Abb. 14. Photozelle mit geneigter, drahtförmiger Anode

Man bezeichnet diese Erscheinung vom Gesichtspunkt der Gasentladung her als anomalen Anodenfall. Als Entladungserscheinung ist dieser zuerst von *C. A. Mebius* (23) beobachtet worden. *H. E. Watson* (24) erkannte in ihm die raumladungsfreie Idealform einer Gasentladung (vgl. Abb. 15), wie sie *J. S. Townsend* als Hypothese seiner Auffassung über den Mechanismus einer Gasentladung zugrundegelegt (*Townsend*-Gebiet (25)). *J. M. Schmierer* (26) führte für sie die Bezeichnung „Vorglimmentladung" ein.

Dieser Kennlinienbereich der Gasentladung eignet sich für den von uns betrachteten Zweck der Gasverstärkung in Photozellen deshalb besonders gut, weil die in der Nähe der Anode erzeugten positiven Ionen infolge ihrer Größe auf dem Wege zur Photokathode so viel Zusammenstöße erleiden, daß sie nur mit mäßiger Energie dort aufprallen. Auf diese Weise ist die Gefahr der Zerstörung der Photokathode durch ein Ionenbombardement eingedämmt.

Die Wirkungsweise zeigt gewisse Ähnlichkeiten mit der von Zählrohren, die ebenfalls im Gebiet der Vorglimmentladung, allerdings unter anderen Gasdruck- und Spannungsverhältnissen arbeiten. Auf diese Analogien ist von *H. Teichmann* (27) hingewiesen worden (vgl. Abschn. 2.3.1.2.).

Zellen dieser Art sind zuerst von *P. Hatschek* (28) beschrieben worden. Ihr hoher Verstärkungsgrad (25- bis 30fache gegenüber Vakuumzellen) ermöglichte in der technischen Praxis die Einsparung einer Verstärkerstufe (z. B. des Vorverstärkers bei Tonfilmapparaturen).

2.3. Gasentladungsröhren

Die *Gasentladungsröhren* nützen die Elektrizitätsleitung in Gasen aus. Diese verdankt ihre Entstehung der Einwirkung eines elektrischen Feldes auf Ladungsträger beiderlei Vorzeichens, die auch im feldlosen Zustand stets infolge äußerer ionisierender Einflüsse (z. B. kosmische Strahlung, thermische Molekularbewegung, Photoeffekt) vorhanden sind. Aus dem elektrischen Feld können diese Ladungsträger soviel Energie aufnehmen, daß sie durch Stoß neutrale Gasmoleküle ionisieren und auf diese Weise neue Ladungsträger erzeugen. In einer Kettenreaktion wächst so die Anzahl der Ladungsträger durch *Stoßionisation*

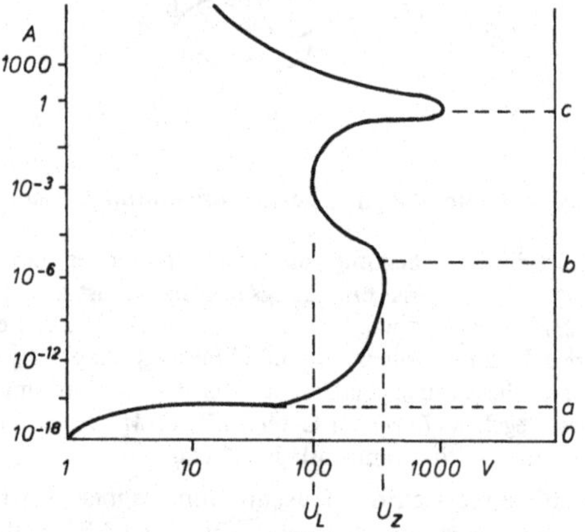

Abb. 15. Vollständige Kennlinie einer Gasentladung

0-a Anlauf- und Sättigungsbereich (spannungsabhängiger Widerstand, Proportionalzählrohr)

a-b Townsend-Bereich, Dunkelentladung (gasgefüllte Photozelle, Zählrohr)

b-c Glimmentladung, U_Z Zünd-, U_L Löschspannung (Glimmlampe, Leuchtröhren, Gastrioden)

> c Bogenentladung (Ordinatenmaßstab teilweise gestreckt)

lawinenartig an (vgl. Bd. I, S. 93, Abb. 31), was zu selbständigen Entladungsformen führt. Um diese zu stabilisieren, muß zur *Begrenzung des Stromes* ein Widerstand vorgeschaltet werden.

Die Anwendungsmöglichkeiten lassen sich am besten aus den verschiedenen Bereichen des vollständigen *Kennlinien-Verlaufes* der Gasentladung ablesen (Abb. 15). Auf sie wird im folgenden näher eingegangen.

2.3.1. Gasdioden

2.3.1.1. Glimmlampen

Die einfachste Gasdiode ist die *Glimmlampe.* Sie verwendet die Eigenschaften einer selbständigen Entladungsform, der *Glimmentladung.* Und zwar dient das Auftreten eines *Kathodenglimmlichtes* als Lichtquelle. Als Füllgase der Glimmlampe werden Edelgase bzw. Edelgasgemische mit einem *Gasdruck* von 10 bis 20 Torr verwendet. Die beiden Elektroden – in der Regel aus Eisen oder Aluminium – sind kalt. Die *Kaltkathode* wird mit einem Alkali- oder Erdalkalimetall (meistens Barium) *aktiviert,* um den *Kathodenfall* (vgl. Bd. I, S. 94, Abb. 32) von ~300 Volt auf ~70 Volt herabzusetzen und auf diese Weise eine *Betriebsspannung* U_0 in der Größenordnung der gebräuchlichen *Netzspannung* (220 Volt) zu ermöglichen. Die beiden Elektroden werden in einem Abstand von mm-Größenordnung angeordnet, damit das *Anregungsleuchten* im Gasraum auf die Kathode konzentriert bleibt. Bei Betrieb mit *Gleichstrom* stellt man daher in der Glimmlampe einer großflächig-leuchtenden

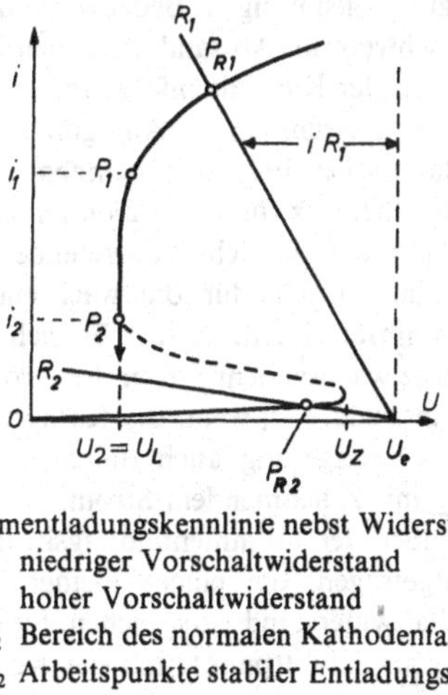

Abb. 16. Glimmentladungskennlinie nebst Widerstandsgeraden
R_1 niedriger Vorschaltwiderstand
R_2 hoher Vorschaltwiderstand
$P_1 - P_2$ Bereich des normalen Kathodenfalls
P_{R1}; P_{R2} Arbeitspunkte stabiler Entladungsformen

Kathode eine schmale dunkelbleibende Anode gegenüber, während man für *Wechselstrombetrieb* drahtförmige Elektroden schraubenlinienartig ineinandergreifen läßt *(Bienenkorblampen)*. Diese leuchten zwar mit pulsierender Stärke im Rhythmus der Wechselstromfrequenz (50 Hertz), aber scheinen für das menschliche Auge ihr Licht gleichmäßig abzugeben, da die Flimmergrenze für die Wahrnehmung bei etwa 16 Hertz liegt. Die *Lichtausbeute* liegt in der Größenordnung von 1 Lumen/Watt. Glimmlampen eignen sich daher für Notbeleuchtungen sowie in Zwergausführung zur Anzeige des Schaltzustandes von Geräten und Instrumenten. Der für ihren Betrieb zur *Stabilisierung* der Glimmentladung erforderliche Vorschaltwiderstand wird in der Regel in den Lampensockel eingebaut (vgl. Abschn. 1.1.4., Gl. [24e]; S-Kennlinie).

In Abb. 16 ist derjenige Kennlinienbereich aus Abb. 15, welcher die *Glimmentladungskennlinie* darstellt, detaillierter wiedergegeben. Man entnimmt dieser Darstellung, daß die Spannung U von der *Zündspannung* U_Z ab bei wachsendem Strom i zunächst abfällt, vom Punkt P_2 ab jedoch praktisch konstant bleibt und schließlich erst vom Punkt P_1 an angenähert proportional mit dem Strom zuzunehmen beginnt.

Dieses Verhalten ist damit zu erklären, daß sich bei der Zündspannung U_Z eine selbständige Entladungsform ausbildet, und zwar zunächst noch als Dunkelentladung im Spannungsbereich zwischen U_Z und U_2. Dann wird sie optisch bemerkbar durch das Anregungsleuchten von Gasmolekülen in Gestalt einer *Glimmschicht*, die im Spannungsbereich von U_2 bis U_1 (*normaler Kathodenfall*, vgl. Bd. I, S. 93) von punktförmiger bis zur vollständigen Bedeckung die Kathodenoberfläche überzieht. Sie schwebt im Abstand der freien Weglänge über der Kathode, welche die aus der Kathode infolge Ionenstoßes austretenden Elektronen durchlaufen müssen, um die Anregungsenergie für die Gasmoleküle aus dem elektrischen Feld aufzunehmen.

Das Anwachsen des Stromes durch *Stoßionisation* bei Zündung der Glimmentladung erklärt den zunächst auftretenden Spannungsabfall; anschließend ist es die Ursache für die wachsende Bedeckung der Kathode mit der Glimmschicht. In diesem Bereich des normalen Kathodenfalles bleibt trotz wachsendem Strom die Stromdichte und damit die Spannung konstant, und erst, wenn die Kathode völlig bedeckt ist und eine weitere Stromsteigerung auch die Stromdichte vergrößert, wächst die Spannung mit zunehmendem Strom.

In Abb. 16 sind außer der Glimmentladungskennlinie zwei Widerstandskennlinien eingetragen, die einem kleineren (R_1) und einem größeren (R_2) Vorschaltwiderstand entsprechen. Sie liefern die Arbeitspunkte P_{R1} bzw. P_{R2} als Schnittpunkte mit der Kennlinie der Glimmentladung. Mit den Strom- und Spannungswerten dieser Punkte ist der jeweilige Gasentladungsprozeß stabil. Im ersten Fall bedeutet dies, daß bei kleinem Vorschaltwiderstand R_1 und der Betriebsspannung U_0 bei Erreichen der Zündspannung U_Z der Strom i sofort von einem niedrigen auf einen relativ hohen Wert springt. Die sich einstellende Brennspannung U_{R1} zwischen den Elektroden der Glimmentladung ist dann gegeben durch:

$$U_{R1} = U_0 - iR_1 . \qquad [42]$$

Verschiebt man durch Vergrößerung von R_1 (bzw. Verkleinerung von U_0) den Arbeitspunkt P_{R_1} über P_1 bis P_2, so wird die Entladung für $U_{R_1} = U_2 = U_L$ in der Regel abreißen (*Löschspannung* U_L), weil die Neubildung von Ladungsträgern durch Stoßionisation zur Deckung von Streuverlusten in der Gasentladung nicht mehr ausreicht.

Wählt man andererseits einen hohen Vorschaltwiderstand R_2, so erhält man wohl einen Arbeitspunkt im fallenden Kennlinienbereich (P_{R_2}), er behindert jedoch die Ausbildung des normalen Kathodenfalls und damit jener Erscheinung, die bei der Glimmlampe als Lichtquelle dient.

Schließlich seien noch beispielshalber mittlere *Betriebsdaten* von Glimmlampen für 220 Volt Netzspannung angeführt: Leistung $N \sim 5$ W; Vorschaltwiderstand: $R \sim 5000\,\Omega$; Brennspannung: $U_R \sim 145$ V; Zündspannung: $U_Z \sim 165$ V; Löschspannung: $U_L \sim 138$ V; Differenz: $(U_Z - U_L) \sim 27$ V.

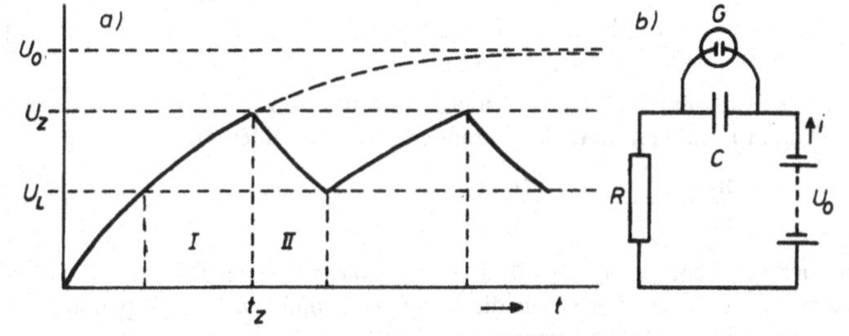

Abb. 17. Kippschwingungen a) sägezahnförmiger Verlauf (I Auf-, II Entladebereich); b) Kippschwingkreis mit Widerstand (R), Kondensator (C) und Glimmlampe (G), Betriebsspannung (U_0)

Mit Hilfe einer Glimmentladung lassen sich, wie *A. Righi* (29) bereits 1902 zeigte, in sehr einfacher Weise *Kippschwingungen* erzeugen, d. h. *anharmonische Schwingungen*, deren Amplituden periodische Sprünge aufweisen und die deswegen auch als *„Sägezahnschwingungen“* bezeichnet werden. Sie entstehen bei periodischer Aufladung und Entladung eines Kondensators (Abb. 17a). Hierzu bietet die Glimmentladung durch die oben beschriebene Differenz zwischen Zünd- und Löschspannung in der in Abb. 17b dargestellten einfachen Schaltung Gelegenheit. Dort wird der Kondensator mit der Kapazität C über den Widerstand R mittels der Betriebsspannung U_0 aufgeladen. Im Nebenschluß zum Kondensator liegt die Glimmlampe G. Erreicht die Spannung U des Kondensators den Wert der Zündspannung U_Z der Glimmentladung, so zündet diese, und der Kondensator entlädt sich in kürzester Zeit wegen des geringen Widerstandes der Gasentladungsstrecke auf den Wert der Löschspannung U_L. Damit die Entladung abreißt, muß der Widerstand R im Schaltkreis den Strom so stark drosseln, daß die Entladung nicht aufrechterhalten werden kann, und seine Kennlinie muß so flach verlaufen, wie es in Abb. 16 für den großen Widerstand R_2 dargestellt ist. Sie liefert dann einen Schnittpunkt mit der Entladungskennlinie, der unterhalb der Einsatzspannung für den normalen Kathodenfall liegt.

Aus diesen Überlegungen geht hervor, daß die Kippfrequenz durch die Zeitkonstante τ der Aufladung, die Betriebsspannung U_0 sowie durch Zünd- und Löschspannung bestimmt wird. Niedriger Widerstand R, kleine Kapazität C, geringe Differenz zwischen Zünd- und Löschspannung $(U_Z - U_L)$ sowie hohe Betriebsspannung U_0 wirken im Sinne höherer Kippfrequenz bzw. kleiner Zeitkonstanten τ, da sie den Wechsel zwischen Auf- und Entladung beschleunigen. Die Zeitkonstante der Entladung bleibt gegenüber τ vernachlässigbar klein (vgl. S. 51).

Rechnerisch läßt sich der Kippschwingvorgang folgendermaßen erfassen:

Beim Aufladungsvorgang steht die Betriebsspannung U_0 stets im Gleichgewicht mit dem Spannungsabfall U am Widerstand R und der Aufladespannung des Kondensators $RC\,\mathrm{d}U/\mathrm{d}t$, so daß gilt:

$$U + RC\frac{\mathrm{d}U}{\mathrm{d}t} = U_0 . \qquad [43\text{a}]$$

Unter Beachtung, daß $U_0 > U$ und Einführung von $(U_0 - U)$ als Variablen erhält man nach Trennung der Veränderlichen die Differentialgleichung:

$$\frac{\mathrm{d}(U_0 - U)}{(U_0 - U)} = -\frac{\mathrm{d}t}{RC} \qquad [43\text{b}]$$

mit der Randbedingung: $t = 0$; $U = U_L$, weil die Aufladung des Kondensators zwischen den Werten für die Lösch- (U_L) und Zünd-(U_Z)-Spannung erfolgt (vgl. Abb. 17a). Die Integration liefert:

$$\ln\frac{U_0 - U}{U_0 - U_L} = -\frac{t}{RC} . \qquad [43\text{c}]$$

Hieraus ergibt sich für die Zeit t_Z der Aufladung bis zur Zündspannung $(U = U_Z)$:

$$t_Z = RC\ln\frac{U_0 - U_L}{U_0 - U_Z} , \qquad [43\text{d}]$$

wobei RC als *Zeitkonstante* bzw. *Relaxationszeit* τ der Glimmentladung bezeichnet wird.

Für den Verlauf der Spannung am Kondensator während der Aufladung folgt aus der Auflösung von [43c] nach U zunächst:

$$U = U_0 - (U_0 - U_L)e^{-\frac{t}{RC}} \qquad [43e]$$

und nach Hinzufügung von $+U_L$ und $-U_L$ auf der rechten Seite der Gleichung die einprägsamere Form:

$$U = U_L + (U_0 - U_L)(1 - e^{-\frac{t}{RC}}). \qquad [43f]$$

Im Vergleich zum *Entladungsstrom* durch die Gasstrecke mit dem Widerstand R_G kann der vom ohmschen Widerstand $R \gg R_G$ unter die für eine Glimmentladung erforderliche Stromstärke gedrosselte *Aufladungsstrom* vernachlässigt werden, so daß sich für den *Entladungsprozeß* des Kondensators über die Glimmlampe die Differentialgleichung [43a] vereinfacht zu:

$$U + R_G C \frac{dU}{dt} = 0 \qquad [44a]$$

mit der Randbedingung $t = 0$; $U = U_Z$, weil die Entladung des Kondensators mit der Zündung beginnt. Wir erhalten durch Integration:

$$\ln \frac{U}{U_Z} = -\frac{t}{R_G C} \qquad [44b]$$

und für die Zeit bis zum Löschen der Entladung t_L:

$$t_L = R_G C \ln \frac{U_Z}{U_L}. \qquad [44c]$$

Nach Auflösung von [44b] ergibt sich für den Spannungsverlauf der Kondensatorentladung:

$$U = U_Z e^{-\frac{t}{R_G C}} \qquad [44d]$$

Wegen $R \gg R_G$ ist auch $t_Z \gg t_L$, d. h. der reziproke Wert von t_Z darf als *Kippfrequenz* ν_Z des anharmonischen Schwingungsvorganges angesehen werden:

$$\nu_Z = \frac{1}{t_Z} = \frac{1}{RC}\left[\ln \frac{(U_0 - U_L)}{(U_0 - U_Z)}\right]^{-1} = \frac{1}{RC}\left[\ln\left(1 + \frac{(U_Z - U_L)}{(U_0 - U_Z)}\right)\right]^{-1}, \qquad [45]$$

womit die oben aus physikalischen Überlegungen erschlossene Abhängigkeit der Kippfrequenz ν_Z von der Zeitkonstanten $\tau = RC$, der Betriebsspannung U_0 und der Differenz $(U_Z - U_L)$ von Zünd- und Löschspannung bestätigt wird. Weitere Kippschaltungen und ihre Anwendungen in der Fernsehtechnik werden in Bd. III behandelt.

Die besonderen Eigenschaften des Kathodenfalles in der Glimmentladung ermöglichen es, derartige Gasdioden als *Spannungsstabilisator*, *Ventilröhre (Gleichrichter)* oder auch als *Sicherung* gegen Überspannungen zu verwenden (Abb. 18a, b, c, d). Für Stabilisierungszwecke wählt man eine möglichst große Kathodenoberfläche, dann bleibt über einen weiten Bereich die Spannung konstant, nämlich bis die gesamte Oberfläche der Kathode mit einer Glimmhaut überzogen ist. Die Gasdiode wirkt wie ein Überlauf, der in einem Gefäß den Flüssigkeitsstand auf gleicher Höhe halten soll. Erst wenn der Zufluß das Fassungsvermögen des Abflusses übersteigt – im Falle der Gasdiode die gesamte Kathodenoberfläche mit einer Glimmhaut überzogen ist – versagt die regelnde Wirkung.

Eine Gasdiode arbeitet als Ventil, wenn man die kleinere Elektrode als Kathode verwendet und die größere zur Anode macht. Bei dieser Anordnung kann sich nur eine verschwindend kleine Glimmhaut ausbilden (Abb. 18b). Da diese aber die Quelle der durch Stoßionisation gebildeten Ladungsträger ist, fließt durch die Röhre nur ein sehr schwacher Strom (hoher Widerstand, Sperrichtung). Beim Wechsel der Polung (Abb. 18c) kann sich auf der nunmehr großflächigen Kathode eine große Glimmschicht ausbilden, die viele Ladungsträger liefert, so daß ein starker Strom durch die Entladung fließt (geringer Widerstand, Flußrichtung).

Die topfförmige Gestaltung der einen Elektrode beim Stabilisator und beim Gleichrichter bewirkt stabile und störungsfreie Feldverhältnisse im Innern des Topfes und damit eine gleichmäßig brennende Glimmentladung, die sich innerhalb des Topfes zwischen den beiden Elektroden ausbildet. Man erreicht auf diese Weise nach *W. Kluge* (30) den Wegfall störender und unkontrollierbarer Wandladungen, wie sie bei anderen Elektrodenformen insbesondere an Glaswandungen auf-

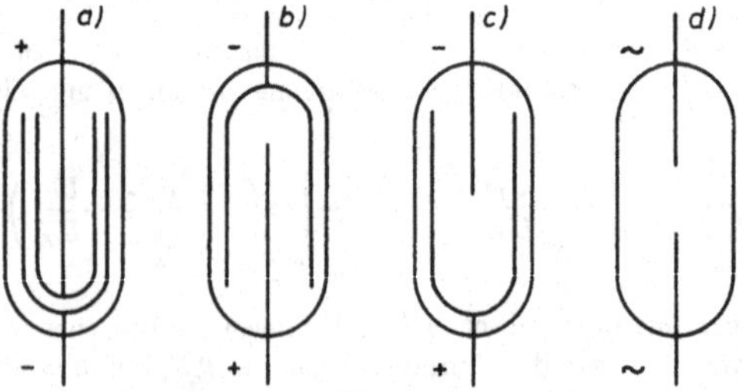

Abb. 18. Glimmentladungsröhren als: a) Spannungsstabilisator; b) Gleichrichter (Sperrichtung); c) Gleichrichter (Flußrichtung); d) Überspannungssicherung

treten. Für die Wirkungsweise der Gasdiode als Sicherung wählt man gleichgroße Elektroden, um sie auch für Wechselspannungen verwenden zu können (Abb. 18d).

2.3.1.2. Zählrohre

Ähnlich wie man ausgelöste Photoelektronen in einer gasgefüllten Photozelle durch Ausnutzung der reversiblen Bereiche der Glimmentladung mittels „Gasverstärkung“ mit Hilfe von – durch Stoßionisation erzeugten – Ladungsträgern „vervielfachen“ kann (vgl. Abschn. 2.2.2.2.), so lassen sich nach grundsätzlich gleicher Methode die von anderen Strahlungen oder Korpuskeln auf ihrem Weg durch Ionisation gebildeten Ladungsträger mittels solcher Gasentladungen „verstärken“. Die Spuren, die kosmische Strahlung, Strahlungsquanten und Kern-Trümmer hinterlassen, werden auf diese Weise nachweisbar, so daß eine Zählung der auslösenden Objekte (Korpuskeln, Quanten) möglich wird. Daher rührt die Bezeichnung *Zählrohr* für die Glimmentladungsröhre nach *H. Geiger* und *W. Müller* (31), mit deren Hilfe die Forschung auf kernphysikalischem Gebiet entscheidend vorwärtsgetrieben werden konnte. Um die Zusammenstoßwahrscheinlichkeit zwischen auslösendem Objekt und den Gasmolekülen zu erhöhen, wählte man im Vergleich zur Glimmlampe einen etwa fünfmal so hohen Gasdruck p, was eine auch um rund das Fünffache gesteigerte Betriebsspannung U_0 erforderlich machte ($p \sim 100$ Torr; $U_0 \sim 1000$ Volt). Der den auslösenden Objekten ausgesetzte Gasraum wird möglichst groß gewählt. Ein zylindrischer Metallzylinder, der als Kathode dient, umgibt einen dünnen, axial ausgespannten Draht, die Anode (Abb. 19). Es ist die gleiche relative Elektrodengestaltung, deren Wirkungsweise bereits bei der Behandlung der Gasverstärkung in einer gasgefüllten Photozelle beschrieben wurde (vgl. Abschn. 2.2.2.2.). Sie besteht danach darin, daß sich infolge des Zusammendrängens der Feldlinien in unmittelbarer Nähe der Anode ein sehr starkes Feld ausbildet, das eine ausgiebige Stoßionisation des Füllgases durch die von den „Objekten“ ausgelösten Ladungsträger verursacht. Die im *Townsend*- (bzw. Vorglimm-)Bereich eingeleitete reversible Entladung würde an sich weiterbrennen, wenn man sie nicht durch eine Senkung der Anodenspannung unter die Löschspannung zum Abreißen bringen könnte. Die Relaxationszeit zwischen Zündung und Löschung ist maßgebend dafür, wann das Zählrohr für einen neuen Zählakt bereit ist (Auflösungsvermögen). Sie liegt in der Größenordnung von 10^{-5} s und ist durch das Produkt des Ableitwiderstandes R mit der Kapazität C des Kopplungskondensators zum Verstärker (mit Zählvorrichtung) bestimmt (Abb. 19). Am

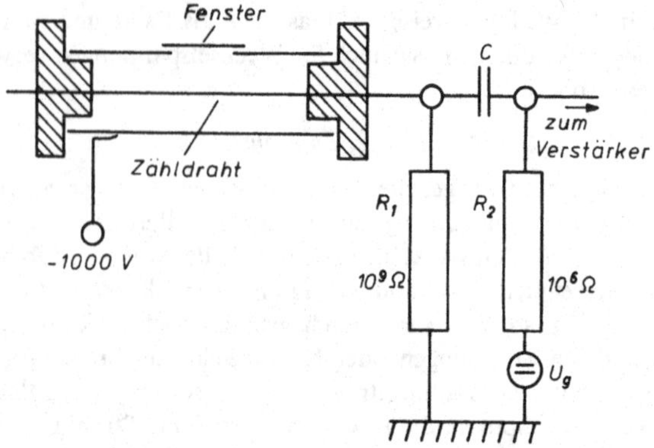

Abb. 19. *Geiger-Müller*sches Zählrohr (R_1 Ableitwiderstand; R_2 Gitterwiderstand; C Koppelkondensator)

Ableitwiderstand verursacht der von den „Objekten" ausgelöste Entladungsstromstoß einen plötzlichen Spannungsabfall, der die Anodenspannung unter den Wert der Löschspannung senkt, so daß die Entladung abreißt. Durch Beimengung organischer Verbindungen zum Füllgas (z. B. 90 Torr Argon, 10 Torr Alkohol- bzw. Methyldampf) läßt sich das Auflösungsvermögen des Zählrohrs steigern, weil die ionisierten organischen Verbindungen, die aus dem Feld in der Nähe der Anode gewonnene Energie zur Dissoziation verbrauchen, so daß sie für eine Stoßionisation ausfällt. Die Entladung reißt daher rascher ab. Benötigt man für nicht selbstlöschende Zählrohre Ableitwiderstände von $10^9 - 10^{10}\,\Omega$, so genügen für selbstlöschende $10^5 - 10^{-6}\,\Omega$. Entsprechend streut das Auflösungsvermögen zwischen $10^{-1} - 10^{-5}$ s, wenn man eine Kopplungskapazität von 20 pF unterstellt. Die bei der Entladung auftretende Dissoziation der organischen Beimengungen ändert über längere Verwendungszeiträume die Zähleigenschaften der selbstlöschenden Zählrohre, so daß eine laufende Kontrolle mit Standardpräparaten als Objektquellen erforderlich ist. Da es verschiedene reversible Entladungsbereiche der Glimmentladung gibt, läßt sich ein Zählrohr auch in verschiedener Weise betreiben. Man unterscheidet den Proportional- und Auslösebereich (Abb. 20). Im Proportionalbereich (Abb. 20, 0 – A) ist der auftretende Strom i proportional der primär vom Objekt durch Stoßionisation erzeugten Elektrizitätsmenge, d. h. ein Maß für die Stärke der Ionisation des Füllgases des Zählrohrs und damit auch für die Energie des erzeugenden

Objektes (vgl. auch Abb. 15, 0 – a). In diesem Bereich spricht das Zählrohr nur auf energiereiche, stark ionisierende Objekte (z. B. α-Strahlung) an, während es einzelne Objekte (z. B. α-Teilchen) noch nicht nachzuweisen vermag.

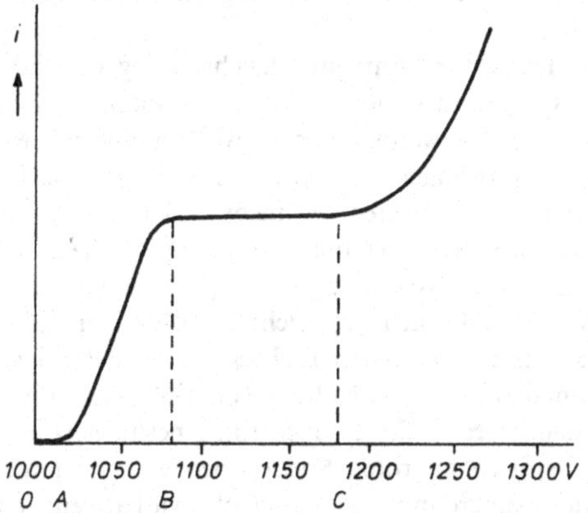

Abb. 20. Zählrohrkennlinie ($\overline{OA}$ Proportionalbereich; $\overline{AC}$ Auslösebereich; $\overline{BC}$ Arbeitsbereich)

Letzteres geschieht erst im Auslösebereich (Abb. 20 A – C), d. h. wenn die Spannung so hoch ist, daß die selbständige, jedoch reversible *Townsend*-Entladung zündet (vgl. Abb. 15 b – d). Die Einsatz-(Zündspannung U_Z) ist, wie wir von unserer Diskussion des Verhaltens einer Glimmentladung wissen (vgl. Abschn. 2.3.1.1.), ziemlich genau durch Gasart, Gasdruck und Elektrodenkonfiguration definiert. Von der Spannung U_Z ab löst ein einzelnes ionisierendes Objekt bereits einen Dauerstrom aus, der jedoch durch Spannungsabfall am Widerstand R (vgl. Abb. 19) die Zählerspannung bis unter die Löschspannung U_L erniedrigt, so daß er nach der Relaxationszeit τ des Zählrohrs wieder abreißt. Bei konstanter Einstrahlung nimmt bei wachsender Spannung zunächst die Anzahl der Stromstöße, die von dem konstanten Objektfluß ausgelöst werden, noch zu (vgl. Abb. 20 A – B), um schließlich über einen Bereich von etwa 100 Volt konstant zu bleiben (vgl. Abb. 20 B – C). In diesem Bereich ist demnach die Anzahl der Stromstöße der Anzahl der ionisierenden Objekte proportional. Es ist der Arbeitsbereich des Zählrohrs für die Objektzählung. Die Eichung erfolgt zweckmäßigerweise mittels eines Standardpräparates.

2.3.1.3. Gasentladungslampen

Die Gasentladungslampen sind eine Weiterentwicklung der einfachen Glimmlampe (Abschn. 2.3.1.1.) zur besseren Nutzung des „kalten Lichtes" der Glimmentladung (vgl. Bd. I, Abschn. 2.1.1.1.) für Beleuchtungszwecke.

Die Vorteile des „kalten" Anregungsleuchtens gegenüber dem „heißen" des Glühlichtes liegen in seiner um rund das Vierfache höheren Wirtschaftlichkeit. Denn es werden vorzugsweise Bereiche des sichtbaren Teiles des Spektrums angeregt, während das thermische Leuchten des Glühlichtes einen sehr breiten – insbesondere auch infraroten – Spektralbereich ausstrahlt, der nur zum geringsten Teil aus sichtbarer Strahlung besteht, zum weitaus größten aber aus Wärmestrahlung.

Auf zwei Weisen läßt sich das Licht der Glimmentladung zur verstärkten Ausstrahlung sichtbaren Lichtes für Beleuchtungszwecke heranziehen: Einmal durch Verwendung von Füllgasen, die Anregungsbereiche im sichtbaren Teil des Spektrums besitzen (z. B. Neon bzw. Neon-Argon-Gemisch im roten Spektralbereich, Natriumdampf gelbleuchtend, Quecksilberdampf blau und ultraviolett leuchtend). Solche Gasentladungsröhren werden als *Leuchtröhren* bezeichnet. – Zum anderen dadurch, daß man mittels des Lichtes der Gasentladung, insbesondere seines ultravioletten Anteils, geeignete Leuchtstoffe zur Strahlung anregt. Mit den Leuchtstoffen sind die Wandungen derartiger Röhren auszukleiden. Durch passende Mischung der Leuchtstoffe kann man eine dem Tageslicht ähnliche Zusammensetzung der abgegebenen Phosphoreszenz- bzw. Fluoreszenzstrahlung erreichen (vgl. Bd. I, Abschn. 2.2.). Auf diese Weise funktionieren *Leuchtstoffröhren* und *Leuchtstofflampen.*

Je nach dem verwendeten Gasdruck des Füllgases unterscheidet man Niederdruck- (1 – 20 Torr) und Hoch- bzw. Höchstdruck-(1 – 30 at)Lampen. Zur Gruppe der ersteren gehören die Leuchtröhren, die Leuchtstoffröhren und -lampen, die Natriumdampflampe sowie die einfache Glimmlampe; zur Gruppe der letzteren zählen die Quecksilberdampflampen sowie die Edelgaslampen, von denen die Xenonlampe zu den Höchstdrucklampen zu rechnen ist. Bei einer Leistungsaufnahme von rund 20 kW treten in ihr Gasdrucke bis zu 30 at auf.

Als Anwendungsbereiche der verschiedenen Gasentladungsröhren-Typen sind zu nennen: Leuchtröhren für Leuchtreklame; Leuchtstofflampen und -röhren für die Ausleuchtung von Arbeits- und Wohnräumen, aber auch im Freien von Straßen und Plätzen. Die Höchstdrucklampen (z. B. Xenonlampen) haben für das optische Pumpen von Lasern (vgl. Bd. III, Abschn. 4.4.2.) Bedeutung erlangt.

Während die Zündung und stufenweise Regulierung von den mit *Hochspannung* betriebenen *Leuchtstoffröhren* keine Schwierigkeiten macht, sind für *Leuchtstofflampen*, die mit der Niederspannung des normalen Netzes (220 V ~) arbeiten, aufwendigere Schaltungsmaßnahmen erforderlich. Allein für die Zündung werden Spannungen benötigt, die über der Netzspannung liegen, da die Zündspannungen bei den verwendeten Füllgasdrucken von mehreren Torr zwischen 300 bis 450 Volt liegen. Für den normalen Netzbetrieb (220 V ~, 50 Hz) ist die in Abb. 21 wiedergegebene Schaltung zur Erzeugung der Zündspannung dargestellt.

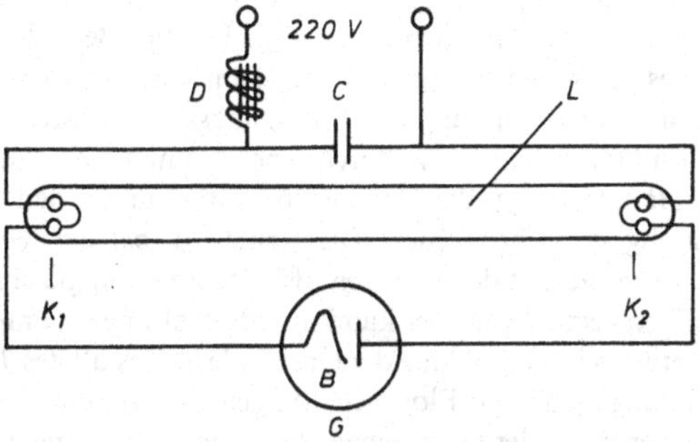

Abb. 21. Zündschaltung für Leuchtstofflampen bei Netzbetrieb (*C* Kompensationskondensator zur Verbesserung des Leistungsfaktors; *D* Drossel; *G* Glimmzünder; *B* Bimetallkontakt; K_1, K_2 Glühkathoden der Leuchtstofflampe)

Die beiden Elektroden (K_1 und K_2) der für Wechselstrombetrieb vorgesehenen Leuchtstofflampen L sind als Glühelektroden ausgebildet. Mit der Lampe sind eine Drosselspule D sowie ein Glimmzünder G in Reihe geschaltet. Die Drosselspule dient sowohl der Strombegrenzung der Gasentladung in der Leuchtstofflampe als der Erzeugung der Lampen-Zündspannung bei Unterbrechung des Stromkreises durch den Glimmzünder. Der Glimmzünder besitzt eine Zündspannung, die kleiner als die Netzspannung ist. Eine seiner Elektroden besteht aus Bimetall. Die beim Einschalten auftretende Glimmentladung erwärmt dieses, so daß sich diese Elektrode aufbiegt und mit der zweiten Elektrode des Zünders in Kontakt kommt. Beide Glühelektroden erhalten genügend Strom, so daß sie kräftig Elektronen emittieren. Dadurch sinkt die Spannung am Glimmzünder ab, die Glimmentladung erlischt, die Bimetallelektrode kühlt sich ab und unterbricht den Heizstromkreis der Glühelektroden der Leuchtstoffröhre. Infolgedessen entsteht in der Drosselspule ein Spannungsstoß, dessen Größe zur Zündung der Gasentladung in der Leuchtstoffröhre ausreicht. Durch das damit einsetzende Ionenbombardement auf die Elektroden K_1 und K_2 werden diese am Glühen erhalten, und es stellt sich eine Brennspannung ein, deren Wert kleiner als die Zündspannung des Glimmzünders ist, der nunmehr parallel zur Gasentladungsstrecke der Leuchtstofflampe liegt. Der Schaltungsaufwand für eine stufenweise Regelung ist noch aufwendiger als der für die Zündung der Leuchtstofflampe, so daß man es in der Praxis dann vorzieht, die Netzspannung hochzutransformieren und mit Leuchtstoffröhren zu arbeiten.

2.3.2. Gastrioden

Wie die Gasdioden sind auch die *Gastrioden* Ionenröhren, die in den Bereichen selbständiger Gasentladungen (Glimm- bzw. Bogenentladung, siehe Abschn. 2.3., Abb. 15, b–c bzw. > c) arbeiten. Die Einführung einer dritten Elektrode ermöglicht die Beeinflussung des Zündeinsatzes, aber – im Gegensatz zur Röhrentriode (Abschn. 2.1.2., Abb. 7) – nicht die Steuerung der Entladungsstromstärke. Die einmal gezündete Entladung kann nur durch eine – unter Umständen kurzzeitige – Herabsetzung der Anodenspannung unter den Wert der Löschspannung gelöscht werden. Dies tritt z. B. bei der Verwendung der Gastriode in Gestalt des *Ignitrons* als Wechselstromgleichrichter bei jedem Periodenwechsel ein oder kann durch schaltungstechnische Maßnahmen – etwa bei Verwendung der Gastriode in Gestalt des *Thyratrons* zur Realisierung von Flip-Flop-Schaltungen – erreicht werden. Die Gastrioden werden in der technischen Praxis neuerdings mehr und mehr durch ihnen entsprechende Halbleiter-Bauelemente verdrängt (Thyristoren vgl. Abschn. 2.4.3.1.3.).

2.3.2.1. Ignitron

Das *Ignitron* dient speziell der Gleichrichtung hoher Wechselstromleistungen und bedient sich daher als selbständiger Entladungsform der „stromstarken“ Bogenentladung. Als Ionenquelle wird Quecksilberdampf verwendet, der durch die Bogenentladung zwischen einer flüssigen Quecksilberkathode und einer kompakten Graphitanode erzeugt wird. Im Gegensatz zur Glimmentladungsventilröhre für kleine Gleichrichterleistungen, die Elektroden aus gleichem Material, jedoch unterschiedlicher Größe ihrer Oberflächen aufweist (Abschn. 2.3.1.1., Abb. 17a–b), sind die Elektroden des Ignitrons beide großflächig, aber aus unterschiedlichem Material. Sie erlauben daher zwar die Gleichrichtung hoher Leistungen, bedingen aber eine hohe Zündspannung. Denn nur an kleinflächigen (z. B. spitzen) Elektroden treten bei relativ niedriger Zündspannung ausreichend hohe Feldstärken auf, wie sie zur Ionenerzeugung durch Stoßionisation notwendig sind. Der Einleitung dieses Initialeffektes dient im Falle des Ignitrons die dritte Elektrode. Sie besteht aus einem sehr widerstandsfähigen Material (z. B. Borkarbid) und taucht mit ihrem spitzen Ende in die Quecksilberoberfläche ein. Da sie aus Oberflächenspannungsgründen nicht benetzt wird, bildet sich dort eine kleine Vertiefung aus. An dieser Stelle wird zwischen der dritten Elektrode als Hilfsanode und der Quecksilberkathode eine Hilfsentladung gezündet, welche genügend Ionen zur Zündung der Hauptentladung liefert. Eine schematische Darstellung des Aufbaus eines Ignitrons gibt Abb. 22a wieder. Wegen der schaltungstechnischen Maßnahmen, die zur Zündung der Hilfsentladung durch Selbst- bzw. Fremdzündung entwickelt worden sind (wie z. B. auch durch Hochspannungsimpulse – *Senditron* – oder eine dauernd brennende Hilfsbogenentladung – *Excitron* –), wird auf das Schrifttum (32) verwiesen.

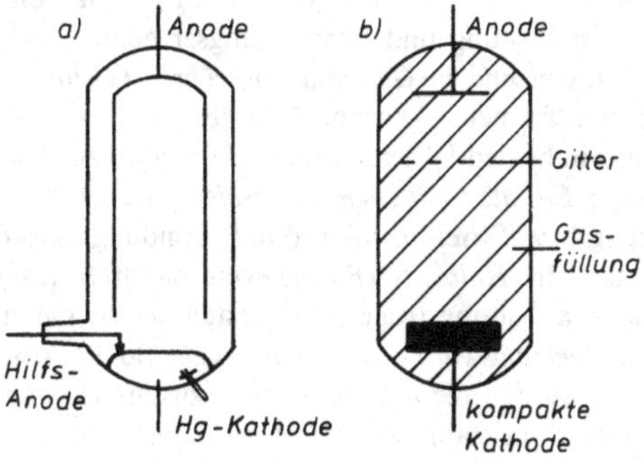

Abb. 22. Gastrioden (schematischer Aufbau) a) Ignitron; b) Thyratron

2.3.2.2. Thyratron

Im Gegensatz zum Ignitron, bei dem durch Ionenbombardement an der Kathode ausgelöste Sekundärelektronen durch Stoßionisation eine selbständige Entladungsform erzeugen, verursachen dies beim *Thyratron* Glühelektronen, die einer geheizten Kathode entstammen. Man kann daher das Thyratron als eine *gasgefüllte* Röhrentriode ansprechen (Abb. 22b). Ihre Glühkathode darf keine zu kleine Wärmekapazität besitzen, damit sie durch den Ionenaufprall bei gezündeter, selbständiger – d.h. auch „nicht steuerbarer" – Gasentladung nicht zerstört bzw. ihre Fähigkeit, Glühelektronen zu emittieren, nicht beeinträchtigt wird. Am besten eignen sich kompakte Wolframkathoden. Je nach Art und Druck des Füllgases liegen die Zündspannungen U_Z zwischen 300 bis 5000 Volt, die Löschspannungen U_L bei Edelgasfüllung (z. B. Argon) zwischen 0 bis 20 Volt und bei Füllung mit Wasserstoff zwischen 0 bis 80 Volt. Die

Löschdauer, d. h. die Entionisierungszeit – gleichbedeutend mit dem Zeitintervall, in dem die Spannung den Betrag von U_L beibehalten muß – beträgt bei Ar-Füllung $10^{-5} - 10^{-6}$ s, bei H-Füllung $10^{-3} - 10^{-4}$ s. Wie das Ignitron verlöscht auch das Thyratron bei Verwendung von Wechselspannung als Anodenspannung U_A in jeder negativen Phase. Es wird bevorzugt als Schaltröhre in Relaisschaltungen verwendet, wobei der Löschprozeß durch Absenken der Anodenspannung ($U_A < U_L$) mittels eines zweiten Thyratrons eingeleitet werden kann (Flip-Flop-Schaltung, vgl. Bd. III, Abschn. 3.3.2.1.).

2.4. Halbleiter-Bauelemente

Werden in *Elektronenröhren* (Abschn. 2.1.) *freie Elektronen* im Vakuum zur Verstärkung und Schwingungserzeugung (Abschn. 1.1.1., 1.1.2.) herangezogen und in *Gasentladungsröhren Gasionen* in selbständigen Entladungsformen (Abschn. 2.3.) für Schaltvorgänge nutzbar gemacht, wobei in beiden Fällen besondere Prozesse zur Ladungsträgererzeugung unter *Einsatz zusätzlicher Energien* (Glühelektronenemission mittels Heizung bzw. Stoßionisation durch Zündung) erforderlich sind, so zeichnen sich die *Halbleiter-Bauelemente* dadurch aus, daß für die Bereitstellung von Ladungsträgern in Gestalt *freier*, *thermischer Elektronen* die *Umgebungswärme ausreicht* (vgl. Bd. I, Abschn. 1.3.3.1.). Hinzu kommt, daß sich die auf diese Weise zustandekommende *Eigenleitung* der reinen kristallinen Substanz durch Einbau von Fremdatomen in das Kristallgitter, welche zusätzliche Elektronen spenden (Donatoren) oder aber einfangen (Akzeptoren), mit der so zustandegekommenen *Störleitung* zu einer in weiten Grenzen willkürlich veränderlichen elektrischen Leitfähigkeit des Halbleiters zusammensetzen läßt, wobei die Störleitfähigkeit die Eigenleitfähigkeit bis um das rund 10^{10}fache übertreffen kann (vgl. Bd. I, Abschn. 1.5.2.4.).

Von praktisch größter Bedeutung hat sich für die Verwendung von Halbleiter-Bauelementen der Wegfall zusätzlicher Energien zur Ladungsträgerbereitstellung erwiesen. Bedenkt man nämlich, daß sich in den großen Anwendungsgebieten elektronischer Steuerung und Schaltung: der *Nachrichtentechnik* und *Informatik* (vgl. Bd. IV) die *Nutzenergien* zu den *Hilfsenergien* bisher etwa wie 1:1000 verhalten haben, so läßt sich ermessen, was für ein hoher Energiebetrag gegenüber der Verwendung von Röhrenbauelementen eingespart wird.

Aber nicht nur Energie wird gespart, sondern auch Raum. Denn die Hilfsenergien (z. B. die Kathodenheizung) entwickeln erhebliche Wärmemengen. Diese Verlustwärmen führen zu einer Aufheizung der ganzen

Schaltanlage (z. B. von einer großen Zahl von Röhrenverstärkern in einer Verstärkerstelle eines Nachrichtennetzes). Um diese Aufheizung in Grenzen zu halten, ist eine aufgelockerte, Platz verbrauchende Bauweise erforderlich, damit eine ausreichende Klimatisierung unter Verwendung weiterer, zusätzlich Energie verbrauchender Klimaanlagen erzielt werden kann.

Dies alles kommt in Wegfall, wenn man die Platz sparenden Halbleiter-Bauelemente verwendet. Auf einen Schlag kann man mit einer Verminderung des Raumbedarfs auf etwa den tausendsten Teil rechnen. Die Probleme der Abführung von Verlustwärmen treten in der Halbleitertechnik auch auf, aber erst in einem sehr fortgeschrittenen Zustand der Miniaturisierung bei der Fertigung integrierter Schaltkreise (vgl. Abschn. 2.4.4. ff.) und setzen neben anderen strukturellen Gegebenheiten (z. B. der Größe der Elementarzelle des Kristallgitters, vgl. Bd. I, Abschn. 1.5.2.3., Abb. 26) der weiteren Verkleinerung der Bauelemente endgültig eine Grenze.

Zwischen den Wirkungsweisen von Röhren- und Halbleiter-Bauelementen lassen sich folgende Analogiebetrachtungen anstellen:

Der evakuierten bzw. gasgefüllten Röhre, der mittels Hilfsenergien (Heizung bzw. Zündung) Ladungsträger bereitgestellt werden, entspricht ein Stück halbleitenden Kristalls, das kraft der Umgebungswärme freie thermische Elektronen als Ladungsträger enthält (Abb. 23a, b).

Den Potentialschranken zwischen den Elektroden in der Röhrentechnik entsprechen *pn*-Übergänge (vgl. Bd. I, Abschn. 1.5.2.5., Abb. 29) in der Halbleitertechnik.

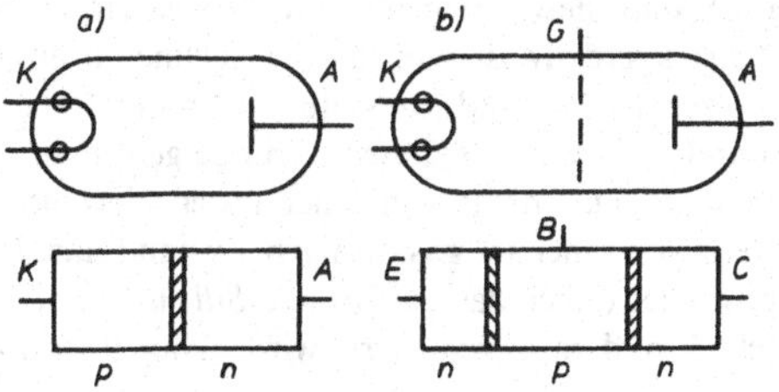

Abb. 23. Analogien zwischen Röhren- und Halbleiter-Bauelementen
a) Diode; b) Triode

Andererseits weicht im allgemeinen beispielsweise die Wirkungsweise einer Halbleitertriode – eines *Transistors* (vgl. Abschn. 2.4.3. ff.) – von der einer Röhrentriode in folgenden Punkten ab:

Der Transistor weist die ausgeprägte Polarisierung der Elektronenröhrentriode nicht auf, da seine Ladungsträgerbereitstellung keiner besonderen Elektrodeneigenschaft bedarf. Daher können grundsätzlich die Transistorelektroden in ihren Funktionsweisen vertauscht werden.

Eine weitere Abweichung besteht darin, daß ohne besondere Maßnahmen beim Transistor keine praktisch leistungslose Steuerung wie bei der Elektronenröhre möglich ist, weil die Elektronenkonzentration in den Elektrodenzwischenräumen thermisch bedingt ist.

Als besondere Maßnahme, welche in dieser Hinsicht die Analogie zur Röhrentriode verbessert, ist der Einbau einer hochisolierenden Schicht (*Feldeffekttransistor*, Abschn. 2.4.3.1.2., Abb. 41 c, d) anzusehen, welche den Strom im Steuerkreis vernachlässigbar klein macht.

Im folgenden sollen nach kurzem Eingehen auf die Aufbereitungsverfahren von halbleitenden Substanzen die verschiedenen Arten von Halbleiter-Bauelementen eingehender behandelt werden.

2.4.1. Aufbereitungsverfahren

Zur Herstellung einwandfrei arbeitender Halbleiter-Bauelemente ist die Gewinnung möglichst reiner halbleitender Substanzen mit einkristalliner Struktur erforderlich. Die Aufbereitung hierzu besteht in der chemischen Darstellung der Substanz, ihrer Umschmelzung und Reinigung sowie in der anschließenden Züchtung von Einkristallen.

Im folgenden sollen jeweils ein Aufbereitungsverfahren für die vier wichtigsten halbleitenden Substanzen (Si, Ge, InSb, GaAs) näher erörtert werden:

Silizium (Si): Bei der chemischen Reindarstellung von Silizium muß beachtet werden, daß dieses Element – insbesondere als Schmelze – chemisch äußerst aggressiv ist und jedes Tiegelmetall angreift, so daß es in geschmolzenem Zustand stets durch Fremdatome der Tiegelsubstanz verunreinigt wird. Aus diesem Grunde geht man bei der Reindarstellung von Silizium nicht von einer festen Verbindung – etwa SiO_2 – sondern von einer im gasförmigen Zustand aus. Das Dupont-Verfahren verwendet daher das gasförmige *Siliziumtetrachlorid* ($SiCl_4$), welches durch Zinkdampf reduziert wird. Die Reaktionsgleichung lautet:

$$SiCl_4 + 2Zn \longrightarrow Si + 2ZnCl_2 . \qquad [46]$$

Die thermische Reaktion findet an glühenden Oberflächen statt, z. B. an den Wandungen eines Quarzofens bzw. an glühenden Siliziumflächen selbst. Das reine Silizium fällt dabei in Pulverform aus. Die Reindarstellung von Silizium aus der Gasphase verhindert den Kontakt von geschmolzenem Silizium mit dem Tiegelmaterial bei Schmelztemperaturen. Damit ist eine Quelle der Verunreinigung des Siliziums durch Fremdatome, die zur Entstehung unkontrollierter Leitfähigkeitsverhältnisse führen würde, ausgeschaltet. Das so gewonnene braune Siliziumpulver wird in Stabform gesindert.

Als Reinigungsverfahren wird für Silizium ein tiegelfreier *Zonenschmelzprozeß* verwendet, bei dem Schmelzgut und Ofen senkrecht gegeneinander bewegt werden.

Grundsätzlich beruht das Zonenschmelzverfahren darauf, daß beim Erstarren einer Schmelze die darin enthaltenen Fremdatome entweder schneller oder langsamer als das reine Grundmaterial in den festen Aggregatzustand übergehen und damit von der reinen Substanz getrennt werden *(Segregation)*, wobei der ursprüngliche Mischungszustand geändert wird. Das erstere führt zu einer *Entmischung* und Verringerung der Konzentration der Fremdatome in der Grundsubstanz, das letztere jedoch zu einer *Anreicherung*. Das Verhältnis des Anteils der Fremdstoffe im erstarrten Kristall zu ihrem Gehalt in der Schmelze bezeichnet man als *Segregationskonstante* des betreffenden Fremdstoffes. Für den Fall der *Entmischung* ist die Segregationskonstante *kleiner als* 1, im Fall der *Anreicherung* ist sie *größer als* 1.

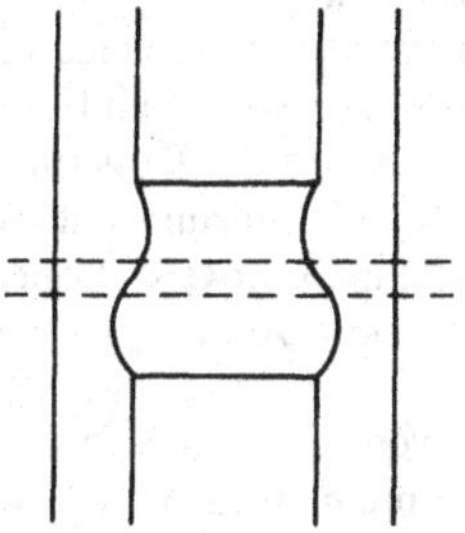

Abb. 24. Tiegelfreies Zonenschmelzverfahren

Die Aufheizung einer Zone des stabförmigen Siliziums erfolgt in der Regel durch einen Hochfrequenzofen (in Abb. 24 eine Drahtschleife). Die geschmolzene Zone wird durch Oberflächenspannungskräfte als Tropfen zwischen beiden Stabenden gehalten. Der Si-Stab wird während des Zonenschmelzvorganges gedreht, wobei auf synchron laufenden Antrieb beider Teile des Stabes besonders geachtet werden muß. Der Stab rotiert in einem Glaszylinder unter einer Schutzgasatmosphäre (z. B. Argon). Der Hochfrequenzofen wird außerhalb des Glaszylinders langsam auf- und abgeführt. Damit wandert die tropfenförmige Zone flüssigen Siliziums mehrfach durch den Stab hindurch.

Infolge der Segregation werden die Fremdstoffe, deren Segregationskonstante kleiner als 1 ist, von der geschmolzenen Zone an das in ihrer Bewegungsrichtung liegende Ende des Stabes getragen, während eine Anreicherung an Fremdstoffen mit der Segregationskonstante größer als 1 am anderen Ende des Stabes erfolgt. Nach mehrfachem Zonenschmelzdurchlauf und Erkaltung des Stabes wird man seine beiden mit Fremdstoffen angereicherten Enden absägen und kann, um einen noch höheren Reinheitsgrad zu erhalten, den mittleren Teil des Stabes erneut dem Zonenschmelzverfahren unterziehen.

Die mehrfache Wiederholung dieses Prozesses läßt so hohe Reinheitsgrade erreichen, daß die äußerst geringe, verbleibende Fremdstoff-Konzentration weder chemisch noch spektroskopisch, sondern nur noch durch Leitfähigkeitsmessungen nachweisbar ist (etwa 1 Fremdatom auf 10^{12} Siliziumatome).

Die Züchtung einer einkristallinen Struktur des ursprünglich polykristallinen, gesinterten Siliziumstabes liefert das tiegelfreie Zonenschmelzverfahren zusätzlich. Auch ohne Impfkristall wird vom Stab in Richtung seiner Rotationsachse die Kristallwachstumsrichtung der (111)-Achse bevorzugt, wie man äußerlich daran erkennt, daß der Stab einen sechseckigen Querschnitt angenommen hat.

Um auch bei der Herstellung von *p*- und *n*-leitenden Schichten (vgl. Bd. I, Abschn. 1.3.3.1., 1.5.2.4.) bei der Dotierung mit Fremdatomen die Berührung von geschmolzenem Silizium mit Tiegelsubstanzen zu vermeiden, wendet man zweckmäßigerweise Legierungs- oder Diffusionsmethoden in Verbindung mit Aufdampfverfahren an (vgl. Abschn. 2.4.4.).

Germanium (Ge): Ein von *C. F. Huhn* (33) beschriebenes Aufbereitungsverfahren für Germanium ist in Abb. 25 wiedergegeben. Als Ausgangsmaterial dient das Erz *Germanit*, das 6–8% Ge enthält. Es wird zerkleinert und in verdünnter Salzsäure aufgeschlossen. Diese Maßnahme dient der Überführung des im Erz bevorzugt vorkommenden GeO_2 in eine destillierbare Verbindung, und zwar in *Germaniumtetrachlorid* ($GeCl_4$). Die in der schematischen Darstellung der Abb. 25 nur einmal gezeichnete Destillationsstufe ist tatsächlich mehrfach vorhanden, so daß durch eine mehrstufige (fraktionierte) Destillation das $GeCl_4$ weitgehend von allen Fremdbeimengungen gereinigt werden kann. Die eingezeichnete Zugabe von Chlorgas soll durch Überführung in eine schwerer verdampfbare Verbindung der Beseitigung einer etwaigen Verunreinigung durch Arsen dienen, das bei diesem Verfahren unter

Umständen als Arsentrichlorid mit übergeht. Das so gereinigte $GeCl_4$ wird anschließend durch Hydrolyse in GeO_2 zurückverwandelt. Dies erfolgt gemäß der Reaktionsgleichung:

$$GeCl_4 + 2H_2O \longrightarrow GeO_2 + 4HCl. \qquad [47]$$

Das GeO_2 wird abgefiltert, getrocknet und schließlich mit reinstem Wasserstoff bei 650°C zu Germanium reduziert, das in Pulverform anfällt.

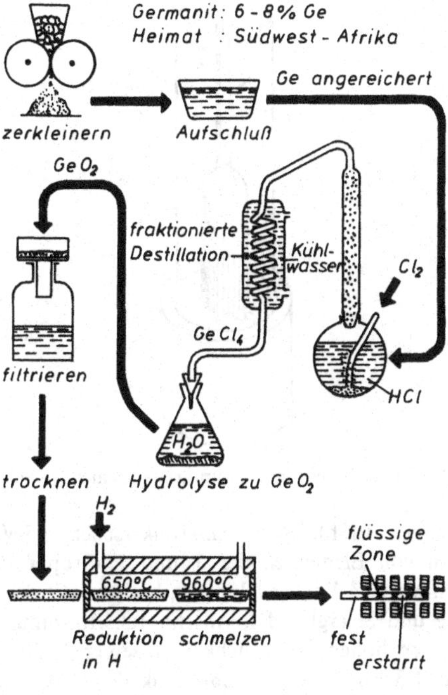

Abb. 25. Aufbereitungsverfahren von Germanium nach *Huhn*

Da geschmolzenes Germanium chemisch wesentlich weniger aggressiv ist als Silizium, kann man es bei 960° in einem Graphittiegel schmelzen und auch ein Zonenschmelzverfahren mit horizontaler Bewegung des Hochfrequenzofens über den Tiegel durchführen, wenn man nicht die tiegelfreie Abwandlung des Zonenschmelzverfahrens, wie sie für die Reinigung von Silizium beschrieben wurde, vorzieht, zumal das Tiegelverfahren eine gesonderte Züchtung von Ge-Einkristallen durch

Ziehen aus der Schmelze erfordert (Abb. 26), wobei die Kristallwachstumsrichtung durch einen Impfkristall festgelegt werden muß. Dafür bietet sich allerdings durch Beigabe von Fremdatomen zur Schmelze eine Möglichkeit, gleichzeitig mit der Einkristallherstellung eine in der Ziehrichtung des Kristalls räumlich veränderliche Dotierung vorzunehmen und auf diese Weise die für Halbleiterdioden und -trioden erforderlichen *pn*-Übergänge herzustellen.

Abb. 26. Ziehen eines Germaniumkristalles aus der Schmelze

Indiumantimonid (InSb): Von den *Welker*schen 3,5-Verbindungen, Mischkristallen von Elementen der 3. und 5. Gruppe des Periodensystems, die im Mittel 4 Valenzelektronen besitzen wie die Elemente der 4. Gruppe Ge und Si (vgl. Bd. I, Abschn. 1.3.3.1.), nimmt *Indiumantimonid* wegen der hohen Beweglichkeiten seiner Ladungsträger (vgl. Bd. I, Abschn. 1.3.3.1., Tab. 5, S. 36), dank deren es besonders große galvanomagnetische Effekte (vgl. Bd. I, Abschn. 1.3.2.3., Tab. 3, S. 28) besitzt, eine bevorzugte Stellung ein.

Seine chemische Darstellung erfolgt am besten durch Zusammenschmelzen stöchiometrischer Mengen von In und Sb. Das Umschmelzen der auf diese Weise gewonnenen Substanz, seine Reinigung mittels des Zonenschmelzverfahrens sowie das Ziehen von Einkristallen wird unter einer Schutzgasatmosphäre (z. B. von Argon) durchgeführt. Bei Arbeiten mit Tiegeln verwendet man am besten solche aus Graphit oder aus Quarz, die mit einer Graphitschicht überzogen sind.

Beim tiegelfreien Zonenreinigen wird das in der Bewegungsrichtung liegende Stabende meist p-leitend, das andere n-leitend, was darauf hindeutet, daß die im InSb als Verunreinigung enthaltenen Akzeptoren eine Segregationskonstante kleiner als 1 und die Donatoren eine solche größer als 1 besitzen. Die Reinigung durch das Zonenschmelzverfahren gelingt bis herab zu 1 Fremdatom auf 10^{13} InSb-Atome.

Dünne Schichten stellt man zweckmäßigerweise durch Verdampfung von In und Sb aus getrennten Verdampfern auf eine auf 400°C vorgeheizte Auffangfläche her, wobei die Verdampfungstemperaturen so zu wählen sind, daß die Verbindungskomponenten im *stöchiometrischen Verhältnis* auf den Auffänger treffen. Die auf solche Weise hergestellten, dünnen Schichten gleichen in ihren Eigenschaften weitgehend der kompakten Substanz. Sie werden bevorzugt für die praktische Ausnutzung der hohen galvanomagnetischen Effekte von InSb verwendet, um bei Einführung in ein Magnetfeld den magnetischen Widerstand möglichst gering zu halten.

Galliumarsenid (GaAs): Das *Galliumarsenid* ist besonders durch seine photoelektrischen Eigenschaften, bedingt durch die günstige Lage seiner Absorptionskante bei 910 nm, hervorgetreten, die seine Verwendung als Leuchtdiode und Injektionslaser (vgl. Abschn. 2.4.2.2.2. und Bd. III) erlauben.

Im Gegensatz zu den behandelten halbleitenden Substanzen (Si, Ge, InSb) besitzt GaAs einen *hohen* Dampfdruck über der Schmelze. Dieser Gleichgewichtsdampfdruck über der GaAs-Schmelze in einem geschlossenen Tiegel muß während des Erstarrungsprozesses aufrechterhalten werden. Man erreicht dies, indem man von der flüchtigeren Komponente der Verbindung (As) einen Überschuß in den Dampfraum bringt, sei es durch einen Bodenkörper von GaAs oder durch eine exakte Einwaage bei der Herstellung des GaAs aus den stöchiometrischen Mengen seiner Komponenten. Im letzteren Falle muß man von As um soviel mehr einwiegen, als zur Aufrechterhaltung des Dampfdruckes notwendig ist. Entsprechende Vorkehrungen sind auch beim Umschmelzen, Zonenreinigen und Ziehen des Einkristalls zu treffen.

2.4.2. Halbleiter-Dioden

Allen Halbleiter-Dioden ist gemeinsam, daß sie eine Potentialschwelle zwischen ihren beiden Elektroden enthalten, sei es in Gestalt einer Grenzschicht zwischen Metall und Halbleiter, sei es innerhalb eines Halbleiters der Übergang zwischen verschieden dotierten Bereichen (*pn*-Übergang).

Dioden der ersten Art sind in der historischen Entwicklung der Halbleiterbauelemente von großer Bedeutung gewesen und beginnen gegenwärtig wieder interessant zu werden (vgl. Abschn. 2.4.2.1.6.).

Dioden der zweiten Art beherrschen gegenwärtig ein weites Feld. Bei ihnen bildet die Potentialschwelle des *pn*-Übergangs eine *innere* Grenzfläche, die das p- vom n-leitenden Gebiet trennt. Im stationären Zustand bildet sich in dieser Schicht ein Raumladungspotential aus, dessen Höhe durch das Gleichgewicht zwischen thermisch bedingter Paarbildung und strukturell abhängiger Rekombination von Defektelektronen (p-Leitung) und Elektronen (n-Leitung) besteht (vgl. Bd. I, Abschn. 1.5.2.5., Abb. 29, S. 88). In Abhängigkeit von der Dotierung und der von außen angelegten Spannung weisen die pn-Übergänge eine Vielfalt von Eigenschaften auf, die zur Fertigung einer Reihe von Spezial-Dioden geführt haben.

Die grundlegende Eigenschaft eines pn-Überganges ist jedoch dabei stets die seines *unipolaren* Leitfähigkeitsverhaltens, nämlich daß er den Stromdurchgang drosselt, wenn das elektrische Feld vom p- zum n-leitenden Gebiet gerichtet ist, ihn aber erleichtert, wenn es in umgekehrter Richtung weist (Sperr- bzw. Flußrichtung).

2.4.2.1. Gleichrichterdioden

Die unipolare Leitfähigkeit des pn-Überganges bestimmt die Verwendung von Halbleiterdioden als *Gleichrichter*. Die Gleichrichterkennlinie wird in diesem Falle durch die Kennlinie des pn-Übergangs gemäß der *Shockleyschen Gleichung* (vgl. Bd. I, Abschn. 1.5.2.5., S. 89 [149]) bedingt (Abb. 27). Da die unipolare Leitfähigkeit durch verschiedene Grade von Verarmung der Grenzschicht an Ladungsträgern zu erklären ist, und zwar dadurch, daß bei einer Feldrichtung, die den Stromfluß begünstigt (Flußrichtung), der Verarmungsbereich im Gebiet des pn-Übergangs außerordentlich schmal, im umgekehrten Fall (Sperrrichtung) jedoch sehr breit ist, wird eine angelegte Wechselspannung die Breite des Verarmungsbereiches mit ihrer Frequenz periodisch verändern, so daß er sich wie ein schwingender Kondensator verhält, dessen Kapazität, aber auch dessen innerer Widerstand in ihrem Betrag periodisch schwanken. Die Größe der Kapazität hängt dabei vom Querschnitt des pn-Überganges ab, die des Widerstandes vom Grad der Dotierung, d. h. der Anzahl der Fremdatome im Kristallgitter, welche die thermisch ausgelösten Ladungsträger für die p-(Defektelektronen) und n-(Elektronen)Leitung bereitstellen. Großflächige pn-Übergänge leistungsstarker Halbleiterdioden eignen sich für Gleichrichterzwecke im Niederfrequenzbereich und weisen Sperrkapazitäten von einigen nF auf, während kleinflächige pn-Übergänge von *Spitzendioden* mit Sperrkapazitäten von mehreren pF für Anwendungen im Hochfrequenzgebiet bevorzugt werden (vgl. Bd. III, Abschn. 4.). Mittlere Kenndaten von Si-Gleichrichtern sind beispielsweise: Grenzschichtquerschnitt 0,01 – 1,5 cm²; Stromdichte in Flußrichtung 10 – 250 A/cm²; dsgl. in Sperrichtung 3 – 50 mA/cm²; Sperrspannung 600 – 50 V; Temperaturzunahme durch Verlustwärme $0{,}05 - 0{,}5 \frac{°C}{W/cm^2}$.

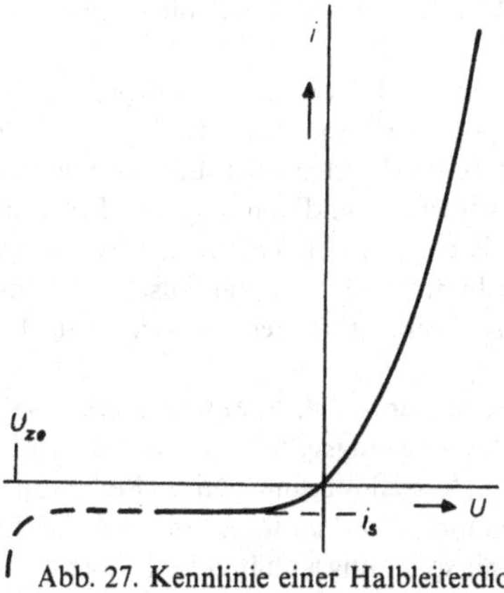

Abb. 27. Kennlinie einer Halbleiterdiode (U_{Ze} Zenerspannung; i_s Sperrstrom)

Weiterhin ist zu beachten, daß bei hohen äußeren Spannungen die am sperrenden pn-Übergang auftretenden elektrischen Feldstärken so hohe Werte annehmen können, daß die vorhandenen wenigen Ladungsträger genügend Energie innerhalb des pn-Übergangs aufnehmen können, um in einer Kettenreaktion an den Fremd- und Gitteratomen durch Paarbildung große Mengen zusätzlicher Ladungsträger auszulösen. Dann bricht die Sperrwirkung jäh zusammen, und die Diode wird in Sperrichtung durchlässig (*Zener-Effekt*, vgl. Bd. I, Abschn. 1.5.2.4., S. 90).

Ist der pn-Übergang schmal ($\sim 10^{-6}$ cm) und so hoch dotiert, daß sich Elektronen und Defektelektronen im entarteten Zustand befinden, verursachen hohe Feldstärken ($\sim 5 \cdot 10^5$ V/cm) einen anderen Prozeß, nämlich den *wellenmechanischen Tunneleffekt*, die Durchdringung der Potentialschwelle im pn-Übergang durch Elektronen (vgl. Bd. I, Abschn. 1.2.4., S. 13, Abschn. 1.5.2.2., S. 73 und Abschn. 1.5.2.5., S. 90).

Faßt man den Begriff der Grenzschicht und damit den der Potentialschwelle in bezug auf ihre räumliche Ausdehnung etwas weiter und beschränkt sich nicht auf die Dimensionen von wenigen μm, so lassen sich als Sperrschicht wirkende Ladungsträger- (speziell Elektronen-) Konzentrationsdifferenzen auch im homogenen Material durch Beeinflussung von außen erzeugen.

Zu solchen Sperrschichten gehören die *photoelektrische Sperrschicht*, wie sie *H. Teichmann* (34) zur Erklärung des Auftretens einer Urspannung (Photo-EMK) beim *Dember*schen Kristallphotoeffekt herangezogen hat (vgl. Bd. I, Abschn. 2.1.2.3., Abb. 40) sowie die *magnetische Sperrschicht* nach *H. Welker* (35).

Im ersten Fall ist der infolge der Lichtabsorption mit zunehmender Eindringungstiefe exponentiell abnehmende Photoeffekt im Innern des homogenen Halbleiters die Ursache der Entstehung einer Photoelektronenkonzentrationsdifferenz und damit einer Potentialschwelle. Im zweiten Fall gehen die entsprechenden Elektronenkonzentrationsänderungen, die zur Ausbildung einer Potentialschwelle führen, auf den Halleffekt an Leitfähigkeitselektronen zurück (vgl. Bd. I, Abschn. 1.3.2.3.).

Das beschriebene Frequenz- und Spannungsverhalten von pn-Übergängen verschiedenen Dotierungsgrades läßt sich durch geeignete Fertigungsmaßnahmen zur Herstellung einer ganzen Reihe von Diodenformen für spezifische Anwendungszwecke nutzen, so z. B. zum Bau von:

Varaktordioden (mit spannungsabhängiger Kapazität)
Varistordioden (mit spannungsabhängigem Widerstand)
Zenerdioden (mit spannungsabhängigem reversiblen Durchbruch der Sperrschicht)
Tunneldioden (mit spannungsabhängiger Durchdringung der Sperrschicht).

Wegen der Verwendung der verschiedenen Halbleiterdioden in elektrischen Netzwerken (Schaltungen) wird auf die Unterabschnitte des Abschnittes 1 von Bd. III verwiesen.

2.4.2.1.1. Varaktordioden

In der *Varaktor-Diode* wird die Änderung ihrer Kapazität mit der Sperrspannung (beispielsweise für die parametrische Verstärkung, vgl. Bd. III) genutzt. Bei der Herstellung des pn-Übergangs ist daher zu beachten, daß seine *kapazitiven* Eigenschaften gegenüber seinen Widerstandseigenschaften stark hervorzutreten haben. Dies erfordert einen niedrigen Dotierungsgrad, so daß die Zahl der Ladungsträger gering ist, was sich als hoher Widerstand des sperrenden pn-Überganges auswirkt. Infolgedessen verhält sich dieser in erster Linie als Kondensator, dessen Kapazität $C(U)$ mit zunehmender *Sperrspannung* $U_s = -U$ abnimmt. Für $U = 0$ nimmt die Kapazität C ihren größten Wert $C_0 = C(0)$ an; für $U > 0$ (*Flußspannung*) nimmt der Widerstand exponentiell ab, und die kapazitiven Eigenschaften des pn-Überganges treten wegen des Vorhandenseins vieler Ladungsträger zurück. *W. Shockley* hat für den Zusammenhang zwischen der Kapazität C in Sperrichtung des pn-Überganges und der Sperrspannung U_s die Beziehung angegeben:

$$C = C_0/\sqrt{1 - \tfrac{5}{2}U_s}. \qquad [48]$$

C_0 liegt dabei je nach der Fläche des pn-Übergangs in der Größenordnung von mehreren pF bis zu einigen nF. Der Verlauf von $C(U)$ gemäß Gl. [48] sowie des Widerstandes $W(U)$ sind in Abb. 28a, b dargestellt.

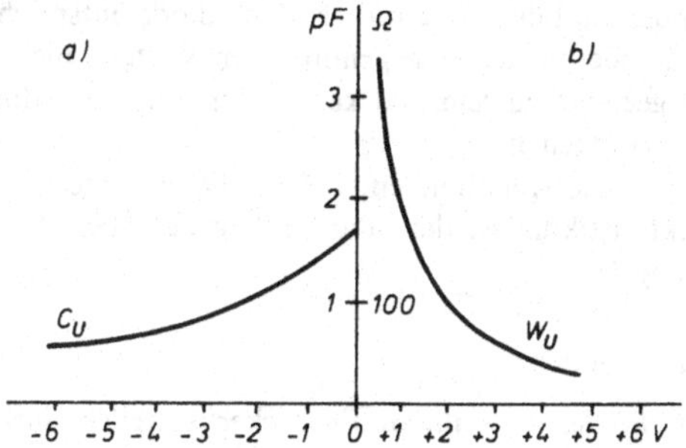

Abb. 28. Spannungsabhängigkeit von Sperrschichteigenschaften
a) Kapazität (C_U); b) Widerstand (W_U)

2.4.2.1.2. Varistordioden

Spannungsabhängige Widerstände werden allgemein als *Varistoren* bezeichnet. Läßt man durch einen relativ hohen Dotierungsgrad die Widerstandseigenschaften des pn-Überganges einer Halbleiterdiode gegenüber deren kapazitiven Eigenschaften überwiegen, so zeigt sie die Wirkungsweise eines Varistors. Bezeichnet man mit W den Widerstand des pn-Überganges, mit W_0 seinen Wert für $U = 0$, mit U_F die Flußspannung und mit a eine Konstante, so kann man aufgrund der *Shockley*schen Gleichung (vgl. Bd. I, Abschn. 1.5.2.5., Gl. [149]) für den funktionalen Zusammenhang zwischen W und U_F schreiben:

$$W = W_0 e^{-aU_F}. \qquad [49]$$

In Abb. 28b ist der Verlauf graphisch wiedergegeben.

2.4.2.1.3. Zenerdioden

In der *Zener-Diode* wird der *Zener-Effekt*, dessen Hauptwirkung in der plötzlichen, durch eine Kettenreaktion hervorgerufenen Bereitstellung von Ladungsträgern – von einer, vom Dotierungsgrad des pn-Überganges abhängigen Spannung U_{Ze} ab – besteht, für Zwecke der Spannungsstabilisierung benutzt. Die Zener-Diode wirkt wie ein *Überlauf*. Der steile Anstieg der elektrischen Feldstärke führt zunächst zu einem reversiblen Durchbruch des pn-Übergangs, der bei der Zenerspannung U_{Ze} stattfindet. Eine weitere Steigerung der Spannung kann zu so hohen Feldstärken führen, daß eine irreversible Zerstörung des pn-Überganges eintritt (vgl. Bd. I, Abschn. 1.5.2.4.). Dies kann besonders leicht bei leistungsstarken Gleichrichterdioden geschehen, weshalb man dort besonders darauf achten muß, daß die Zenerspannung nicht überschritten wird.

Die Spannungsstabilisierung mittels Zenerdiode entspricht der durch eine Gasdiode. Sie hat dieser gegenüber den Vorteil, auch für niedrige Spannungen geeignet zu sein und keiner Zündung zu bedürfen, um sie betriebsfähig zu machen.

In Abb. 27 ist die Kennlinie einer Zenerdiode dargestellt. Ihr besonderes Charakteristikum ist der jähe Anstieg des Sperrstromes bei der Zenerspannung U_{Ze}.

2.4.2.1.4. Tunneldioden

Die *Tunnel-Diode*, nach ihrem Entdecker zuweilen auch als *Esaki-Diode* bezeichnet, wird durch das Auftreten des wellenmechanischen Tunneleffektes (vgl. Bd. I, Abschn. 1.5.2.2., S. 72) an hochdotierten pn-Übergängen charakterisiert, welcher einen fallenden Bereich in ihrer Kennlinie (vgl. Abschn. 1.1.4.) hervorruft, was sich folgendermaßen erklären läßt:

Beim schwachdotierten normalen pn-Übergang befinden sich die Ladungsträger (Elektronen, Defektelektronen) im nicht-entarteten Zustand, und das Ferminiveau läuft im Elektronenbändermodell innerhalb der verbotenen Zone (vgl. Bd. I, Abschn. 1.5.2.3., S. 76 und 1.5.2.5., S. 88, Abb. 29), während es bei dem hochdotierten pn-Übergang der Tunneldiode (entarteter Zustand der Ladungsträger) auch im stationären Zustand in den Bereich des teilweise besetzten Leitfähigkeitsbandes hineinragt (Abb. 29a). Der Entartungszustand mit Ladungsträger-Konzentrationen von 10^{20} bis $10^{22}\,cm^{-3}$ ist die Ursache für das Vorhandensein freier Elektronen im Leitfähigkeitsband sowie freier Plätze unterhalb der oberen Valenzbandkante. Der Tunneleffekt tritt als Folge der Überlappung der Energiebänder innerhalb des pn-Übergangs in horizontaler Richtung auf.

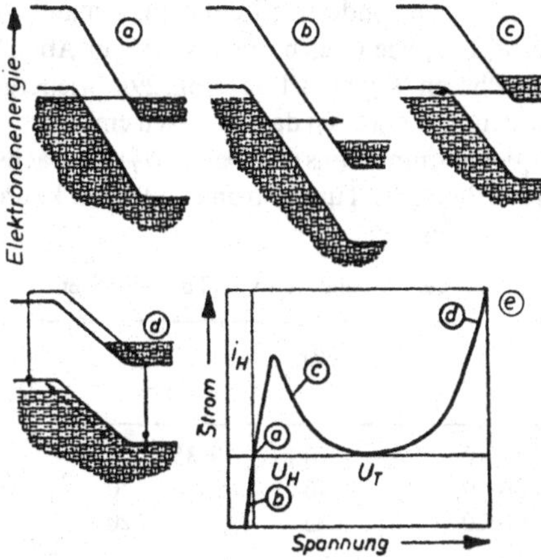

Abb. 29. Eigenschaften eines hochdotierten pn-Überganges einer Tunneldiode a) stationärer Zustand; b) Spannung in Sperrichtung; c) niedrige Spannung in Flußrichtung; d) hohe Spannung in Flußrichtung; e) resultierender Kennlinienverlauf

Beim Anlegen einer Sperrspannung sinkt das Leitfähigkeitsband so weit ab, daß Elektronen aus dem Valenzband durch die schmäler gewordene verbotene Zone zum Leitfähigkeitsband, in dem sich dann freie Plätze finden, (horizontal) hinübertunneln und einen mit der Sperrspannung anwachsenden Strom in Sperrichtung des pn-Übergangs bilden (Abb. 29b).

Wird andererseits eine Flußspannung angelegt, so wird das Leitfähigkeitsband gegenüber dem Valenzband angehoben, und es können Elektronen aus dem Vorrat des Leitfähigkeitsbandes in die unbesetzten, dort der hohen p-Dotierung zu verdankenden Plätze unterhalb der oberen Valenzbandkante durch die verbotene Zone in entgegengesetzter Richtung wieder (horizontal) zurücktunneln (Abb. 29c). Mit zunehmender Flußspannung wächst dieser Strom zunächst an. Es tritt jedoch in dem Maße eine Abnahme ein, wie den Elektronen zunehmend auf der anderen Seite des pn-Überganges verbotene Energiebereiche gegenüberstehen, was einer Verbreiterung der zu durchdringenden Potentialschranke entspricht. Dies führt zum Verschwinden des Tunneleffektes. Dieser Bereich der Strom-Spannungsabhängigkeit beschreibt den Verlauf des *fallenden Kennlinien*-Teiles.

Bei weiter wachsender Flußspannung zeigt die Tunneldiode das Verhalten eines normalen pn-Überganges, nämlich die *vertikale* Anhebung von Elektronen des Valenzbandes ins Leitfähigkeitsband (Abb. 29d).

Der Kennlinienverlauf, wie er sich aus den vier in Abb. 29a–d nach (36) dargestellten Phasen ergibt, ist in Abb. 29e wiedergegeben. Die angestellten Überlegungen erklären das Auftreten eines Strommaximums (Höcker bei i_H, U_H) und -minimums (Tal bei i_T, U_T) bei wachsender Flußspannung. Was für erhebliche Tunnelströme auftreten können, geht aus der folgenden Tabelle hervor:

Tab. 3. Kennliniendaten von Tunneldioden

Halbleiter	i_H A	i_H/i_T %	U_H mV	U_T mV
Ge	bis 10	170	35– 50	200–400
Si	bis 0,5	40	40– 70	200–430
GaAs	bis 20	600	80–120	400–700

Die Bedeutung des Dotierungsgrades von pn-Übergängen für das Auftreten des Tunneleffektes weckt das Interesse für die Veränderung der Kennlinienform als Funktion der Dotierung. Sie ist in Übereinstimmung mit dem experimentellen Befund nach (36) in Abb. 30a–d wiedergegeben.

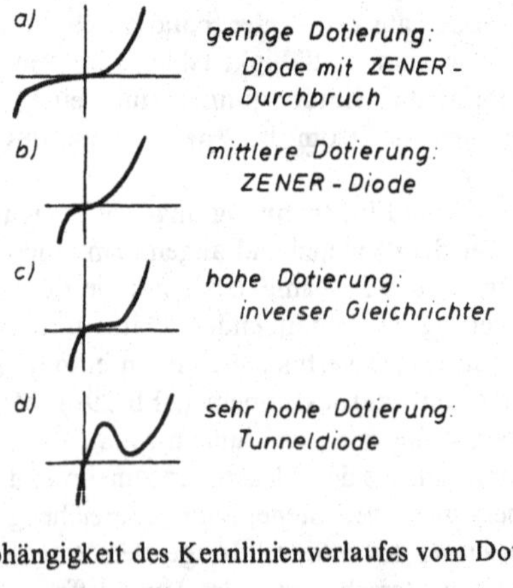

Abb. 30. Abhängigkeit des Kennlinienverlaufes vom Dotierungsgrad

Ausgehend vom normalen pn-Übergang mit *geringer Dotierung*, der bei sehr hohen Sperrspannungen einen irreversiblen Durchbruch erleidet, führt zunehmender *Dotierungsgrad* bei *mittleren Werten* zur *Zenerdiode* mit reversiblem Durchbruch bei der Zenerspannung, bei *hohen Werten* zum *„inversen"* Gleichrichter (*Rückwärtsdiode, backward diode*), dessen Kennlinie bereits einen erheblichen, vom einsetzenden Tunneleffekt herrührenden Sperrstrom aufweist, der den Strom in Flußrichtung überwiegt und dadurch eine Verwendung als inverser Gleichrichter, d. h. in umgekehrter Richtung in einem begrenzten Spannungsbereich, gestattet sowie schließlich bei *sehr hohen Werten* der Dotierung zur *Tunneldiode*. Bei dieser überwiegen die vom Tunneleffekt herrührenden Elektronenströme in Sperrichtung die von normalen Übergängen herrührenden, was zur Entstehung des Strommaximums und schließlich auch zur Ausbildung eines Minimums führt. Denn mit weiter zunehmender Spannung nimmt der Tunneleffekt schneller ab, als der von ihm überlagerte normale Effekt zunimmt. Infolgedessen kommt es zur Entstehung des fallenden Kennlinienbereiches.

Da beim Tunneleffekt die Elektronen als Materiewellen Potentialschranken durchdringen, läuft dieser Vorgang mit nahezu Lichtgeschwindigkeit ($3 \cdot 10^{10}$ cm/s) ab. Dies bedeutet, daß sich die Tunneldiode für die Verstärkung und – wegen des fallenden Kennlinienbereiches – auch für die Erzeugung hoch- und höchstfrequenter Schwingungen bis weit in den Gigahertz (GHz)-Bereich hinein eignet (vgl. Bd. III).

Unter Bezugnahme auf die in Bd. I, Abschn. 1.5.2.2. durchgeführte Berechnung der Durchlässigkeit einer Potentialschwelle höherer Energie (U) als diejenige, welche die sie durchtunnelnden Elektronen besitzen (E_ε), d. h. wobei $U > E_\varepsilon$ ist (wellenmechanischer Tunneleffekt), soll im folgenden die Durchdringungswahrscheinlichkeit w der Potentialschwelle der Breite l und der Höhe U für Elektronen, deren Materiewellen die Schwelle durchlaufen, ermittelt werden:

Da die Elektronenenergie proportional dem Amplitudenquadrat der dem Elektron zugeordneten Materiewelle ist, ist das Verhältnis der Quadrate der Funktionswerte der ein- und austretenden Materiewelle $\psi_{\mathrm{I}}(x)$ und $\psi_{\mathrm{II}}(x)$ nach Durchgang durch die Potentialschwelle, d. h. für $x = 0, l$, zu bilden. Man entnimmt den Ausführungen in Bd. I (loc. cit.) unter Verwendung der dort angegebenen Lösungen der *Schrödinger*-Gleichung (Gl. [116, 117]) für die Durchdringungswahrscheinlichkeit w:

$$w = \left(\frac{\psi_{\mathrm{I}}(l)}{\psi_{\mathrm{III}}(l)}\right)^2 \sim \mathrm{e}^{2ial} \sim \mathrm{e}^{-\frac{4\pi}{h}\sqrt{2m_\varepsilon(E_\varepsilon - U)}\,l} \sim \mathrm{e}^{-\frac{4\pi}{h}\sqrt{2m_\varepsilon \Delta E_\varepsilon}\,l}, \qquad [49\,\mathrm{a}]$$

wobei im vorliegenden Fall eines pn-Überganges als Potentialschwelle für die Energiedifferenz zwischen Schwellen- und Elektronenenergie ($E_\varepsilon - U$) die Energiedifferenz ΔE_ε zwischen Leitfähigkeits- und Valenzband im Bändermodel des Halbleiters gesetzt worden ist und beachtet wurde, daß die Wurzel im Exponenten der e-Funktion wegen $E_\varepsilon < U$ imaginär wird.

Man entnimmt der Gl. [49a], daß die „Tunnelwahrscheinlichkeit" w um so größer wird, je geringer die Breite der verbotenen Zone ΔE_ε im Halbleiter, die Breite l des pn-Überganges und die Masse m_ε des die Potentialschwelle durchtunnelnden Teilchens (im vorliegenden Fall eines Elektrons) ist. Beachtet man, daß zwischen der Energiebandbreite der verbotenen Zone ΔE_ε, ihrer geometrischen Breite l und dem elektrischen Feld F, das notwendig ist, um ein Elektron im klassischen Sinne, d. h. als Teilchen, über die Potentialschwelle hinwegzubefördern, die Beziehung besteht:

$$\Delta E_\varepsilon = \varepsilon F l \quad \text{bzw.} \quad l = \frac{\Delta E_\varepsilon}{\varepsilon F}, \qquad [49\text{b}]$$

so nimmt der Ausdruck für die Tunnelwahrscheinlichkeit [49a] die Gestalt an:

$$w \sim \mathrm{e}^{-\frac{4\pi}{h}\frac{\sqrt{2m_\varepsilon(\Delta E_\varepsilon)^3}}{\varepsilon F}}. \qquad [49\text{c}]$$

Dieser Gleichung kann man entnehmen, daß w mit der Feldstärke F in jedem Punkt der verbotenen Zone um den gleichen Betrag wächst. Einen numerisch genaueren Wert für w liefert die Beziehung [49c], wenn man anstelle der Elektronenmasse m_ε die entsprechende effektive Masse $(m_\varepsilon)_{\text{eff}}$ im Bändermodell setzt. Aus dem Mittelwert der Bandkantenenergien der verbotenen Zone $E_{\text{K, VAL}}$ und $E_{\text{K, LEIT}}$:

$$\frac{1}{2}(E_{\text{K, VAL}} + E_{\text{K, LEIT}}) = \frac{p_\varepsilon^2}{2(m_\varepsilon)_{\text{eff}}}$$

$$= \frac{1}{2}\left(\frac{p_\varepsilon^2}{2(m_\varepsilon)_{\text{eff, VAL}}} + \frac{p_\varepsilon^2}{2(m_\varepsilon)_{\text{eff, LEIT}}}\right), \qquad [49\text{d}]$$

wobei p_ε den Impuls des Elektrons bedeutet, errechnet sich die gesuchte effektive Masse $(m_\varepsilon)_{\text{eff}}$ zu:

$$(m_\varepsilon)_{\text{eff}} = \frac{1}{2}\,\frac{(m_\varepsilon)_{\text{eff, VAL}} + (m_\varepsilon)_{\text{eff, LEIT}}}{(m_\varepsilon)_{\text{eff, VAL}} \cdot (m_\varepsilon)_{\text{eff, LEIT}}}. \qquad [49\text{e}]$$

Der in diesem Absatz beschriebene Vorgang wird als direktes *Tunneln* bezeichnet, weil das Tunnelelektron selbst rekombiniert. Überträgt es seine Energie durch Stoß (Phonon) einem anderen Elektron, so spricht man von *indirektem Tunneln.*

2.4.2.1.5. Gunndiode

Im Jahre 1963 beobachtete *J. B. Gunn* (38) auch an *homogenen* Halbleitern, und zwar an 3,5-Verbindungen, wie z. B. an Galliumarsenid (GaAs), das Auftreten hochfrequenter Schwingungen aufgrund fallender Kennlinienbereiche (vgl. Abschn. 1.1.4.). Deren Entstehung ist auf die mit der Periodizität des Kristallgitters schwankende Krümmung der Energieterme im Bändermodell zurückzuführen (vgl. Bd. I, Abschn. 1.5.2.3., Abb. 24). Diese verursacht eine periodische Schwankung der effektiven Massen (a.a.O., Gl. [133]) der das Kristallgitter unter dem Einfluß eines elektrischen Feldes durchlaufenden Elektronen, welche – vergleichbar den Vorgängen in Laufzeitröhren (vgl. Bd. III) – dadurch eine Geschwindigkeitsmodulation erleiden: In Gebieten starker Krümmung ist die effektive Masse klein und daher die Elektronenbeweglichkeit groß (a.a.O., Gl. [134b]), in Gebieten kleiner Krümmung ist letztere jedoch klein. Beim Übergang von Gebieten starker in Gebiete kleiner Krümmung erfahren die Elektronen eine Abbremsung, die zur Entstehung elektromagnetischer Stoßwellen führt. Wegen der Geschwindigkeitsabnahme wird demnach der Elektronenstrom ($i = n\varepsilon v$) trotz wachsender Spannung kleiner, d. h. die Kennlinie weist in diesem Gebiet (*Domäne*) einen fallenden Bereich (negativen Widerstand) auf. Es kommt in dieser Domäne zu einer negativen Raumladung, während ihre Umgebung an Elektronen verarmt. Unter ständiger Wechselwirkung mit den erzeugten Stoßwellen wandert sie durch den homogenen Kristall von der Kathode zur Anode. Eine neue Domäne bildet sich erst wieder aus, wenn die vorhergehende an der Anode aus dem Kristall ausgetreten ist. Die Schwingungen setzen ein, wenn das angelegte elektrische Feld ($> 10^3$ V/cm) so hoch ist, daß die aus der von ihm verursachten Driftgeschwindigkeit v_d der Elektronen-Domäne und aus der von dieser zurückgelegten Strecke (Kristallänge l) errechenbare Schwingungsfrequenz ν ($\nu = v_d/l$) mit der systembedingten (durch negativen kapazitiven und induktiven Widerstand) Frequenz übereinstimmt. Mit *Gunn*-Dioden lassen sich höchstfrequente Schwingungen im Bereich von 1 – 100 GHz erzeugen (vgl. Bd. III, Impatt- und Bar-Dioden).

2.4.2.1.6. Schottkydiode

Die für die Wirkungsweise einer Diode charakteristische *unipolare Leitfähigkeit* erfordert das Auftreten einer Schicht sehr geringer Ladungsträgerkonzentration (Verarmungsschicht, Sperrschicht). Dieses kann, wie bereits einleitend erwähnt ist (vgl. Abschn. 2.4.2.), auch am Metall-Halbleiterkontakt beobachtet werden und ist bereits im Jahr 1885 von *C. E. Fritts* (39) an Eisen-Selen-Kontakten bemerkt worden. Jedoch erst rund vier Jahrzehnte später erschloß *W. Schottky* mit seinen Mitarbeitern in einer Reihe von Arbeiten (40) das Verständnis für jenes Verhalten. Wegen der praktischen Bedeutung, welche solche Dioden gegenwärtig wieder gewonnen haben, nennt man sie *Schottkydioden* (*me*tal-*s*emiconductor [MES-]Diode).

Metall und Halbleiter unterscheiden sich durch Art, Größe und Vorzeichen ihrer Ladungsträgerkonzentrationen (vgl. Bd. I, Abschn. 1.3.3.1., S. 35). Diese sind für das Entstehen eines Kontaktpotentials bzw. einer *Kontaktpotentialdifferenz* verantwortlich zu machen, die bei Kontakt beider Substanzen zur Ausbildung einer *Potentialschwelle* in deren Grenzschicht führt. Sie baut sich dadurch auf, daß durch die Kontaktfläche hindurch ein Austausch von Ladungsträgern entsprechend dem Konzentrationsgefälle stattfindet. Im Metall ist das Elektronengas entartet, im Halbleiter nicht. Die Elektronenkonzentration liegt beim Metall in der Größenordnung von $\sim 10^{23}\,\mathrm{cm}^{-3}$. Für den *Halbleiter* wollen wir ebenfalls Elektronen-(n-)Leitung annehmen. Dann hat seine Elektronenkonzentration einen mittleren Wert von $\sim 10^{16}\,\mathrm{cm}^{-3}$. Daher diffundieren solange Elektronen aus dem Metall in den Halbleiter, bis dessen dadurch bewirkte negative Aufladung einen weiteren Elektronenübergang aus dem Metall verhindert. Die so in der Grenzschicht entstandene Potentialschwelle besitzt die Höhe der Kontaktpotentialdifferenz U_{12} zwischen den beiden Substanzen (vgl. Bd. I, Abschn. 1.3.2.1., S. 23).

Die Kontaktpotentialdifferenz U_{12} läßt sich aus den Elektronenkonzentrationen n_1 und n_2 berechnen. Wir gehen dabei davon aus, daß der Ausgleichsvorgang ein Diffusionsprozeß ist. Die diesen bedingende thermische Energie (Temperatur T) befähigt die Elektronen, gegen die Spannung:

$$U_T = kT/\varepsilon \qquad [50\mathrm{a}]$$

anzulaufen. Im stationären und damit auch thermischen Gleichgewicht entspricht U_T der Elektronenkonzentration $n(T)$. Einer Änderung der Elektronenkonzentration um $\mathrm{d}n$ muß daher eine Potentialänderung $-\mathrm{d}U$ entsprechen, um die Konzentrationsänderung zur Aufrechterhaltung des stationären Zustandes wieder rückgängig zu machen. Wir dürfen also den Ansatz machen:

$$n(T) : U_T = \mathrm{d}n : -\mathrm{d}U\,. \qquad [50\mathrm{b}]$$

Daraus folgt:

$$\frac{\mathrm{d}n}{n} = -\frac{1}{U_T}\mathrm{d}U\,. \qquad [50\mathrm{c}]$$

und durch Integration:

$$n = n_0\,\mathrm{e}^{-\frac{U}{U_T}} \quad (\textit{Boltzmann}\text{sche Verteilung}). \qquad [50\mathrm{d}]$$

Für die Kontaktpotentialdifferenz zwischen zwei Substanzen ergibt sich mithin:

$$U_{12} = -(U_1 - U_2) = U_T \ln n_1/n_2\,. \qquad [50\mathrm{e}]$$

Mit den Werten $n_1 = 10^{23}\,\mathrm{cm}^{-3}$, $n_2 = 10^{16}\,\mathrm{cm}^{-3}$ sowie $U_T = 0{,}029\,\mathrm{V}$ (für $T = 300\,\mathrm{K}$) ergibt sich für die Kontaktspannung der Betrag $U_{12} \sim -0{,}5\,\mathrm{V}$,

d. h. in unserem Fall, daß der Halbleiter *negativ* auf 0,5 V aufgeladen ist. Dieser Betrag liegt in der Größenordnung experimentell gefundener Werte und muß als eine Näherung aufgefaßt werden, weil in unserem vereinfachten Rechnungsgang die verschiedenen Zustände der Entartung der Elektronen im Metall und Halbleiter nicht berücksichtigt worden sind.

Wie man der Gleichung [50e] entnehmen kann, verschwindet die Kontaktpotentialdifferenz U_{12}, wenn $n_1 = n_2$ ist. Dies läßt sich durch sehr hohe n-Dotierung des Halbleiters bis zum Entartungszustand erreichen. Auf diese Weise kann man praktisch *sperrschichtfreie* Übergänge herstellen, wie sie für die Elektroden-Kontaktierung der Halbleiterbauelemente erforderlich sind.

In Abb. 31a ist die auf die diskutierte Weise entstandene Potentialschwelle im Elektronenbändermodell dargestellt. Die negative Aufladung des n-leitenden Halbleiters kommt dabei in der Aufwölbung von Leitungs- und Valenzband zum Ausdruck. Der stationäre Zustand wird durch die Niveaugleichheit der Ferminiveaus in Metall und Halbleiter

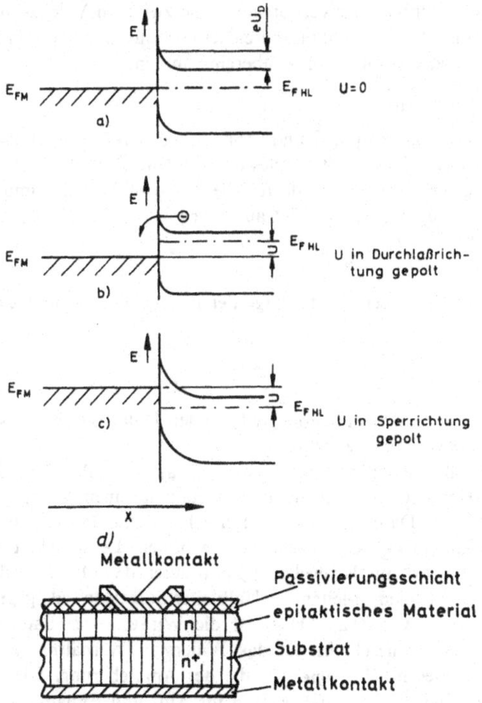

Abb. 31. *Schottky*diode a) – c) Bändermodell; d) Aufbau (schematisch)

angezeigt. In letzterem liegt dabei das Ferminiveau in der Mitte zwischen Valenz- und Leitfähigkeitsband.

Diese Tatsache läßt sich aus dem Kontakt von entarteten Elektronen (Metall) mit nichtentarteten (Halbleiter) ableiten. Ihre Energieverteilung im Metall ist eine *Fermi*sche, im Halbleiter hingegen eine *Boltzmann*sche Verteilung. Für die Elektronenkonzentration n_1 im Metall gilt nach *Fermi:*

$$n_1 \sim e^{-\frac{E - E_F}{kT}} \qquad [51\,a]$$

wobei $E \gg F_F$ ist, E die Elektronenenergie und E_F die *Fermi*-Energie, d. h. den maximalen Energiewert darstellt, bis zu welchem im Metall die Energiezustände vollständig besetzt sind. Entsprechend ist für n_2 die Elektronenkonzentration bei Eigenleitung im Halbleiter nach *Boltzmann* [50d]:

$$n_2 = e^{-\frac{\Delta E}{2kT}} \qquad [51\,b]$$

mit ΔE der Bandbreite der verbotenen Zone zwischen Valenz- und Leitfähigkeitsband. Innerhalb des Kontaktbereiches (K) müssen im stationären Zustand beide Elektronenkonzentrationen übereinstimmen:

$$n_{1K} = n_{2K}\,. \qquad [51\,c]$$

Unter Beachtung von [51 a] und [51 b] sowie, daß $E = E_2$ (unterstes Niveau des unbesetzten Leitfähigkeitsbandes im Halbleiter) zu setzen ist, weil erst von dieser Energie ab freie Zustände für die aus dem Metall kommenden Elektronen zur Verfügung stehen, folgt aus [51 c]:

$$e^{-\frac{E_2 - E_F}{kT}} = e^{-\frac{\Delta E}{2kT}}\,. \qquad [51\,d]$$

Daraus errechnet sich für die Lage der Energie des *Fermi*niveaus im Halbleiter:

$$E_F = -\frac{\Delta E}{2}, \qquad [51\,e]$$

d.h., daß das *Fermi*niveau beim eigenleitenden Halbleiter in der Mitte der verbotenen Zone verläuft (vgl. (40)).

Entsprechende Betrachtungen lassen sich auch für den Fall anstellen, daß der Metall-Halbleiterkontakt aus einem Metall und einem p-leitenden Halbleiter besteht (Abb. 31). Dann tritt in der Grenzschicht eine Anreicherung an Defektelektronen ein, so daß diese Schicht eine höhere Leitfähigkeit besitzt. Auch der Verlauf der Potentialschwelle ist ein anderer, das Metall ist dabei weniger positiv gegenüber dem p-leitenden Halbleiter aufgeladen als gegenüber einem n-leitenden (vgl. Abb. 31 a). Dabei ist die Wirkung der Ladungsträger-*Verarmung* in der Grenzschicht auf das Widerstandsverhältnis von Fluß- und Sperrichtung wesentlich *größer* als die der Anreicherung. Dies liegt an den unterschiedlichen Exponentialgesetzen für Auf- und Entladungsprozesse (vgl. Abschn. 1.2.3., Gl. [43f] und [44d].

Die Veränderungen der Potentialschwelle in den nichtstationären Zuständen, d. h. bei Polung in Durchlaß- und Sperrichtung, stellen die Abb. 31 b und c dar. Im ersten Fall wird die Potentialschwelle niedriger, im zweiten höher. Abb. 31 d zeigt schematisch den Aufbau einer *Schottky*diode. Die Wirkungsweise der *Schottky*diode beruht auf der Entstehung einer Schicht, die an Ladungsträgern verarmt, und zwar geschieht dies im Gegensatz zum pn-Übergang unter Verwendung nur *einer* Art von Ladungsträgern: Elektronen (*n*) *oder* Defektelektronen (*p*). Da die Metalle elektronische Leitung aufweisen, ist es zweckmäßig, für *Schottky*dioden *n*-dotierte Halbleiter zu verwenden. Dann sind diese Ladungsträger zugleich Majoritätsträger, und zwar umso vollständiger, je reiner die Grundsubstanzen sind. Der Wegfall der Minoritätsträger bedeutet, daß nur ein Partner der Rekombinationsprozesse in Bewegung ist, wodurch die Rekombinationszeiten verkürzt werden. Da diese zugleich die Relaxationszeiten τ für Steuer- und Schaltvorgänge der Größenordnung nach festlegen, ist ersichtlich, daß mit der Verbesserung des Reinheitsgrades bei der Aufbereitung von Halbleitern (vgl. Abschn. 2.4.1.) gegenwärtig wesentlich leistungsfähigere *Schottky*dioden mit höheren Frequenzbereichen ($\nu \sim 200$ GHz) und niedrigeren Relaxationszeiten ($\tau \sim 10^{-10}$ s) hergestellt werden können.

2.4.2.1.7. Josephson-Diode

Die Wirkungsweise der *Josephson-Diode* beruht nach den theoretischen Vorstellungen von *B. D. Josephson* darauf, daß im supraleitenden Gebiet eine besondere Art von Tunneleffekt auftritt, nämlich das Tunneln von Elektronenpaaren (*Cooper*paaren). Diese Paarbindung wird von Elektronen bei Temperaturen in der Nähe des absoluten Nullpunkts angenommen, weil sie in diesem Zustand ein System mir einem wesentlich geringeren Energieinhalt bilden können als im normalleitenden Zustand Einzelelektronen (vgl. Bd. I, Abschn. 1.4.2.9., S. 67ff.).

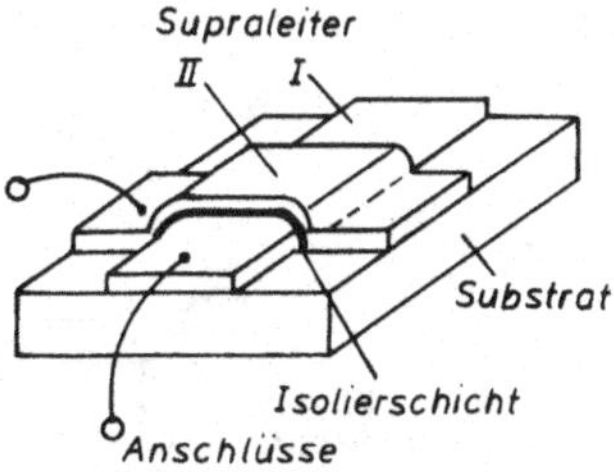

Abb. 32. *Josephson*diode (schematisch)

Der Tunneleffekt von *Cooper*paaren findet zwischen zwei supraleitenden Substanzen statt, die durch eine sehr dünne (< 20 Å) isolierende Schicht voneinander getrennt sind. Den schematischen Aufbau einer solchen *Josephson-Diode* zeigt Abb. 32.

Die Besonderheiten dieser Diode liegen darin, daß sie nach den Voraussagen *Josephsons* einen magnetisch beeinflußbaren *Gleichstromeffekt* sowie einen *Wechselstromeffekt* in Gestalt des Auftretens eines hochfrequenten Wechselstromes unter dem Einfluß einer Gleichspannung zeigt, was *I. Giaever* nachgewiesen hat (41).

Zum Verständnis dieser beiden *Josephson-Effekte* ist es zweckmäßig, von den wellenmechanischen Vorstellungen der BGS-Theorie (vgl. Bd. I, Abschn. 1.4.2.9., S. 63 ff.) auszugehen. Danach kann das Verhalten eines *Cooper*paarsystems im Supraleiter durch eine einzige makroskopische Wellenfunktion beschrieben werden. In der *Josephson*-Diode werden zwei Supraleiter und damit auch die zwei Wellenfunktionen ihrer *Cooper*paarsysteme durch den Tunneleffekt schwach gekoppelt und, vergleichbar zwei schwach gekoppelten Pendeln, bei denen die Energieübertragung zwischen beiden Systemen von der Phasendifferenz der beiden Pendelschwingungen abhängt, besteht eine analoge Abhängigkeit des zwischen den Supraleitern tunnelnden *Cooper*stromes von der Phasendifferenz der Wellenfunktionen.

Dieser *Josephsongleichstrom* fließt ohne Spannung durch die Diode wie auch jeder normale supraleitende Gleichstrom. Zu jeder Stärke des *Josephsongleichstromes*, der von außen beispielsweise durch Induktion

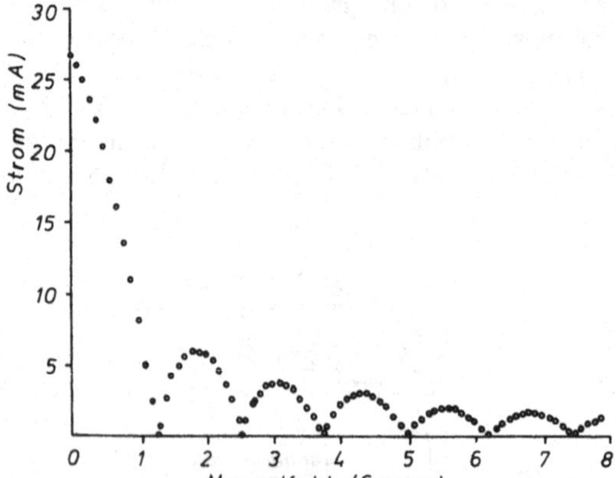

Abb. 33. *Josephson*strom in Abhängigkeit vom Magnetfeld

angeregt werden kann, stellt sich die entsprechende Phasendifferenz φ der Materiewellen ein.

Die *Phasendifferenz* kann über die mit den Wellen verknüpfte und bewegte elektrische Ladung durch *magnetische Felder* beeinflußt werden, indem diese die Wellenlänge der *Cooper*paarwelle ändern. Über die Phasendifferenzänderung führt dies zu einer *Zu- oder Abnahme des Josephsongleichstromes* als Folge der Interferenz der Wellenfunktionen. Diese Beeinflussung ist nach (42) in Abb. 33 dargestellt. Ein Magnetfeld der Größenordnung 1 Gauß ist danach bereits in der Lage, den *Josephson*strom zu unterbrechen. Die Periode dieser Interferenzerscheinung ist mit der Quantisierung des magnetischen Flusses im supraleitenden Zustand verknüpft. Ändert sich der magnetische Fluß durch die *Josephson*-Diode gerade zum 1 Flußquant ($\Phi_0 = 2 \cdot 10^{-7}$ Gauß cm^2), so durchläuft die Interferenzerscheinung eine volle Periode. Dieses Verhalten macht die *Josephson*-Diode für Schaltzwecke (z. B. logische Schaltungen) geeignet, vor allem wegen des raschen Ablaufs der wellenmechanischen Prozesse, was zu Schaltzeiten der Größenordnung von Nanosekunden und kleiner führen kann.

Zum Verständnis des Wechselstromeffektes ist zu bedenken, daß eine äußere Spannung U an der *Josephson*-Diode wegen der isolierenden Schicht zwischen den Supraleitern eine Energiedifferenz von $\Delta E = 2\varepsilon U$ zwischen den beiden *Cooper*paarsystemen (Elektronenpaarladung 2ε) hervorruft.

Aus dieser Energiedifferenz ($\Delta E = h\Delta\nu$) errechnet sich eine Frequenzdifferenz $\Delta\nu = \nu_1 - \nu_2$ zwischen den beiden Materiewellen des Betrages:

$$\Delta\nu = \frac{2\varepsilon U}{h} . \qquad [52\,a]$$

Diese Frequenzdifferenz führt zu einer Änderung $\Delta\varphi$ der Phasendifferenz:

$$\Delta\varphi = 2\pi\Delta\nu t = 2\pi\frac{2\varepsilon U}{h} t = 2\pi\nu_{\sim} t . \qquad [52\,b]$$

Die Phasendifferenzänderung ist proportional der Zeit und geht mit der Frequenz $\nu_{\sim}$ vor sich:

$$\nu_{\sim} = \frac{2\varepsilon U}{h}, \qquad [52\,c]$$

d. h., der durch die isolierende Schicht tunnelnde Strom von *Cooper*paaren ist ein Wechselstrom (*Josephson-Wechselstrom*), dessen Frequenz der angelegten äußeren Spannung proportional ist. Umgekehrt kann man die Messung der Frequenz $\nu_\sim$ zur sehr genauen Bestimmung der Spannung U benutzen:

$$U = \frac{h\nu_\sim}{2\varepsilon} \,. \qquad [52d]$$

2.4.2.2. Photodioden

An Halbleitern beobachtet man eine von einer Bestrahlung (z. B. mit Licht) durch den dadurch hervorgerufenen inneren Photoeffekt (Volumeneffekt) verursachte Widerstandsänderung (Photowiderstand; vgl. Abschn. 2.2.1.). In Halbleiter-Dioden tritt an pn-Übergängen durch Bestrahlung ein entsprechender Paarbildungsprozeß auf, bei welchem Defektelektronen (p) und Elektronen (n) befähigt werden, gegen die Potentialschwelle der Raumladung im pn-Übergang anzulaufen und die p- und n-Ladungsträgerkonzentrationen in den betreffenden Gebieten zu erhöhen. Dies wirkt sich als eine photoelektrische Urspannung (Photo-EMK) aus (vgl. Bd. I, Abschn. 2.1.2.2. und 2.1.2.3., S. 103 ff. bzw. S. 108 ff.). Sie führt zu einer der Belichtung proportionalen Herabsetzung des Sperrwiderstandes und damit beim Betreiben mit einer *äußeren Spannung* zu einer der Belichtung proportionalen Stromzunahme in Sperrichtung wie der Photostrom einer auf dem äußeren Photoeffekt beruhenden Photozelle (vgl. Abschn. 2.2.2.1., S. 41 ff.). *Ohne eine äußere Spannung* wird die Photo-EMK als Leerlaufspannung meßbar, und die Halbleiterdiode wird zu einem aktiven Bauelement zum *Photoelement*, indem eine *Energiedirektumwandlung* von Strahlungsenergie in elektrische Energie stattfindet (vgl. Bd. III, Abschn. 2.).

Der inverse Effekt, eine Konversion der elektrischen Energie in Strahlungsenergie, tritt ein, wenn der pn-Übergang sehr hoch dotiert ist, so daß sich Elektronen (n) sowie Defektelektronen (p) im entarteten Zustand befinden. Infolgedessen können zusätzliche Elektronen eines – durch eine äußere Spannung in Flußrichtung hervorgerufenen – Stromes durch Besetzungsinversion in das atomare Geschehen eingreifen und Atome im Halbleiter anregen. Die dabei auf höhere Energieniveaus gehobenen Elektronen fallen nach einer thermisch bedingten Verweilzeit (vgl. Bd. I, Abschn. 2.2., S. 122 ff.) in das stabile Grundniveau zurück und strahlen die Energiedifferenz $\Delta E = h\nu$ in Gestalt einer Wellenstrahlung der Frequenz ν ab, und zwar in der Ebene des pn-Überganges dieser Halbleiterdiode, die man als *Injektionsdiode* bezeichnet. Auf Photoelemente und Injektionsdioden wird in den folgenden Unterabschnitten näher eingegangen.

2.4.2.2.1. Photoelemente

Die photoelektrische Urspannung ist die Folge davon, daß die ausgelösten Elektronen durch die aus der Strahlung aufgenommene Energie befähigt werden, die sperrende Grenzschicht zu durchdringen und den *p*-leitenden Bereich negativ gegenüber den *n*-leitenden, und zwar über die stationäre Raumladungsdoppelschicht (vgl. Bd. I, Abschn. 1.5.2.5., S. 87) hinaus, aufzuladen. Diese Leerlaufspannung wirkt in Flußrichtung der Halbleiterdiode und kann über einen äußeren Stromkreis einen der Belichtung in weiten Grenzen proportionalen Photostrom liefern.

Derartige Photoelemente werden z. B. gern als Belichtungsmesser verwendet, weil man keine äußere Spannung benötigt. Einen immer wichtiger werdenden Anwendungsbereich haben sie aber als *Solarzellen* gefunden, d. h. zur Direktumwandlung von Energie der Sonnenstrahlung in elektrische Energie, und zwar überall dort, wo eine anderweitige Bereitstellung vor unüberwindlichen Schwierigkeiten steht oder zu kostspielig wird. Dies gilt in erster Linie für die Raumfahrt, wo sie bevorzugt die Stromversorgung der zahlreichen elektronischen Geräte, welche die Satelliten mit sich führen, sicherstellen.

In Tab. 4 sind die Kenndaten für ein großflächiges Silizium-Photoelement von 12,5 cm^2 Oberfläche und ein Aggregat aus 64 hintereinandergeschalteten derartigen Solarzellen mit einer wirksamen Oberfläche von $F = 800\ cm^2$ bei einer Beleuchtungsstärke von 10^5 lx (was einer Strahlungsenergie von 1 kW/cm^2 entspricht) zusammengestellt. Dabei bedeuten U_0 die Leerlaufspannung, I_K den Kurzschlußstrom, U_{opt}, I_{opt}, N_{opt} die optimalen Werte für Spannung, Strom und Leistung bei angepaßtem (vgl. Abschn. 3.1.2.1. Gl. [67]) Verbrauch, τ die Relaxationszeit und η den Wirkungsgrad der Energiekonversion.

Tab. 4. Kenndaten von Solarzellen

Bauelement	U_0	I_K	U_{opt}	I_{opt}	N_{opt}	τ	η
Si-Solarzelle $F = 12{,}5\ cm^2$	0,6 V	300 mA	0,47 V	257 mA	0,12 W	< 1 ns	10%
Aggregat von 64 Si-Solarzelle $F = 800\ cm^2$	38,0 V	300 mA	30 V	257 mA	7,6 W	< 1 ns	10%

Ähnlich wie bei den galvanischen Elementen sind auch bei den Photoelementen die Leerlaufspannungen für die praktische Anwendung zu niedrig, so daß stets eine große Zahl von Elementen hintereinander (um die erforderliche Spannung zu erzielen) und Gruppen davon parallel (um ausreichend starke Ströme zu erhalten) geschaltet werden müssen. Bei solchen kombinierten Schaltungen aktiver Bauelemente ist stets auf Gleichheit der inneren Widerstände und der Spannungen der einzelnen Elemente zu achten, um einen internen Energieverbrauch, verursacht durch Ausgleichsströme, zu vermeiden, der die abgegebene Leistung solcher Aggregate von aktiven Bauelementen erheblich herabsetzen kann.

Da die Herstellungsverfahren von Solarzellen nur gewisse Toleranzen zulassen, müssen Zellen möglichst übereinstimmender Kenndaten aus einer größeren Menge ausgesucht werden, was den Preis von leistungsfähigen Aggregaten erheblich steigert. Infolgedessen wird diese Energiequelle vorläufig noch singulären Vorhaben, wie denen der Raumfahrt, vorbehalten bleiben, obwohl gegenwärtig wegen der zunehmenden Energieknappheit ihre Verwendung für Heizzwecke auf wachsendes Interesse stößt.

2.4.2.2.2. Leuchtdioden

Die *Leuchtdiode* gehört zur Gruppe der *Injektionsdioden*, in denen eine unmittelbare Energiekonversion der elektrischen Energie in Strahlungsenergie stattfindet, und zwar die eines Elektronenstromes, der in Flußrichtung einen pn-Übergang durchströmt, wobei die Elektronen in die Grenzschicht zwischen *p*- und *n*-leitendem Bereich *injiziert* werden. Liegt die ausgesandte Strahlung speziell im sichtbaren Teil des Spektrums, so spricht man von einer *Leuchtdiode.*

Für Injektionsdioden eignen sich speziell die *Welker*schen 3,5-Verbindungen, insbesondere das Galliumarsenid (GaAs, vgl. Bd. I, Abschn. 1.3.3.1., S. 30). Die Wirkung der Injektion von Elektronen in die pn-Grenzschicht beruht auf einer Besetzungsinversion im Leitungs(*n*)- und Valenz(*p*)-Band. Diese führt zu Rekombinationsprozessen von Elektron-(n)-Defektelektron(*p*)-Paaren, die unter Emission von Strahlungsquanten ablaufen, wobei die Energie des Strahlungsquants etwa dem Bandabstand ΔE entspricht ($h\nu = \Delta E$, vgl. Bd. I, Abschn. 1.3.3.1., S. 33, Gl. [37]). Damit die Besetzungsinversion eintreten kann, müssen die Energieniveaus im Valenz- und Leitfähigkeitsband im stationären Zustand voll besetzt sein, d. h. die Ladungsträger sich im entarteten Zustand befinden. Beispielsweise wird der pn-Übergang einer GaAs-Injektionsdiode im p-leitenden Bereich mit Zink (Zn), im n-leitenden mit Tellur (Te) hoch dotiert (Abb. 34a). Die Strahlung tritt in der Ebene des pn-Überganges aus. Der Wirkungsgrad der Energiekonversion in den Leuchtdioden ist, wie der Abb. 34b zu entnehmen ist, sehr günstig. Ihre Intensität ist in weiten Grenzen proportional der Stärke des Injektionsstromes (Abb. 34b), so daß sich Injektionsdioden vorzüglich zur Strahlungsmodulation eignen. Da die Wellenlänge λ der *GaAs-Injektionsdiode* im roten Teil des Spektrums liegt (λ = (843 ± 0,01) nm), ist sie eine typische *Leuchtdiode*, die für Anzeige- und Signalzwecke Verwendung findet.

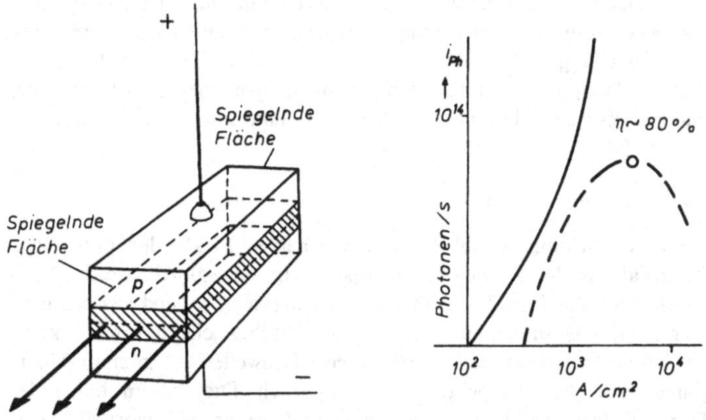

Abb. 34. Injektionsdiode a) Aufbau (schematisch); b) Kennlinien (i_{Ph} Strahlungsintensität, η Wirkungsgrad der Konversion elektrischer in optische Energie)

Bei der Energiekonversion in der pn-Grenzschicht einer Injektionsdiode treten wegen der geringen Abmessungen der Fläche F der Grenzschicht ($F \sim 1/4\,mm^2$) bereits bei relativ schwachen Injektionsströmen i aus der äußere Stromquelle ($i \sim 3/4$ A) und einer Leistung N ($N \sim 4$ W) bei einem Flußwiderstand R_F ($R_F \sim 1\,\Omega$) sehr hohe Stromdichten j auf ($j = 2\,A/mm^2 = 200\,A/cm^2$, vgl. Abb. 34b). Nimmt man eine Dicke d der pn-Schicht an, wie sie in Halbleiterdioden üblich ist ($d = 1/20$ mm), so ergibt sich das Grenzschichtvolumen V, das die Verlustleistung aufzunehmen hat ($V = 1/80\,mm^3$). Hieraus erhält man für die elektrische bzw. thermische Verlustleistungsdichte ρ_{el} bzw. ρ_{th}:

$$\begin{aligned} \rho_{el} &= 320\,W/mm^2 \text{ bzw. } 320\,kW/cm^3\,, \\ \rho_{th} &= 75\,cal/mm^3 \text{ bzw. } 75\,kcal/cm^3\,s\,. \end{aligned} \qquad [53]$$

Es ist daher verständlich, daß die Abführung der hohen Verlustwärmen bei Injektionsdioden besondere Kühlmaßnahmen (z. B. durch flüssigen Stickstoff auf 77 K) erfordert.

Allerdings werden durch die Abkühlung die spontanen thermischen Übergänge zwischen den Energieniveaus, die bei der Injektionsanregung im normalen Temperaturbereich (~300 K) eine wichtige Rolle spielen, sehr stark zurückgedrängt. An ihre Stelle treten Strahlungsanregungen (Pumpstrahlung, Signalstrahlung), wie sie von den Molekularverstärkern her bekannt sind (Maser, Laser, vgl. Bd. III). Injektionsdioden, die nach diesem Prinzip arbeiten, nennt man *Injektionslaser*.

Die *Injektionslumineszenz* ist unter das Phänomen der *Elektrolumineszenz* einzuordnen, das in einer Lichtemission von Kristallphosphoren bei Einwirkung hoher elektrischer Felder besteht. Diese wiederum gehört zur Gruppe der Lumineszenzerscheinungen, wie z. B. Fluoreszenz, Phosphoreszenz, Thermolumineszenz, Biolumineszenz und Triblumineszenz (vgl. Bd. I, Abschn. 2.2., S. 122ff.).

2.4.3. Halbleitertrioden

Werden in einer Halbleiter*diode* die beiden Elektroden durch *eine* Potentialschwelle – *einen* pn-Übergang getrennt (vgl. Abschn. 2.4.2.) –, wie dies der Analogie zur Röhrendiode entspricht, so sind aus den gleichen Analogiegründen zur Trennung der Feldbereiche der drei Elektroden einer Halbleiter*triode zwei* Potentialschwellen – *zwei* pn-Übergänge (bzw. Isolierschichten) – erforderlich. Dies ist im Laufe der Transistorenentwicklung auf verschiedene Arten erreicht worden. Dabei hat historisch die Spitzendiode eine wichtige Rolle gespielt.

Die Spitzendiode (vgl. Abschn. 2.4.2.1.) geht unter der Bezeichnung Kristalldetektor auf *F. Braun* (43) zurück, der ihre gleichrichtende Wirkung erstmalig 1874 beschrieb. Sie war nach Entdeckung der Funkübertragung vor Einführung der Elektronenröhren ein unersetzliches Hilfsmittel für die Gleichrichtung hochfrequenter Schwingungen und findet auch gegenwärtig in Gestalt von Si- und Ge-Detektoren in Empfangsschaltungen Verwendung. Sie bestand zur Zeit ihrer Anwendung für Zwecke des Empfangs von Sendungen des Rundfunks, der ab Herbst 1923 bis Anfang 1926 Zug um Zug seinen Betrieb im Rahmen von zehn deutschen Rundfunkgesellschaften aufnahm, aus einem Bleiglanzkristall, auf den unter leichtem Druck eine bewegliche Metallspitze (z. B. aus Wolframdraht) aufgesetzt wurde. Durch Veränderung des Aufsetzpunktes ließ sich die optimale Wirkung einstellen (Abb. 35).

Der Vergleich dieser Kristalldiode mit der sie sowohl in Dioden- wie Audionschaltung (vgl. Bd. III) in den 20er Jahren allmählich verdrängenden Röhre legten die bereits in Abschnitt 2.4. erörterten Analogiebetrachtungen nahe. Infolgedessen versuchte man recht bald, den Strom zwischen Spitze und Kristall in der Spitzendiode durch eine dritte Elektrode (u. a. auch in Gestalt einer zweiten Spitze) zu steuern. In einer Reihe von Arbeiten wurde dies mit wenig praktischem Erfolg versucht (vgl. die Darstellung der historischen Entwicklung in (44)).

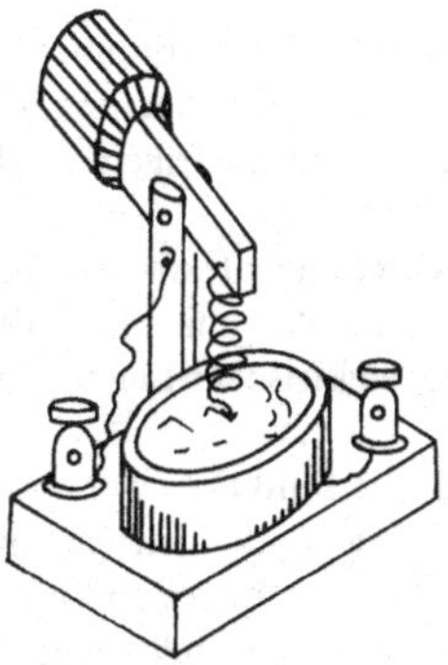

Abb. 35. Spitzendiode (alter Bleiglanzdetektor)

2.4.3.1. *Transistoren*

Ein Erfolg trat erst ein, als die Eigenschaften und der Aufbau von Grenzschichten (pn-Übergangen) in Halbleitern durch die Festkörperphysik eine hinreichende Aufklärung gefunden hatten und die neuen Erkenntnisse von *J. Bardeen* und *W. H. Brattain* (45) dahingehend ausgelegt wurden, daß man bei Verwendung einer zweiten Spitze als dritte Elektrode den Aufsetzpunkt in unmittelbarer Nähe – in einer Entfernung von etwa 0,050 mm von der ersten Spitzenelektrode – wählen muß. Nur so ist eine wechselseitige Beeinflussung der elektronischen Vorgänge in zwei, in einem Abstand von der Größenordnung des Diffusionsweges der quasi-freien Elektronen innerhalb einkristallinen Bereichen des Halbleiters gelegenen, pn-Übergängen zu erwarten. Der im Jahr 1948 erzielte Erfolg gab ihnen recht; der *Spitzentransistor* war entdeckt (Abb. 36). Die mühevolle Suche nach einer zufällig geeigneten Konstellation der pn-Übergänge an der Kristalloberfläche, auf welche die beiden spitzen Elektroden unter Kontrolle mit einem binokularen Mikroskop aufgesetzt werden, hatte ihren Lohn gefunden.

Nachdem sich die theoretischen Vorstellungen der Halbleitertheorie als verläßlicher, heuristischer Leitfaden bewährt hatten, setzte eine rasante technologische Entwicklung ein, zumal die damals noch in den

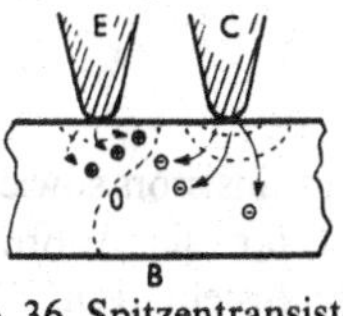

Abb. 36. Spitzentransistor
(E Emitter, B Basis, C Kollektor)

Anfängen stehende elektronische Computer- und Raumfahrttechnik dringend elektronische Bauelemente suchten, die geringen Raumbedarf mit kleinen Verlustwärmen und niedrigem Verbrauch an Hilfsenergien verbinden (vgl. Abschn. 2.4.).

Der erste Schritt über den Spitzentransistor hinaus führte zum *Flächen-* (bzw. *Schicht-*) *Transistor*, der statt mit punktförmigen mit *flächenhaften* – und damit mit höherer elektrischer Leistung belastbaren – pn-Übergängen arbeitet.

Das Entscheidende für die Funktionsweise von Spitzen- und Flächentransistor ist, daß quasi-freie Ladungsträger im Verlauf ihrer Lebensdauer, während der sie – ohne zu rekombinieren – eine Strecke von der Größe des Diffusionsweges durchlaufen, nach Durchgang durch einen pn-Übergang auch den zweiten passieren. Dann kann eine wechselseitige Beeinflussung der zwei Stromkreise stattfinden, die man mittels der drei Elektroden bilden kann. Die auf diese Weise mögliche Steuerung des einen durch den anderen Kreis ist eine *Stromsteuerung*. Sie ist daher – im Gegensatz zur Spannungssteuerung bei der Röhre – *nicht leistungslos*.

Diesen Nachteil vermeidet der von *W. Shockley* (46) zuerst beschriebene *Feldeffekt-Transistor*, bei dem an die Stelle zweier pn-Übergänge eine Schicht sehr hohen Widerstandes tritt. Diese wirkt praktisch wie zwei Isolierschichten zwischen der Steuerelektrode und den zwei anderen Elektroden, so daß nur ihr elektrisches Feld auf den – zwischen den stromführenden Elektroden fließenden – Ladungsträgerstrom steuernd einwirken kann. Im Gegensatz zu den Transistor-Arten mit Stromsteuerung, die *bipolar* mit p- *und* n-Elektronen als Ladungsträger arbeiten, funktioniert der Spannungsverstärkung aufweisende Feldeffekt-Transistor *unipolar*, d. h. seinen Stromweg (Kanal) passieren p- *oder* n-Elektronen. Feldeffekt-Transistoren arbeiten *praktisch leistungslos* und stellen daher auch in dieser Hinsicht das Analogon zur Röhrentriode dar.

In den folgenden Unterabschnitten soll noch näher auf die Eigenschaften von Flächen- und Feldeffekt-Transistoren sowie einige mit ihnen verwandte Transistorformen eingegangen werden.

2.4.3.1.1. Flächentransistor

Der Aufbau eines Flächentransistors sowie das zugehörige Elektronenenergie-Bändermodell sind für die Anordnung npn der Übergänge schematisch in Abb. 37 dargestellt. Für die Bezeichnungen der drei Transistorelektroden haben sich folgende Entsprechungen zu den drei

Elektroden der Röhrentriode eingebürgert: *Emitter* (entspricht der Kathode), *Basis* (entspricht dem Gitter), *Kollektor* (entspricht der Anode). Die Dicke der Basisschicht, d. h. der Abstand der beiden für den Flächentransistor wirksamen Grenzschichten (1: np und 2: pn in Abb. 37a) muß nach den Ausführungen in Abschn. 2.4.3.1. kleiner als der Diffusionsweg L ($L \sim 1$ mm) sein. Man wählt daher die Basisschichtdicke zwischen 0,1 – 0,01 mm.

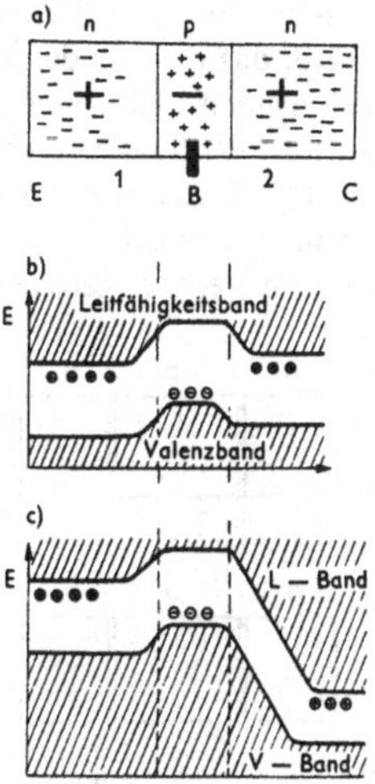

Abb. 37. Elektronenbändermodell eines npn-Flächen-(Schicht-)Transistors a) Verarmungsbereiche in den Grenzschichten bei spannungslosem Zustand; b) Bändermodell des Zustandes a), entgegengesetzt gerichtete Raumladungspotentiale in den Grenzschichten; c) Bändermodell bei angelegter Spannung: linke Grenzschicht-Flußrichtung; rechte Grenzschicht-Sperrichtung

Für die Verwendung des Flächentransistors ist sein Frequenzverhalten von Bedeutung. Im Gegensatz zur Röhre, wo Elektronen im Vakuum jede durch die Feldenergie bestimmbare Geschwindigkeit annehmen können, wird die der Elektronen (und Defektelektronen) im Transistor durch ihre Wechselwirkung mit den Kristallgitter-Atomen bestimmt, d. h. es stellt sich die thermische Diffusionsgeschwindigkeit v ein, die im Mittel $v_d = 10^5 \text{ cm s}^{-1}$ beträgt. Dies bedeutet, daß ein Flächentransistor normalerweise nur bis zu 10^5 Hz frequenzgetreu seine Steuerfunktionen ausüben kann. Für Verstärkungs- und Schwingungserzeugungs-Schaltungen für hoch- und höchstfrequente Wechselstromleistungen ist man daher bemüht gewesen, die Funktionsweise des Flächentransistors auch auf diese Frequenzbereiche zu erweitern.

Durch Eingriffe in das Konzentrationsgefälle der Dotierungen innerhalb und zwischen den beiden pn-Übergängen ist es gelungen, die Wanderungsgeschwindigkeit der Elektronen erheblich zu beeinflussen.

Dies kann in zweifacher Weise geschehen: Einmal durch Erhöhung der Akzeptoren- (bzw. Donatoren-)Konzentration in der p- (bzw. n-) leitenden Basisschicht des npn- bzw. pnp-Transistors. Dadurch entsteht in der Basis ein inneres Feld, das die aus der Emitterschicht über den ersten pn-Übergang einströmenden Elektronen (bzw. Defektelektronen) beschleunigt (Abb. 38a) und auf diese vorgebbare Weise deren Geschwindigkeit erhöht. Dieses Verfahren wurde zuerst von *H. Krömer* (47) angegeben. Derartige Transistorformen werden als *Drifttransistoren* bezeichnet. Durch sie wird die frequenzgetreue Funktionsweise bis zu 10^8 Hz erweitert.

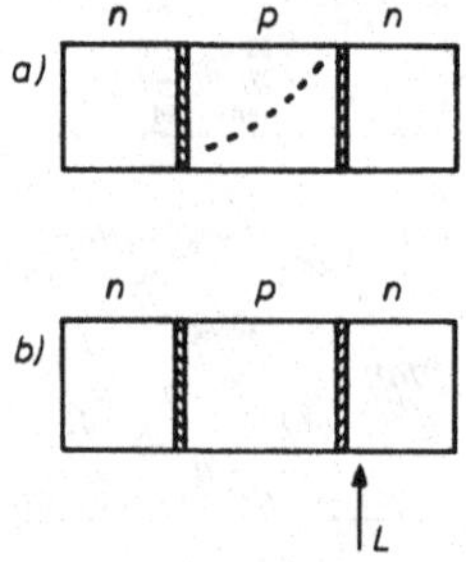

Abb. 38. Spezielle Transistorformen a) Drifttransistor (... ansteigendes elektrisches Feld in der Basis infolge Zunahme der Akzeptorenkonzentration); b) Phototransistor (Lichteinstrahlung an der emitterseitigen Basisgrenze)

Das zweite Verfahren sieht eine durchgehend hohe Dotierung der Emitter-Basis-Grenzschicht bis zum Entartungszustand vor. Der dann an dieser Grenzschicht auftretende Tunneleffekt (vgl. Abschn. 2.4.2.1.4. sowie Bd. I, Abschn. 1.5.2.2.) steigert infolge seines wellenmechanischen Ablaufes die Geschwindigkeit der Ladungsträger (als Ausbreitungsgeschwindigkeit von deren Materiewellen im Tunnelbereich) bis zu 10^{10} cm s^{-1}. Ein derartiger Transistor wird als *Tunneltransistor* bezeichnet und ist bis weit in den GHz-Bereich hinein, d. h. für die Verstärkung und Erzeugung höchstfrequenter Wechselströme (Schwingungen), verwendbar (vgl. Bd. III).

Bereits in dem einführenden Abschnitt 2.4. über Halbleiter-Bauelemente ist auf eine Eigenschaft des Flächentransistors besonders hingewiesen worden, in der er von der Röhre abweicht, und zwar was die Leistung im Steuerkreis betrifft. Sie kann nämlich nicht vernachlässigt werden. Daher reicht zur Beschreibung seines Strom-Spannungs-Verhaltens im Gegensatz zur Röhre *eine* Kennlinienschar (vgl. Abschn. 2.1.2.) *nicht* aus, sondern es sind zwei Kennlinienscharen erforderlich. Dies gilt für alle drei Grundschaltungen, deren Entsprechungen von Röhre und Transistor in Abb. 39a – c dargestellt sind. Dabei entsprechen die Kathodenbasis-Schaltung der Röhre der Emitterbasis-Schaltung des Transistors (Abb. 39a), ebenso die Gitterbasis-Schaltung der (Basis-) Blockbasis-Schaltung (Abb. 39b), die Anodenbasis-Schaltung der Kollektorbasis-Schaltung (Abb. 39c).

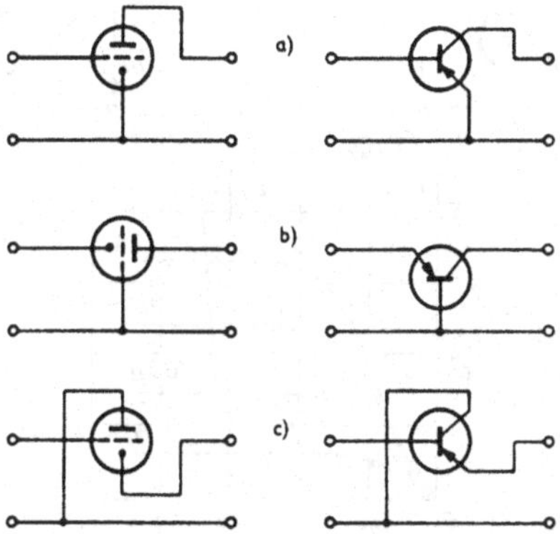

Abb. 39. Vergleich der Grundschaltungen von Röhre und npn-Transistor
a) Emitterschaltung; b) Basisschaltung; c) Kollektorschaltung

Für einen npn-Transistor sind für die drei Grundschaltungen jeweils die beiden Kennlinienscharen in einem Diagramm zusammengefaßt dargestellt (Abb. 40a – c), und zwar für die:

Emitterschaltung: $I_C = f(U_{CE})$; mit I_B bzw. U_{BE} als Parameter
Basisschaltung: $I_C = f(U_{CE})$; mit I_E bzw. U_{BE} als Parameter
Kollektorschaltung: $I_E = f(U_{CE})$; mit I_B bzw. U_{CB} als Parameter.

Die Bedeutung der Strom(I)- und Spannungs(U)-Symbole geht dabei aus den Schaltsymbolen hervor, für die ebenso wie in Abb. 39 die Gestalt von Vierpolen gewählt wurde (vgl. Abschn. 3.). Den Kennlinienscharen des Transistors lassen sich in ähnlicher Weise wie bei der Röhre (vgl. Abschn. 2.1.2., Abb. 7c) Kenndaten entnehmen. Beim Flächentransi-

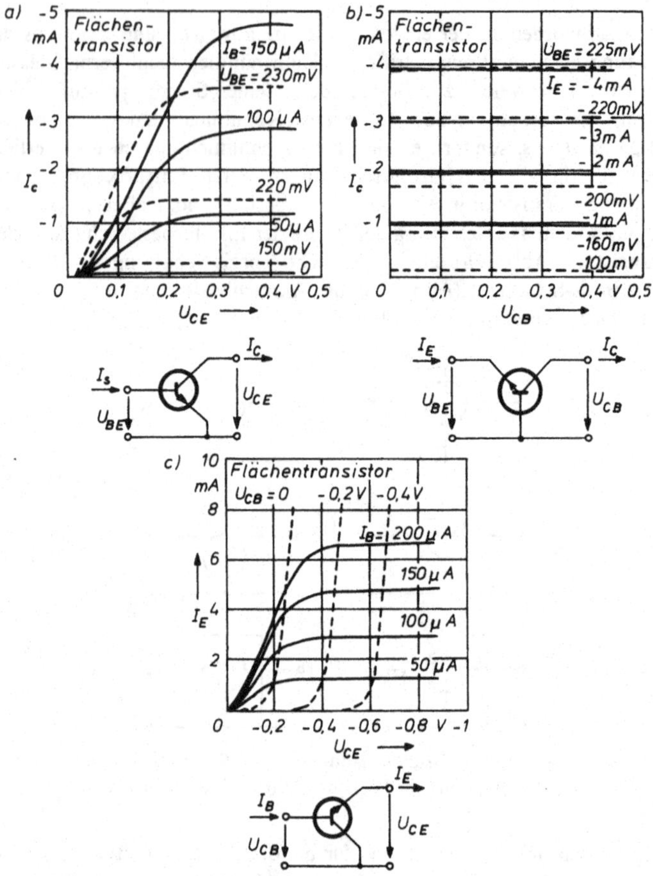

Abb. 40. Kennlinienscharen der Grundschaltungen des npn-Transistors nach *H. Beneking* a) Emitterschaltung; b) Basisschaltung; c) Kollektorschaltung

stor interessieren in der Regel:

Eingangswiderstand, Stromverstärkungsfaktor,
Ausgangswiderstand, Spannungsrückwirkungsfaktor.

Da diese Größen in enger Beziehung zu den Vierpolparametern des Transistors stehen, wird auf sie im Rahmen der Vierpoltheorie (Abschn. 3.2.3.) näher eingegangen.

Eine spezielle Form des Flächentransistors ist der Phototransistor, Seine Steuerung erfolgt nicht durch einen äußeren Basisstrom, sondern durch einen inneren Photostrom, der von einer Lichteinstrahlung (*L*) an der dem Kollektor zugewandten Seite der Basisgrenzschicht (die durch die Reihenfolge der Dotierung als Sperrschicht wirkt) ausgelöst wird. Eine Elektrode an der Basis entfällt daher. Man kann die Wirkungsweise des Phototransistors als die einer Photodiode mit nachgeschaltetem Verstärker auffassen. Gegenüber einer Photodiode weist der Phototransistor etwa die 30fache Empfindlichkeit auf (Abb. 38b).

Analog zu den Mehrgitterröhren (Abschn. 2.1.3.) gibt es auch mehrschichtige Transistoren. Sie eignen sich bevorzugt für Schaltzwecke. Zu ihnen gehört z. B. der *Thyristor*, ein steuerbarer Gleichrichter. Ihm und seinen Abarten ist wegen ihrer praktischen Bedeutung der Abschnitt 2.4.3.1.3. gewidmet.

2.4.3.1.2. Feldeffekttransistor

Im Abschn. 2.4.3.1. ist bereits einleitend bemerkt worden, daß es außer *bipolaren* Transistoren, deren Funktionsweise von Ladungsträgern beiderlei Vorzeichens (n Elektronen; p Defektelektronen) abhängt, auch *unipolare* Transistoren gibt, in denen nur eine Ladungsträgerart (n *oder* p) den Stromtransport bewerkstelligt. Gibt es im ersten Fall Majoritäts- und Minoritätsträger, so im zweiten nur eine Art: Majoritätsträger. Beruht der mittels jeder Triode ausführbare Steuerprozeß im ersten Fall primär auf einer *Stromsteuerung*, für die eine Leistung aufgebracht werden muß, so im zweiten auf der Einwirkung eines elektrischen Feldes, d. h. auf einer praktisch leistungslosen *Spannungssteuerung*. Wie bereits erwähnt (a.a.O.), nennt man einen derartigen Transistor *Feldeffekttransistor* (FET).

Im FET muß die stromführende Schicht, die man je nach Unipolarität *n-Kanal* oder *p-Kanal* nennt, gegenüber der Steuerelektrode, von der das steuernde elektrische Feld ausgeht, hochohmig getrennt bzw. isoliert sein. Ersteres kann durch pn-Übergänge oder *Schottky*-Kontakte (vgl. S. 80) geschehen (Abb. 41 a, b), die in Sperrichtung betrieben werden, letzteres durch isolierende Schichten (z. B. SiO_2; vgl. Abb. 41 c, d, und S. 112).

Für die Bezeichnung der Elektroden des FET haben sich besondere Namen eingebürgert. Die Elektrode, die dem Kanal als Ladungsträger-Quelle dient, nennt man „Source“, diejenige, die den Ladungsträgerabfluß bildet, heißt „Drain“, während die Steuerelektrode – wie beim bipolaren Transistor – als „Gate“ bezeichnet wird. Hierbei ist der Gate-Source-Widerstand außerordentlich hoch ($\sim 10^{13}\,\Omega$), so daß die Steuerung – in vollkommener Analogie zur Röhrentriode – praktisch leistungslos verläuft.

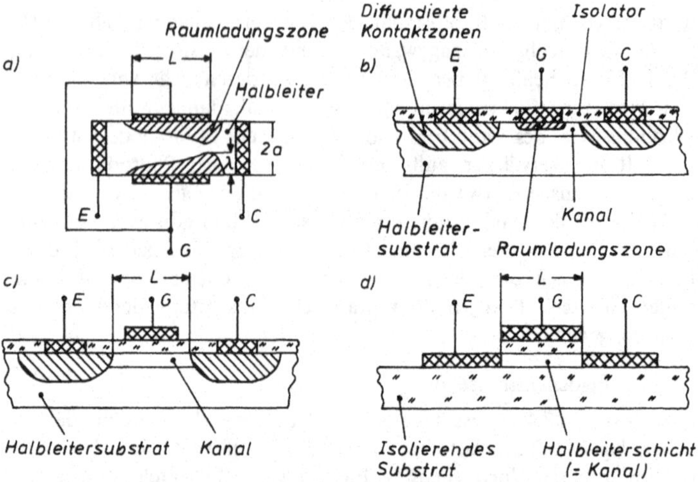

Abb. 41. Feldeffekttransistor (FET) mit verschiedenen Steuerelektroden nach *K. Heime* a) pn-Übergang; b) Metall-Halbleiter(MS)-Kontakt (MES-FET, vgl. S. 77); c) Isolierschicht (*m*etal-*o*xide-*s*emiconductor [MOS]-FET); d) Isolierschicht (Dünnschicht-FET)

Aus diesem Grunde läßt sich das Strom-Spannungsverhalten des FET auch – wie das der Röhrentriode – durch *eine* Kennlinienschar beschreiben. Abb. 42 zeigt dies am Beispiel eines pn-Sperrschicht-FET. Hierin bedeuten:

U_{SD} = Drainspannung
U_G = Gatespannung
U_{G0} = Gatesperrspannung (FET sperrt vollständig)
I_D = Drainstrom.

Der pn-Sperrschicht-FET geht auf *W. Shockley* (46) zurück. Den Metall-Halbleiter-(MS-)Kontakt nach *Schottky* (vgl. Abschn. 2.4.2.1.6.) haben *W. von Münch* und *H. Statz* (48) als erste zur Sperrung im Gate-Source-Kreis des FET verwendet. Die Vorteile des *Schottky*-Kontaktes liegen in seiner kürzeren Relaxationszeit τ_{Sch}. Sie liegt in der Größenordnung von $\tau_{Sch} \sim 10^{-13}$ s gegenüber derjenigen von pn-Übergängen, die Werte bis zu $\tau_{pn} \sim 10^{-11}$ s besitzen. Physikalisch ist dies dadurch begründet, daß im MS-Kontakt wegen der Unipolarität der Ladungsträger Umladungen, d.h. die Einstellungen auf geänderte Feldzustände innerhalb der als Kapazität wirkenden Sperrschicht rascher

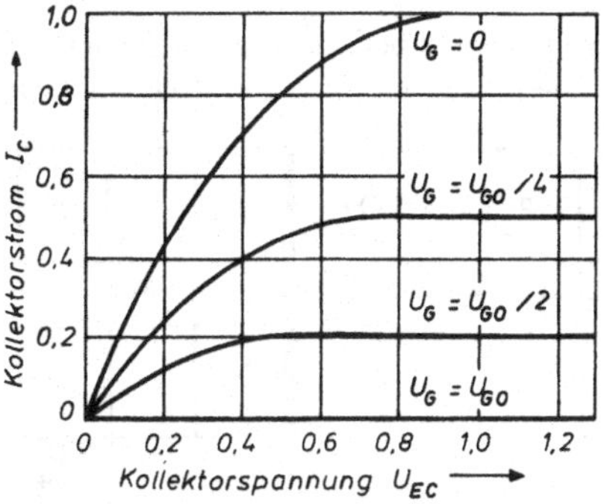

Abb. 42. Kennlinien eines MOS-FET nach *K. Heime*

ablaufen. In beiden Fällen beeinflussen Raumladungszonen Leitfähigkeit und Querschnitt des stromführenden Kanals.

Ist die Steuerelektrode (G) eines FET durch eine Isolierschicht (I) vom Kanal getrennt, so bezeichnet man diesen MOS-FET auch als IG-FET. In diesem Fall wird durch das steuernde elektrische Feld Leitfähigkeit und Querschnitt des n- bzw. p-leitenden Kanals verändert. Besitzt der IG-FET für $U_{G0} = 0$ (vgl. Abb. 42) eine Leitfähigkeit $G \gg 0$, so kann diese durch passende Änderung von U_G entweder verkleinert (Verarmungs-Betrieb) oder aber noch weiter erhöht werden (Anreicherungs-Betrieb). Ist jedoch die Leitfähigkeit für $U_{G0} = 0$ sehr klein und läßt sich daher durch geeignete Werte von U_G nur in *einer* Richtung ändern, d. h. vergrößern, so ist nur Anreicherungs-Betrieb möglich. Im ersten Fall spricht man von einem *Verarmungs-IG-FET*, im zweiten von einem *Anreicherungs-IG-FET.* (44).

2.4.3.1.3. Thyristor

Auf die Möglichkeit, mehrschichtige Transistoren herzustellen, ist bereits am Ende des Abschnitts 2.4.3.1.1. hingewiesen worden. Der Einbau einer weiteren Schicht in eine Halbleitertriode führt zur Halbleitertetrode, einem vierschichtigen Transistor. In Abb. 43a ist schematisch die Anordnung der Schichten wiedergegeben, in den Abb. 43b und c die Elektrodenanordnung zur Verwendung als Kippdiode und Kipptriode, wobei die Wirkungsweisen dieser beiden elektronischen Bauelemente zueinander im gleichen Verhältnis stehen wie die einer Glimmlampe (vgl. Abschn. 2.3.1.1.) zu der eines Thyratrons (vgl. Abschn. 2.3.2.2.), d. h. der Kippvorgang ist bei den Ausführungen als Triode steuerbar.

Der Kippvorgang kommt bei der in Abb. 43b vorausgesetzten Polung der Kippdiode auf folgende Weise zustande. In dem mittleren pn-

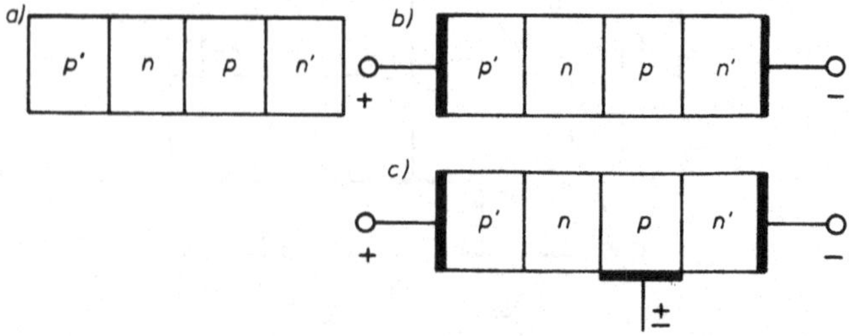

Abb. 43. Vierschichttransistoren a) Schichtenanordnung (schematisch); b) Schaltung als Kippdiode; c) Schaltung als Kipptriode (Thyristor)

Übergang bildet sich eine Sperrschicht aus. Mit wachsender Sperrspannung tritt schließlich der Zenereffekt ein (vgl. Abschn. 2.4.2.1.3.). Dieser führt zum Verschwinden des hohen Sperrwiderstandes. In dieser Betriebsphase wirken die angrenzenden Schichten (p', n') als Lieferanten der Ladungsträger, so daß die Spannung an der vierschichtigen Kippdiode bis auf eine Restspannung zusammenbricht, nämlich auf die Größe des Spannungsabfalls an dem geringen (durch die beschränkte Bereitstellung von Ladungsträgern bedingten) Widerstand dieses vierschichtigen Bauelements. Die Kennlinie der Kippdiode entspricht demnach der einer Glimmentladung (a.a.O., Abb. 16).

Die Kipptriode, in welcher der beschriebene Kippvorgang steuerbar wird, ist unter dem Namen *Thyristor* bekannt geworden. Sein Anwendungsbereich deckt sich weitgehend mit dem des Thyratrons, das er weitgehend verdrängt hat. Denn er benötigt, wie jedes Halbleiterbauelement, keine Anheizzeit bzw. Heizleistung, besitzt eine größere mechanische Stabilität und den Vorzug wesentlich kleinerer Abmessungen. Infolgedessen wird der Thyristor gegenwärtig bevorzugt im Bereich der Steuerung und Regelung von Gleichstromleistungen verwendet.

Der Thyristor sperrt ohne Zündung durch die Basiselektrode den Stromdurchgang in beiden Richtungen und kann nur bei positiver Kollektorspannung (vgl. Abb. 43c) gezündet werden. Darauf beruht seine Gleichrichter-Eigenschaft. Durch die Basiselektrode kann man mittels einer gesondert in einer Zündstufe erzeugten Zündspannung den gleichzurichtenden Wechselstrom in einer beliebigen Phase anschneiden, so daß dem Verbraucher nur entsprechende Bruchteile der gleichgerichteten Wechselstromleistung zugeführt werden. Diese Art der Leistungsregelung findet unter der Bezeichnung *Phasenanschnittsteuerung* weitverbreitete Anwendung (Abb. 44).

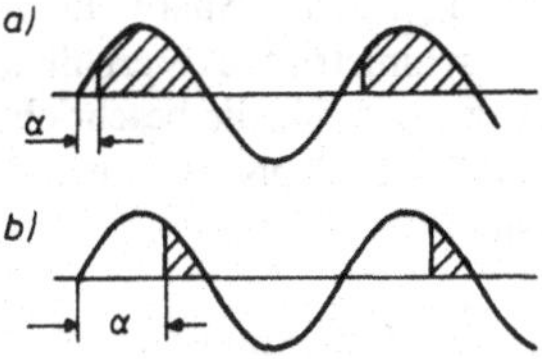

Abb. 44. Thyristor-Phasenanschnittsteuerung a) Frühzündung; b) Spätzündung

Für derartige Anwendungszwecke sind zur Zweigweggleichrichtung Zweiwegkippdioden (*Diac*) sowie Zweiwegthyristoren (*Triac*) entwickelt worden (Abb. 45 a – c). Erstere sind als Halbleiter-Pentoden (fünf Schich-

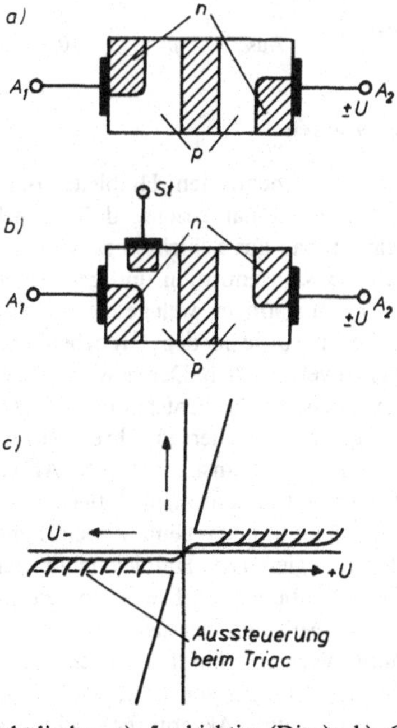

Abb. 45. Mehrschichtdioden a) 5-schichtig (Diac); b) 6-schichtig (Triac); c) Kennlinienverlauf (schematisch, A_1, A_2 Kathoden- und Anoden-Elektroden, St Triac-Steuerelektrode)

ten), letztere als Halbleiter-Hexoden (sechs Schichten) anzusprechen. Beide Arten zeigen dem Charakter nach den gleichen Kennlinienverlauf (Abb. 45c). Jedoch ist beim Triac die Spannung aussteuerbar und zeigt für beide Richtungen ein symmetrisches Verhalten.

Als Halbleitermaterial hat sich für die beschriebenen, mehrschichtigen Transistoren Silizium bewährt. Typische Daten hierfür sind in Tab. 5 nach (49) zusammengestellt.

Tab. 5. Thyristor-Daten

Durchlaßrichtung	Strom	A	5	16	50
	Spannung	V	0,75	0,86	0,75
Sperrichtung	Strom	mA	5	5	5
	Spannung	V	400	400	400
Zündung	Strom	mA	6	25	50
	Spannung	V	2	3	4
Relaxations-(Schalt-)Zeit	Ein	μs	2	4	4
	Aus	μs	10	15	15

2.4.4. Herstellungsverfahren

Die Beschreibung der wichtigsten Halbleiter-Bauelemente in den vorhergehenden Abschnitten hat gezeigt, daß hinsichtlich ihrer Wirkungsweise allen ein Aufbau aus Schichten gemeinsam ist. Diese unterscheiden sich durch die Konzentration und gegebenenfalls auch durch das Vorzeichen der Ladungsträger, welche die verschiedenen Leitfähigkeitscharaktere bedingen sowie in den Grenzbereichen das Entstehen von Potentialschwellen verursachen. Deren Wechselwirkungen verdankt die Vielfalt von Bauelementen ihre Entstehung ((50), (51), (52), (53)).

Die – historisch gesehen – zuerst in ihrer Wirkungsweise verstandenen Schicht-Dioden und -Transistoren (vgl. Abschn. 2.4.) legten es nahe, die verschieden mit Fremdatomen dotierten Schichten entweder durch Beigabe von Fremdatomen beim Zonenschmelzverfahren (Abschn. 2.4.1.) oder durch Legieren des Halbleiters mit fremden Substanzen oder aber durch Eindiffundieren von Fremdatomen in das Kristallgitter der halbleitenden Grundsubstanz herzustellen.

Das zuerst genannte Verfahren hat den Vorteil, daß man der Schmelze während des Züchtungsprozesses von Einkristallen in definierter Weise Fremdatome (Donatoren und Akzeptoren) beifügen, d. h. sie damit dotieren kann. Infolgedessen besitzt dann der aus der Schmelze gezogene Einkristall vorausbestimmte Leitfähigkeitseigenschaften. Durch wechselweise Zugabe lassen sich auf diese Weise im gleichen Kristall Übergänge zwischen Bereichen mit n- und p-Leitung (pn- und np-Übergänge) in beliebiger Reihenfolge schaffen.

Man kann auf diese Weise z. B. auch einen p- und einen n-leitenden Bereich durch ein Gebiet mit reiner Eigenleitung trennen, das man als i-leitend bezeichnet (i wegen der englischen Bezeichnung für Eigenleitung: *i*ntrinsic conduction). Eine solche pin-Diode hat wegen des hohen Widerstandes im i-Bereich eine große Relaxationszeit und eignet sich für Speicherzwecke.

Bei der Herstellung einer Folge von Schichten ist zu beachten, daß man wohl Fremdatome leicht der Schmelze beigeben kann, daß man sie aber nicht ebenso einfach wieder herausbekommt. Die jeweils im Überschuß vorhandenen Fremdatome liefern die *Majoritätsträger*, d. h. bei Donatoren-Überschuß stellt sich n-Leitung ein, bei Akzeptoren-Überschuß p-Leitung. Soll einer n-leitenden Schicht eine p-leitende folgen, müssen zunächst so viele Akzeptoren beigegeben werden, daß die von diesen gelieferten p-Ladungsträger (Defektelektronen) durch ihre positive Ladung die negative Ladung der Elektronen mittels Rekombinationsprozessen kompensieren, was dann den Zustand der Eigenleitung herstellt. Die darüber hinaus erfolgende Zugabe von Akzeptoren zur Schmelze macht erst die Defektelektronen zu Majoritätsträgern einer p-Leitung, während dann die n-Elektronen die Rolle der Minoritätsträger spielen.

Beim zweiten Verfahren, dem Legierungsverfahren, nützt man aus, daß infolge der thermischen Bewegungen die Gitterbausteine, d. h. die Atome oder Ionen, im Grenzbereich zweier aneinandergrenzender kristalliner Stoffe ineinanderdiffundieren können und, daß man diesen Diffusionsprozeß durch Erwärmung beschleunigen kann. Die Größe dieser Diffusion wird durch eine temperaturabhängige Materialkonstante, den Diffusionskoeffizienten D, gekennzeichnet, dessen Temperaturabhängigkeit im Sinne des *Boltzmann*schen Verteilungsgesetzes (S. 78 [50d], Bd. I, Abschn. 1.5.2.5., Gl. [144]) verläuft:

$$D = D_0 e^{-\frac{E_B}{kT}} . \qquad [54a]$$

wobei D_0 den für $T \to \infty$ extrapolierten Diffusionskoeffizienten und E_B die Bindungsenergie im Kristallgitter bedeuten. Der physikalische Sinn des Diffusionskoeffizienten wird aus der *Fick*schen *Diffusionsgleichung* [54b] ersichtlich. Diese gewinnt man aus der Betrachtung der Diffusion einer Teilchenmenge (z. B. Elektronen) n durch ein Volumenelement. Dann muß nämlich der Überschuß der in das Volumenelement eintretenden Elektronenmenge über die austretende proportional der zeitlichen Änderung der Anzahl der Elektronen im Volumenelement sein:

$$D \frac{d^2 n}{dx^2} = \frac{dn}{dt} \qquad [54b]$$

Eine Näherungslösung dieser Differentialgleichung erhalten wir unter folgenden Annahmen: Nennen wir den kleinen, in der kurzen Zeitspanne τ diffundierenden Elektronenanteil Δn, so dürfen wir setzen:

$$\frac{dn}{dt} = \frac{\Delta n}{\tau}. \qquad [54c]$$

Damit geht [54b] über in:

$$D \frac{d^2}{dx^2}(\Delta n) - \frac{\Delta n}{\tau} = 0 \qquad [54d]$$

mit der Lösung:

$$\Delta n = \Delta n_0 \, e^{-x/\sqrt{D\tau}}, \qquad [54e]$$

d. h., daß die Fremdatom-Dichte mit der Eindringungstiefe exponentiell abklingt. Der Diffusionskoeffizient D tritt hier als ein materialabhängiger Proportionalitätsfaktor auf. Eine Dimensionsbetrachtung läßt erkennen, daß er die Dimension $cm^2 s^{-1}$, d. h. die einer Flächengeschwindigkeit besitzt. Daher sagt er aus, mit welcher Geschwindigkeit die Menge eines beliebigen Stoffes *flächenhaft* von der Grenzfläche aus in einen anderen Stoff hineinwandert (diffundiert).

In Tab. 6 sind Diffusionskoeffizienten D_0 für die Diffusion verschiedener Elemente in die für Halbleiter-Bauelemente bevorzugten Halbleiter Germanium und Silizium zusammengestellt.

Tab. 6. Diffusionskoeffizienten D_0 in Ge und Si

D_0	Element								
($cm^2 s^{-1}$)	Ge	Ga	In	P	As	Sb	Bi	Au	He
in Ge	7,8	34	0,15	3,3	2,1	1,2	4,7	18	0,0065
in Si	–	3,3	16	1400	0,44	4,0	2200	0,0095	0,11

Wir entnehmen der Tab. 6 besonders bei Silizium sehr unterschiedliche Werte für den Diffusionskoeffizienten. So diffundiert z. B. Wismut um $2{,}3 \cdot 10^5$ mal so rasch in Silizium hinein wie Gold.

Mittels der Gleichung [54a] lassen sich aus Tab. 6 die Werte der Diffusionskoeffizienten für die jeweilige Temperatur errechnen, die man beim Legierungsprozeß anwendet. Beispielsweise legiert man einen n-leitenden, blättchenförmigen Germaniumeinkristall mit Indium, indem man beidseitig je einen Tropfen Indium aufbringt und das Ganze auf etwa 500 °C erhitzt. Dann diffundieren von beiden Seiten Indiumatome – aus dem festen Aggregatzustand – in das Germanium hinein und erzeugen beiderseitig eine p-leitende Schicht. Man läßt die p-leitenden Schichten so weit vorrücken, bis in der Mitte nur noch ein schmaler n-leitender

Bereich als Basisschicht übrigbleibt. Deren Dicke muß, wie wir bereits in Abschn. 2.4.3.1. diskutierten, in der Größenordnung der Diffusionslänge liegen und bestimmt das Hochfrequenzverhalten des Transistors. Je dünner die Basisschicht ist, desto höher liegt seine Grenzfrequenz. Zu den Legierungstransistoren hoher Grenzfrequenz ($\sim$750 MHz) gehört der um 1961 entwickelte Mesa-Transistor, der eine Schichtanordnung in Gestalt eines „Tafelberges" (spanisch: „mesa") aufweist (Abb. 46a). Mit seiner *Planartechnik* leitet er eine neue Entwicklungsphase der Transistoren ein (vgl. Abschn. 2.4.4.1. und 2.4.4.5.).

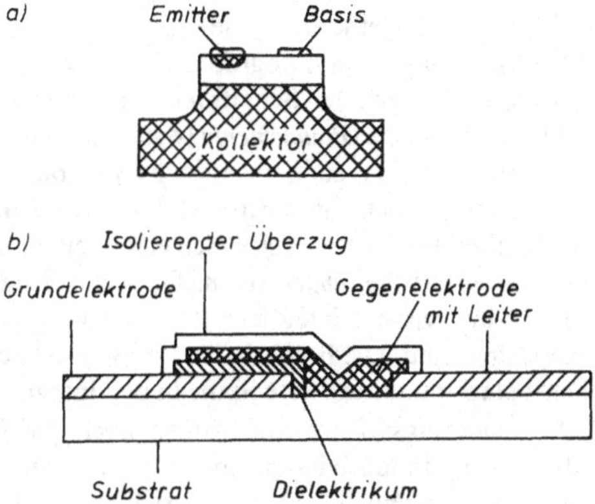

Abb. 46. Aufbau in Planartechnik a) Mesatransistor; b) Sandwich-Aufbau (Kondensator)

Das dritte Verfahren beruht ebenfalls auf dem Phänomen der Diffusion. Im Gegensatz zum Legierungsverfahren, das sich ihrer aus dem festen Aggregatzustand bedient, diffundieren bei dieser als *Diffusionsverfahren* bezeichneten Methode die Fremdatome aus der Gasphase in den festen Halbleiter. Hierzu werden Ge bzw. Si in eine hochtemperierte Gasatmosphäre von Akzeptoren bzw. Donatoren oder auch beiden (unter Ausnutzung ihrer verschiedenen Diffusionskoeffizienten) gebracht. Man erzielt auf diese Weise ein wesentlich gleichmäßigeres Eindringen in die Grundsubstanz als beim Legierungsprozeß. Im Gegensatz zu diesem, bei dem ein Teil des Halbleiters mit konstanter Dotierung als Basisschicht stehenbleibt, herrscht bei Anwendung des Diffusionsverfahrens dort eine veränderliche Fremdatom-Dichte. Denn diese klingt im Sinne der Lösung der *Fick*schen Diffusionsgleichung [54e] exponentiell mit der Eindringtiefe in den Halbleiter ab. Daher eignet sich das

Diffusionsverfahren besonders zur Herstellung von Drifttransistoren (vgl. Abschn. 2.4.3.1.1.).

Diese drei wichtigsten Herstellungsverfahren aus dem ersten Jahrzehnt der Entwicklung elektronischer Halbleiter-Bauelemente bildeten die Grundlage für eine intensive Verfeinerung der Herstellungstechniken, deren Hauptziele eine immer weiter fortschreitende *Miniaturisierung* und *Integrierung* dieser Bauelemente bevorzugt in Planartechnik ist. Hierzu wurden eine Reihe neuer Techniken entwickelt, die in den folgenden Unterabschnitten behandelt werden. Es sind dies die Dickschichttechnik, die Dünnschichttechnik, die epitaktischen Aufdampfverfahren, die Oxidationsmethode sowie die hierfür erforderlichen Maskentechniken (z. B. das photolithographische Verfahren).

Bei der Herstellung integrierter Schaltkreise tritt das Problem auf, nicht nur die *aktiven Halbleiter-Bauelemente* (wie Halbleiter-Dioden und -Trioden) darin einzubeziehen, sondern auch *passive Bauelemente* (wie *Widerstände*, *Kapazitäten* und *Induktivitäten*). Hierbei bereitet die Integration von Induktivitäten in der Regel Schwierigkeiten, so daß man seine Zuflucht in *Hybrid-Schaltungen* sucht. Dies sind Schaltkreise, die z. B. bis auf die Induktivitäten integriert, d. h. technologisch in einem Arbeitsgang hergestellt sind. Die Induktivität wird in klassischer Gestalt, z. B. als möglichst stark miniaturisierte Spule in den integrierten Schaltkreis eingefügt. Neuerdings bietet sich jedoch auch die Möglichkeit einer Integration von Induktivitäten an. Durch einen Übersetzer – einen *Gyrator* (vgl. Abschn. 3.2.2.) – läßt sich jede Induktivität auf eine Kombination eines Gyrators mit einer Kapazität und einen Widerstand zurückführen (a. a. O. Gl. [84u]), wobei der Gyrator als *Impedanzkonverter* wirkt und selbst auch aus integrierbaren Bauelementen bestehen muß.

2.4.4.1. Dickschichttechnik

Speziell der Herstellung passiver Bauelemente (Widerstände, Kapazitäten) und deren Schaltverbindungen dient die *Dickschichttechnik*. Sie ist aus dem Verfahren zur Herstellung gedruckter Schaltungen hervorgegangen und besteht im Aufbringen von zähflüssigen, elektrisch leitenden Pasten (Tinten) verschiedenen Widerstandes. Diese sollen eine Viskosität von ~2000 Poise besitzen und werden durch eine Schablone mit feinmaschigem Netz (2–300 Maschen/cm^2) gepreßt auf *keramische Träger* (Substrat) aufgebracht. Die Gestalt der pastösen Schichten wird durch die Schablone geprägt. Ihre Verfestigung geschieht mittels Einbrennen bei 500–1000°C. Wegen der starken Erwärmung beim Einbrennen müssen die thermischen Ausdehnungskoeffizienten des eingebrannten Pastenmaterials mit denen der keramischen Träger tunlichst übereinstimmen. Für eine Reihe von keramischen Substanzen sind in Tab. 7 die Ausdehnungskoeffizienten, die Dielektrizitätskonstanten sowie die spezifischen Widerstände zusammengestellt.

Tab. 7. Eigenschaften von keramischen Trägern

	lin. therm. Ausdehn.-Koeffizient (Grad^{-1})	Dielektrizitäts-konstante	spez. Widerstand (cm)
Aluminiumoxid	$7{,}9 \cdot 10^{-6}$	9,1	10^{14}
Forsterit	$11{,}7 \cdot 10^{-6}$	6,2	10^{14}
Berylliumoxid	$8{,}5 \cdot 10^{-6}$	6,4	10^{14}
Titanoxid	$9{,}0 \cdot 10^{-6}$	85,0	10^{12}
Steatit I	$9{,}6 \cdot 10^{-6}$	6,0	10^{14}
Steatit II	$8{,}0 \cdot 10^{-6}$	6,3	10^{14}

In Abb. 46b ist der Aufbau eines Kondensators in Dickschichttechnik (sogenannter „Sandwich"-Aufbau) dargestellt. Die untere Grenze der mittels der Dickschichttechnik herstellbaren Schichtdicke liegt bei 25 µm (≡ 1/40 mm).

2.4.4.2. Dünnschichttechnik

Noch dünnere Schichten bedürfen zu ihrer Herstellung einer neuen Technologie. An die Stelle der Dickschichttechnik tritt von der angeführten Grenze ab die *Dünnschichttechnik*. Diese gestattet, mittels Aufdampfung Schichtdicken bis herab zu monoatomaren Filmen herzustellen, wie sie bereits seit über fünf Jahrzehnten zum Aufbau photoelektrisch empfindlicher Schichten Verwendung finden (vgl. Abschnitt 2.2.2.). Die Dünnfilmtechnik eignet sich daher besonders zur Herstellung *miniaturisierter* und *integrierter* elektronischer (aktiver und passiver) Halbleiter-Bauelemente. Gegenüber den einleitend in Abschn. 2.4.4. erörterten drei älteren Verfahren (Dotierung in der Schmelze, durch Legierung, durch Diffusion), die ihre Vervollkommnung schließlich in der Planartechnik (vgl. a.a.O., Mesa-Transistor) erreichten, können in der Dünnschichttechnik statt einkristalliner polykristalline Schichten verwendet werden. Weiterhin werden in der Dünnschichttechnik die Schichten auf isolierende Substrate aufgedampft, so daß diese während der Herstellung keinen extremen Temperaturen ausgesetzt werden müssen, wie dies z. B. beim Diffusionsverfahren in der Planartechnik der Fall ist (vgl. a.a.O.). Während sich die Planartechnik auch weiterhin zur Herstellung bipolarer Bauelemente mit pn-Übergängen behaupten wird, gehört die Zukunft im Bereich der Herstellung von *Schottky*-Dioden und *Feldeffekt*-Transistoren (vgl. Abschn. 2.4.2.1.6. und 2.4.3.1.2.) der Dünnschichttechnik.

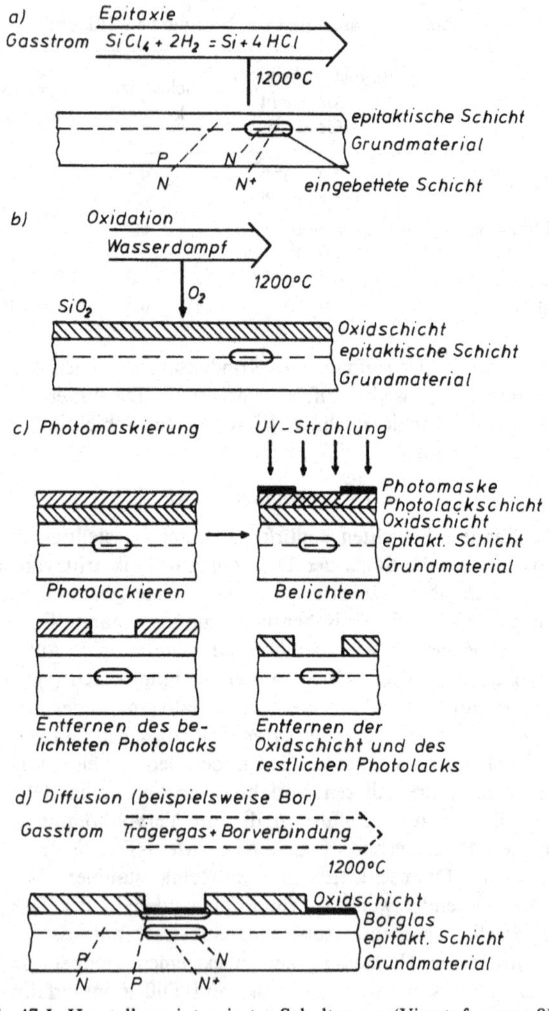

Abb. 47 I. Herstellung integrierter Schaltungen (Vierstufenprozeß)

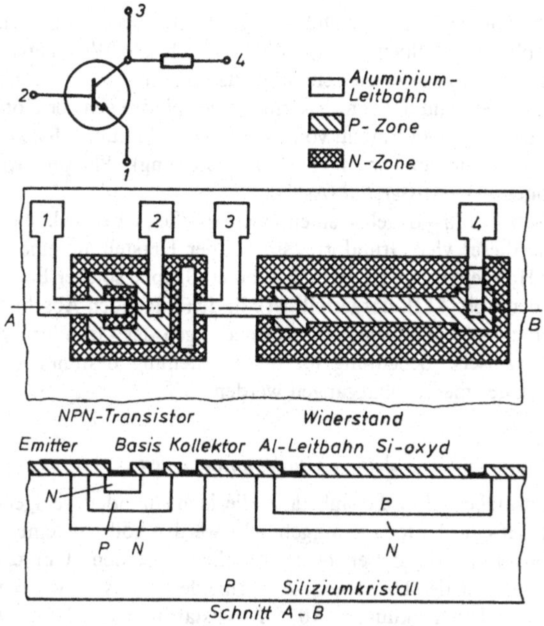

Abb. 47 II. Herstellung integrierter Schaltungen (npn-Transistor mit Widerstand)

Zusammenfassend kann man sagen, daß der Anwendung der Dünnschichttechnik folgende vier Grundprozesse zugrundeliegen:

1. *Aufdampf*verfahren mittels Epitaxie, d. h. des – in einem vom Material abhängigen Temperaturbereich stattfindenden – Aufwachsens einer *einkristallinen* Schicht aus der Gasphase (unter Umgehung des flüssigen Aggregatzustandes), z. B. von Silizium aus Siliziumtetrachlorid ($SiCl_4$) etwa nach der Reaktionsgleichung [46] in Abschn. 2.4.1. auf einem festen Substrat unter Verwendung von Wasserstoff (H_2) als Reduktionsmittel anstelle des Zinkdampfes.

2. *Oxidations*verfahren zur Herstellung isolierender Schichten, die zugleich chemischen und mechanischen Schutz gewähren, z. B. einer Siliziumoxid(SiO_2)-Schicht unter Verwendung von Wasserdampf als Oxidationsmittel.

3. *Photolithographie*verfahren zur geometrischen Formgebung der Masken, die für die verschiedene Gestaltung der Schichten erforderlich sind.

4. *Diffusions*verfahren zur Dotierung der verschiedenen Schichten aus der Gasphase, um ihnen die für die beabsichtigte Wirkungsweise der Bauelemente erforderlichen Leitfähigkeitseigenschaften zu verleihen, und zwar unter Verwendung von gasförmigen Verbindungen der Dotierungssubstanzen, z. B. zum Einbau von *Donatoren* (n-Leitung): *Borwasserstoff* (B_2H_6), zum Einbau von *Akzeptoren* (p-Leitung): *Phosphorwasserstoff* (PH_3) oder *Arsenwasserstoff* (AsH_3).

Die Abb. 47 I. (a – d) geben einen schematischen Überblick über die Anwendung dieser vier Grundprozesse bei der Herstellung eines elektronischen Halbleiterbauelementes bzw. einer Gruppe solcher Bauelemente (wie in der Abb. 47 II. dargestellt ist). In den folgenden Abschnitten soll noch näher auf die allgemeinen Anwendungen der Grundprozesse und deren spezifische Bedeutung für die Herstellung bestimmter elektronischer Bauelemente eingegangen werden.

2.4.4.3. Aufdampfmethoden

Grundsätzlich muß die Substanz, die in mehr oder weniger starker Schicht auf eine Unterlage aufgebracht werden soll, aus einer Dampf- oder Gasphase auf dieser niedergeschlagen werden. Um chemische Reaktionen mit der Umgebung zu vermeiden, ist es notwendig, solche Prozesse im Hochvakuum ($< 10^{-6}$ Torr) stattfinden zu lassen. Die aufzudampfende Substanz (Element, hitzebeständige Verbindung) kann entweder

1. *durch Erhitzung* mittels *Joulescher Wärme*, *elektrischer Induktion* sowie auch *Elektronenbombardement* in den dampfförmigen Zustand versetzt werden, oder

2. *durch eine chemische Reaktion* zwischen einer gasförmigen Verbindung der Substanz und einem reduzierenden Gas aus der Gasphase unmittelbar ausfallen,

um in beiden Fällen auf dem als Unterlage dienenden Substrat kondensiert zu werden.

Im ersten Falle handelt es sich um einen rein thermischen Prozeß (*thermisches Aufdampfverfahren*), im zweiten Falle um einen epitaktischen Prozeß (*Epitaxieverfahren*). Als *Epitaxie* bezeichnete man ganz allgemein eine orientierte Kristallabscheidung einer aus der Gasphase ausfallenden Substanz, die sich auf einer Unterlage (Substrat) als Träger niederschlägt, der richtende Kräfte auf die kondensierende Substanz ausübt. Die Kondensation führt bei *niedriger Temperatur* zu *polykristallinen*, bei *höheren Temperaturen*, deren Wert von der epitaktisch niederzuschlagenden Substanz abhängig ist, zu *einkristallinen* (dünnen) Schichten.

2.4.4.3.1. Thermische Aufdampfverfahren

Die thermischen Aufdampfverfahren beherrschten das zweite Jahrzehnt der Transistorentwicklung. Sie bilden auch gegenwärtig noch das Rückgrad der *Planartechnik* für die *bipolaren* Halbleiter-Bauelemente.

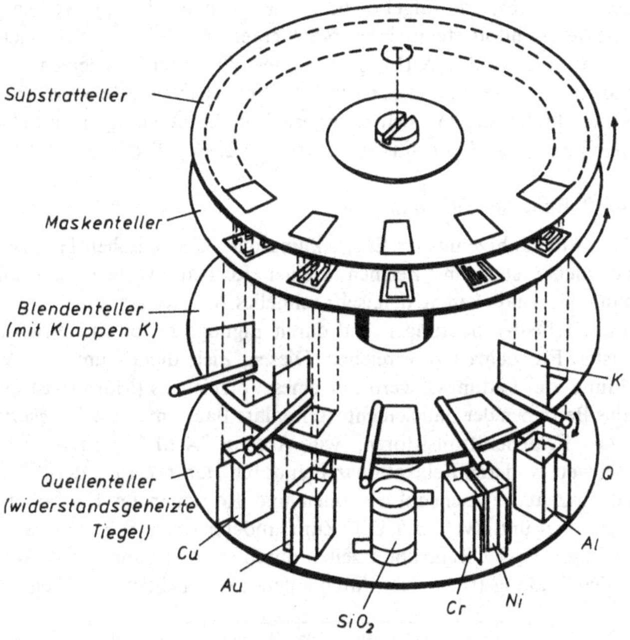

Abb. 48. Aufdampfautomat

Der Aufbau der Halbleiter-Bauelemente in ebener Schichtung, der die Planartechnik kennzeichnet (vgl. Abb. 45 Mesa-Transistor) hat in der thermischen Aufdampfungstechnik ein adäquates Herstellungsverfahren gefunden. Ermöglicht es doch diese Technologie in Aufdampfautomaten, die im Hochvakuum arbeiten, die verschiedenen Verfahrensschritte zur Herstellung von Schichten unterschiedlicher elektrischer Leitfähigkeitsverhaltens aber auch differenzierter geometrischer Gestaltung in einem Arbeitsgang vornehmen zu können (Abb. 48). Der dargestellte Automat besitzt vier Teller, von denen zwei feststehen und zwei drehbar angeordnet sind. Der „Quellen"-Teller, auf dem elektrisch geheizte Tiegel (Öfchen) mit der aufzudampfenden Substanz angebracht sind, und der „Blenden"-Teller mit – durch Klappen verschließbaren – Öffnungen, welche die Menge des jeweiligen Dampfes zu dosieren gestatten, stehen fest. Darüber sind der „Masken"-Teller und der „Substrat"-Teller beliebig zu drehen, so daß mittels der verschiedenen Masken und Substanzen nach Art und Form verschiedene Schichten auf die verschiedenen Substrate aufgebracht werden können. Häufig werden als Substrate hochdotierte n- bzw. p-Schichten (n^+, p^+) aus der gleichen Substanz, wie sie der Wirkungsweise des Halbleiter-Bauelementes zugrunde liegt, verwendet. Dies besitzt den Vorteil, leicht eine *sperrschichtfreie* Kontaktierung mit den erforderlichen Schaltleitungen im Schaltkreis herstellen zu können (vgl. Abschn. 2.4.2.1.6., Gl. [50e]).

2.4.4.3.2. Epitaxie-Verfahren

Das dritte Jahrzehnt der Entwicklung der elektronischen Halbleiter-Bauelemente steht im Zeichen kleiner Relaxationszeiten, um hohe Schaltgeschwindigkeiten, d. h. sehr schnelles Ansprechen auf elektrische Zustands-(Feld-)Änderungen und damit Eignung für einen Betrieb mit höchsten Frequenzen zu erreichen. Diesem Ziele dient einmal die Verwendung von Ladungsträgern nur eines Vorzeichens (Majoritätsträger) für das Betreiben der Bauelemente (unipolare Bauelemente z. B. *Schottky*-dioden, Feldeffekttransistoren, vgl. Abschn. 2.4.2.1.6. und 2.4.3.1.2.). Dabei werden deren Relaxationszeiten durch Herabsetzung der Rekombinationszeiten zwischen Elektronen und Restionen im Kristallgitterbereich verkürzt (vgl. a. a. O.). Zum anderen läßt sich eine weitere Verminderung der Relaxationszeiten durch Verringerung der Dicke der von den Ladungsträgern zu durchlaufenden Schichten erreichen (54).

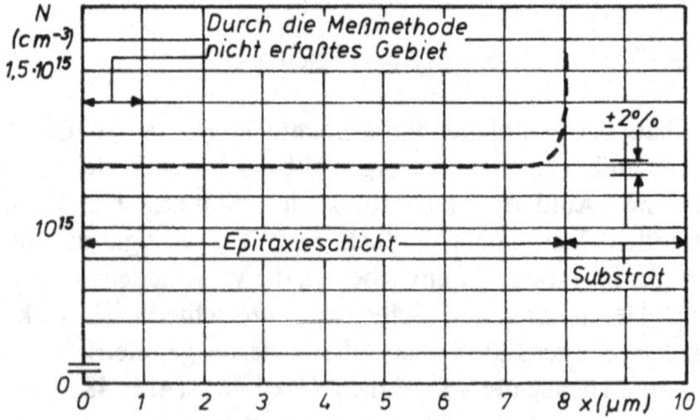

Abb. 49. Störstellenkonzentrationsprofil einer homogen dotierten Epitaxie-Schicht mit nahezu unstetigem Übergang zum Substrat nach *G. Raabe*

Der Herstellung dünner Schichten widmet sich die Dünnschichttechnik (Abschn. 2.4.4.2.). Sie besitzt im Epitaxieverfahren eine Methode, welche die gestellten Anforderungen zu erfüllen vermag. Sie verbindet mit hoher Gleichmäßigkeit der geringen Schichtdicke einen nahezu unstetigen Übergang der Ladungsträgerkonzentration zwischen Epitaxieschicht und hochdotiertem Substrat (Abb. 49) bei sehr homogener Dotierung und fast fehlerfreier Kristallstruktur.

Für den Ablauf der chemischen Reaktion in der Gasphase, wie sie für das Epitaxieverfahren erforderlich ist, sind Apparaturen entwickelt worden – *Reaktoren* –, die in ihrer Konstruktion wesentlich von der zum thermischen Aufdampfen abweichen. Am häufigsten findet der *Horizontalreaktor* Verwendung (Abb. 50) (vgl. auch Abb. 47a und d). Er besteht aus einem Quarzrohr mit rechteckigem Querschnitt. Dieses ent-

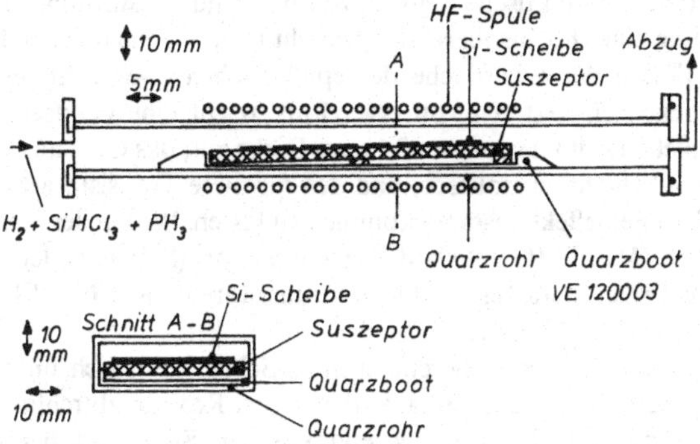

Abb. 50. Zylinderreaktor zur Herstellung epitaktischer Schichten

hält einen Träger, auf den die Substratscheiben aus hochdotiertem Si (z. B. mit Sb) gelegt werden. Auf diese schlägt sich aus der Gasphase die dünne, epitaktische Schicht nieder. Das Gasgemisch aus Siliziumtetrachlorid und Wasserstoff (für Dotierungszwecke mit Zugaben von Phosphorwasserstoff (P) oder Borwasserstoff (B) in den für den Diffusionsvorgang erforderlichen Mengen) durchströmt den Reaktor mit etwa 100 cm s^{-1}. Die chemische Reaktion bedarf zu einem Ablauf, der *einkristalline* epitaktische Schichten ergeben soll, einer Temperatur zwischen 1200 – 1300 °C. Bei niedrigeren Temperaturen tritt keine Epitaxie, d. h. keine einheitliche Orientierung der Schicht auf dem Substrat, auf. Die Schicht bildet ein polykristallines Gefüge. Die notwendige Erhitzung geschieht mittels Hochfrequenz. Eine HF-Spule umgibt axial den Reaktor und erzeugt die zur Aufheizung erforderlichen hochfrequenten Wirbelfelder im Reaktionsinnern. Durch optimale, stöchiometrische Regulierung der Gasströme ergeben sich mit den angegebenen Geschwindigkeits- und Temperaturwerten Aufwachsgeschwindigkeiten der Dicke der epitaktischen (einkristallinen) Schicht zwischen 0,4 – 1,2 µm/min.

2.4.4.3.3. Oxidationsverfahren

Die Herstellung von Feldeffekt-Transistoren erfordert eine sperrende oder isolierende Schicht zwischen dem Halbleiter (der Source und Drain verbindet und je nach Dotierung n- oder p-Majoritätsträger für den stromleitenden Kanal zur Verfügung stellt (vgl. Abschn. 2.4.3.1.2.)) und dem metallischen (*M*) Gate. Ist der Halbleiter (*S*) eine ein- oder polykristalline epitaktische Schicht von n-leitendem Silizium, so ist die Herstellung einer hochisolierenden Schicht relativ einfach. Es bedarf nur der Oxydation der Oberfläche der epitaktischen Si-Schicht. Bei einer Schichtdicke der letzteren von etwa 1 µm reicht eine Oxidschicht (*O*) (im Beispiel aus SiO_2) von etwa 0,15 µm Dicke aus, das Gate ausreichend von der Si-Schicht zu isolieren, und den für diese Transistorart charakteristischen Feldeffekt zustandekommen zu lassen. Wegen der Schichtenreihenfolge *M*etall (Gate)-*O*xid-*S*emiconductor (halbleitender Kanal) bezeichnet man derartige Feldeffekttransistoren als MOS-FET (vgl. Abschn. 2.4.3.1.2., Abb. 41).

Die Herstellung der isolierenden SiO_2-Schicht läßt sich im gleichen Arbeitsgang mit dem der Epitaxie dienenden Reaktor durchführen, indem man nach Aufbringen der epitaktischen Si-Schicht bei 1200°C Wasserdampf über diese leitet (vgl. Abschn. 2.4.4.3.1., Abb. 47 I. b).

2.4.4.4. Photolithographieverfahren

Die durch ein thermisches oder epitaktisches Verfahren aufgebrachten, dünnen Schichten erfordern eine von ihrer Wirkungsweise im Halbleiter-Bauelement abhängige, geometrische Formgebung, die man durch Abdeckung der jeweils zu bedampfenden Schicht mit einer geeigneten Maske erzielt (vgl. Abb. 48). Die verdampfende Substanz gelangt dann nur durch die in der Maske enthaltene Öffnung an ihr Ziel und die entstehende Schicht nimmt infolge der geradlinigen Ausbreitung der im Hochvakuum verdampfenden Teilchen die vorgesehene Gestalt an.

Die Herstellung der Maske selbst geschieht mittels Photoätzung. Man versieht eine Metallfolie mit einer lichtempfindlichen Lackschicht (*Photolack*). Diese wird durch ein photographisches Negativ mit UV-Licht bestrahlt, das eine Verkleinerung einer sehr genauen Zeichnung der herzustellenden Maske mit ihren Öffnungen ist, die im Negativ schwarz erscheinen. Bei der Belichtung der Folie bleiben diese Bereiche unbelichtet. Danach lassen sich die unbelichteten Lackgebiete herauslösen, während die belichteten stehen bleiben. Dann wird auch das Metall durch Ätzung an den unbelichteten Stellen entfernt und schließlich der belichtete Lack beseitigt.

Damit ist die metallische Photomaske fertiggestellt. Durch die photographische Verkleinerungsmethode gelingt es einwandfreie Masken mit Schlitzen von 10 µm (1/100 mm) Breite und dem gleichen Abstand voneinander herzustellen, was für das Bestreben eine immer umfassendere Miniaturisierung zu erzielen, von außerordentlicher Wichtigkeit ist.

Die auf diese Weise hergestellte Photomaske wird bei thermischen Verfahren auf dem Maskenteller befestigt (vgl. Abb. 48), bei epitaktischen Verfahren jedoch auf die fertige Schichtenfolge gelegt, die noch verschiedener Ätzungen bedarf, um die einzelnen Schichten für optische und elektrische Kontakte von außen zugänglich zu machen. Hierzu werden eine bzw. nacheinander mehrere Masken auf die Schichtenfolge aufgelegt und jeweils ein entsprechender photolithographischer Prozeß, wie er für die Maskenherstellung geschildert wurde, eingeleitet, so daß schließlich sämtliche Schichten der Folge die für die Wirkungsweise des Bauelementes erforderliche Gestalt und Zugänglichkeit für die Kontaktgebung angenommen haben.

3. Vierpoltheorie

Die *Vierpoltheorie* geht auf Arbeiten von *F. Breisig* (55) sowie *J. Wallot* (56) zurück und fand durch *R. Feldkeller* (57) ihre einheitliche Prägung. Sie verdankt ihre universelle Anwendung und Brauchbarkeit zur Beschreibung des Verhaltens elektrischer Netze in erster Linie der Tatsache, daß sie hierzu mit linearen Zusammenhängen zwischen Spannungen und Strömen auskommt, was man stets durch passende Wahl der Größenbereiche erreichen kann. Ein elektrisches Netz kann man sich aus Netzwerken aufgebaut denken, die jeweils zwei Eingangs- und zwei Ausgangs-Klemmen (-Pole) besitzen und die deshalb *Vierpole*, gelegentlich auch *Zweitore*, genannt werden (Abb. 51 a).

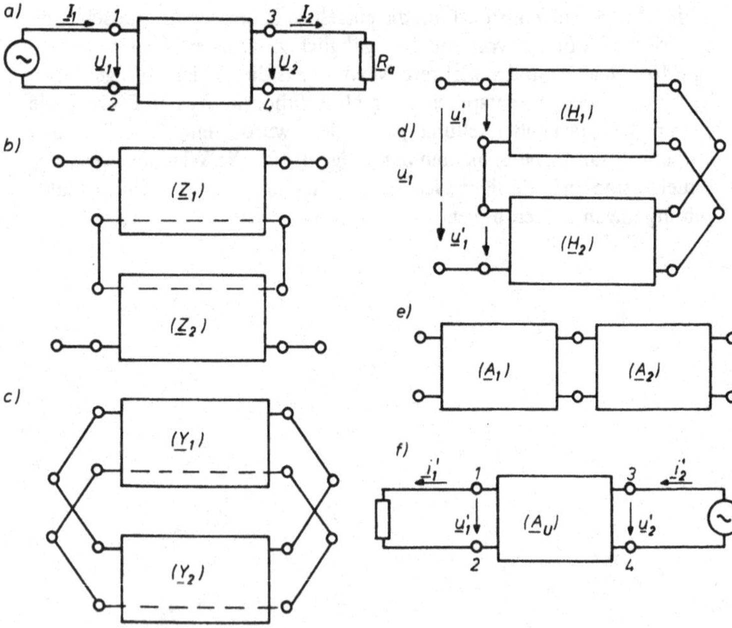

Abb. 51. Vierpolnetzwerke a) Vierpol; b) Reihenschaltung; c) Parallelschaltung; d) Hybrid-(Reihen-Parallel-)Schaltung; e) Kettenschaltung; f) umgekehrter Vierpol

3.1. Grundbegriffe

Die Vierpoltheorie beschreibt das Verhalten solcher Vierpole nur mittes der funktionalen Zusammenhänge zwischen den Eingangsgrößen ($\underline{U}_1, \underline{I}_1$) und den Ausgangsgrößen ($\underline{U}_2, \underline{I}_2$), ohne Kenntnisse über den Vierpolinhalt, d. h. seinen Aufbau aus einzelnen elektrischen Bauelementen, vorauszusetzen. Was jedoch nicht ausschließt, Vierpolmodelle aus solchen Bauelementen zu untersuchen (vgl. Abschn. 3.2.) oder im Aufbau unbekannte Vierpole durch Ersatzschaltbilder aus bekannten einfachen Vierpolen nachzubilden (vgl. Abschn. 3.3.).

Da für jeden Stromkreis Spannung U und Strom I ein bestimmtes elektrisches Verhalten festlegen, ist es sinnvoll, aus den vier elektrischen Größen des Vierpols $\underline{U}_1, \underline{U}_2, \underline{I}_1, \underline{I}_2$ – die wir mit der Unterstreichung als komplex angesetzt haben, um auch das Wechselstromverhalten des Vierpols zu erfassen – Paarungen zu bilden, die jeweils eine Funktion der beiden übrigen Größen sind. Es bestehen insgesamt sechs Möglichkeiten:

$$\begin{array}{lll}
\text{a) } \underline{U}_1 = f_{\mathrm{I}}(\underline{I}_1, \underline{I}_2) & \text{b) } \underline{I}_1 = f_{\mathrm{II}}(\underline{U}_1, \underline{U}_2) & \text{c) } \underline{U}_1 = f_{\mathrm{III}}(\underline{U}_2, \underline{I}_2) \\
\quad \underline{U}_2 = g_{\mathrm{I}}(\underline{I}_1, \underline{I}_2) & \quad \underline{I}_2 = g_{\mathrm{II}}(\underline{U}_1, \underline{U}_2) & \quad \underline{I}_1 = g_{\mathrm{III}}(\underline{U}_2, \underline{I}_2) \\
\text{d) } \underline{U}_2 = f_{\mathrm{IV}}(\underline{U}_1, \underline{I}_1) & \text{e) } \underline{U}_1 = f_{\mathrm{V}}(\underline{U}_2, \underline{I}_1) & \text{f) } \underline{U}_2 = f_{\mathrm{VI}}(\underline{U}_1, \underline{I}_2) \\
\quad \underline{I}_2 = g_{\mathrm{IV}}(\underline{U}_1, \underline{I}_1) & \quad \underline{I}_2 = g_{\mathrm{V}}(\underline{U}_2, \underline{I}_1) & \quad \underline{I}_1 = g_{\mathrm{VI}}(\underline{U}_1, \underline{I}_2) .
\end{array} \qquad [55\,\mathrm{a}]$$

Die Änderung dieser Funktionsverläufe bei Änderung der Werte der beiden unabhängigen Veränderlichen ist in erster Näherung linear. Denn wir dürfen nach *Taylor* für die erste Näherung das totale Differential ansetzen:

$$\mathrm{d}f(\underline{U}, \underline{I}) = \left(\frac{\partial f}{\partial \underline{U}}\right)_{\underline{I}=\mathrm{const}} \mathrm{d}\underline{U} + \left(\frac{\partial f}{\partial \underline{I}}\right)_{\underline{U}=\mathrm{const}} \mathrm{d}\underline{I} . \qquad [55\,\mathrm{b}]$$

Da in der praktischen Anwendung der Vierpoltheorie endliche Werte der Strom- und Spannungsdifferenzen als Bereichsgrenzen für das Bestehen dieses linearen Zusammenhangs auftreten, setzen wir unter Verwendung des Zeichens Δ für die Kennzeichnung von Differenzen endlicher Größe statt der Differentiale:

$$\Delta f(\underline{U}, \underline{I}) = \left(\frac{\Delta f}{\Delta \underline{U}}\right)_{\underline{I}=\mathrm{const}} \Delta\underline{U} + \left(\frac{\Delta f}{\Delta \underline{I}}\right)_{\underline{U}=\mathrm{const}} \Delta\underline{I} , \qquad [55\,\mathrm{c}]$$

wobei an die Stelle der partiellen Differentialquotienten die entsprechenden Differenzenquotienten getreten sind.

3.1.1. Vierpolgleichungen

Wir schreiben nunmehr von den oben angegebenen sechs allgemeinen Zusammenhängen die drei nach Gln. [55a, a) – c)] in die sogenannten *Vierpolgleichungen* um. Dabei setzen wir zunächst für Δf: $\Delta \underline{U}_k$ bzw. $\Delta \underline{I}_k$ und anschließend $\Delta \underline{U}_k = \underline{u}_k$; $\Delta \underline{I}_k = \underline{i}_k$.

Damit erhalten wir für das erste Gleichungssystem [55 a, a)]:

$$\begin{aligned} \underline{u}_1 &= \underline{Z}_{11}\underline{i}_1 + \underline{Z}_{12}\underline{i}_2 \\ \underline{u}_2 &= \underline{Z}_{21}\underline{i}_1 + \underline{}_{22}\underline{i}_2 \end{aligned} \qquad [56\text{a}]$$

mit:

$$\begin{aligned} \underline{Z}_{11} &= \left(\frac{\underline{u}_1}{\underline{i}_1}\right)_{\underline{i}_2=0}; \quad \underline{Z}_{12} = \left(\frac{\underline{u}_1}{\underline{i}_2}\right)_{\underline{i}_1=0}; \\ \underline{Z}_{21} &= \left(\frac{\underline{u}_2}{\underline{i}_1}\right)_{i_2=0}; \quad \underline{Z}_{22} = \left(\frac{\underline{u}_2}{\underline{i}_2}\right)_{i_1=0}. \end{aligned} \qquad [56\text{b}]$$

Die Vierpolparameter besitzen sämtlich die Dimension eines Widerstandes, so daß man dieses System von Vierpolgleichungen als die *Widerstandsgleichungen* bezeichnet. $\underline{Z}_{11}$ und $\underline{Z}_{22}$ geben dabei wegen $\underline{i}_2$ bzw. $\underline{i}_1 = 0$ die *Leerlaufwiderstände* für den Eingang (11) und den Ausgang (22) an. $\underline{Z}_{12}, \underline{Z}_{21}$ sind *Kopplungswiderstände* rückwärts bzw. vorwärts zwischen Eingangs- und Ausgangskreis (12) sowie umgekehrt (21).

Das entsprechende Vorgehen für die Beziehungen nach Gl. [55a, b)] liefert:

$$\begin{aligned} \underline{i}_1 &= \underline{Y}_{11}\underline{u}_1 + \underline{Y}_{12}\underline{u}_2 \\ \underline{i}_2 &= \underline{Y}_{21}\underline{u}_1 + \underline{Y}_{22}\underline{u}_2 \end{aligned} \qquad [57\text{a}]$$

mit:

$$\begin{aligned} \underline{Y}_{11} &= \left(\frac{\underline{i}_1}{\underline{u}_1}\right)_{\underline{u}_2=0}; \quad \underline{Y}_{12} = \left(\frac{\underline{i}_1}{\underline{u}_2}\right)_{\underline{u}_1=0}; \\ \underline{Y}_{21} &= \left(\frac{\underline{i}_2}{\underline{u}_1}\right)_{\underline{u}_2=0}; \quad \underline{Y}_{22} = \left(\frac{\underline{i}_2}{\underline{u}_2}\right)_{\underline{u}_1=0}. \end{aligned} \qquad [57\text{b}]$$

In diesem Falle haben die vier Vierpolparameter die Dimension eines Leitwertes. Man nennt diese Vierpolgleichungen daher auch die *Leitwertsgleichungen.* Wegen $\underline{u}_2$ bzw. $\underline{u}_1 = 0$ geben die Parameter $\underline{Y}_{11}$ bzw. $\underline{Y}_{22}$ den Eingangs- bzw. Ausgangs-*Kurzschlußleitwert* an, und $\underline{Y}_{12}, \underline{Y}_{21}$ sind die *Kopplungsleitwerte* rückwärts bzw. vorwärts zwischen Eingangs- und Ausgangskreis (12) sowie umgekehrt (21).

Schließlich soll noch als drittes Vierpolgleichungssystem das nach Gl. [55a, c)] behandelt werden:

$$\begin{aligned} \underline{u}_1 &= \underline{A}_{11}\underline{u}_2 + \underline{A}_{12}\underline{i}_2 \\ \underline{i}_1 &= \underline{A}_{21}\underline{u}_2 + \underline{A}_{22}\underline{i}_2 \end{aligned} \qquad [58\,a]$$

mit:

$$\begin{aligned} \underline{A}_{11} &= \left(\frac{\underline{u}_1}{\underline{u}_2}\right)_{\underline{i}_2=0}; \quad \underline{A}_{12} = \left(\frac{\underline{u}_1}{\underline{i}_2}\right)_{\underline{u}_2=0}; \\ \underline{A}_{21} &= \left(\frac{\underline{i}_1}{\underline{u}_2}\right)_{\underline{i}_2=0}; \quad \underline{A}_{22} = \left(\frac{\underline{i}_1}{\underline{i}_2}\right)_{\underline{u}_2=0}; \end{aligned} \qquad [58\,b]$$

Hierbei haben die Vierpolparameter verschiedene Dimensionen. $\underline{A}_{11}$ und $\underline{A}_{22}$ sind dimensionslos und geben die reziproken Werte der Leerlauf – (wegen $\underline{i}_2 = 0$)-Spannungsübersetzung bzw. Kurzschluß – (wegen $\underline{u}_2 = 0$)-Stromübersetzung wieder, während $\underline{A}_{12}$ und $\underline{A}_{21}$ die reziproken Werte des Kopplungsleitwertes (12) bzw. des Kopplungswiderstandes (21) bedeuten.

Die *Widerstandsgleichungen* [56a] wird man stets dann anwenden, wenn man das Strom-Spannungs-Verhalten von *Reihenschaltungen* berechnen will, sei es, daß man Vierpole in Reihe schaltet (Abb. 51 b) oder den einer Modellvorstellung zugrundeliegenden Inhalt eines Vierpoles. Die Anwendung dieses Gleichungssystems empfiehlt sich, weil sich in der Reihenschaltung *Spannungen* sowie *Widerstände* addieren.

Bei einer *Parallelschaltung* hingegen summieren sich *Ströme* sowie *Leitwerte* (Abb. 51 c). Zu ihrer rechnerischen Behandlung bietet sich das Vierpolgleichungssystem der *Leitwertsgleichungen* [57a] an.

Eine sehr häufig vorkommende Schaltungsweise ist die *Kettenschaltung*. Dabei werden kettenartig aufeinanderfolgende Vierpole mit dem Ausgang des vorhergehenden an den Eingang des nachfolgenden Vierpoles geschaltet, so daß dort jeweils die Ausgangsgrößen des ersteren mit den Eingangsgrößen des letzteren übereinstimmen (Abb. 51 e). Zur Berechnung bieten sich die Vierpolgleichungen [58a], die sogenannten *Kettengleichungen*, an. Die analytisch zwar nicht behandelten Schaltungsmöglichkeiten der Gln. [55a, d) – f)] sind wenigstens durch die ihnen entsprechenden Schaltsymbole in Abb. 51 d, f wiedergegeben.

Die *Linearität* eines Vierpols spiegelt sich mathematisch in der *Konstanz der Vierpolparameter* wider. Eine experimentell gefundene Abweichung von dieser Konstanz sagt aus, daß man den Abhängigkeitsbereich der elektrischen Größen zu groß gewählt hat und nicht mehr berechtigt ist, ihren funktionalen Zusammenhang als durch lineare

Gleichungssysteme beschreibbar anzusehen, was gerade das Wesen der Vierpoltheorie ausmacht. Man muß dann den zu groß gewählten Bereich einengen und im Grunde genommen froh sein, ein so einfaches Kriterium für Richtigkeit und Berechtigung der Anwendung der Methoden der Vierpoltheorie zu besitzen.

Lineare Vierpole können aktiv und passiv sein. Man spricht von einem aktiven Vierpol, wenn er eine unabhängige *(Ur-)Spannungs-* bzw. *(Ur-)Stromquelle* enthält (z. B. Batterie, Generator, Photoelement). Eine solche Quelle verursacht in der Regel eine gerichtete Beeinflussung des Strom-Spannungsverlaufes. Man nennt einen linearen Vierpol *passiv*, wenn er keine solchen Quellen zum Inhalt hat, sondern aus passiven Bauelementen (z. B. ohmschen, kapazitiven und induktiven Widerständen) besteht.

Besonders häufig weisen passive lineare Vierpole die Eigenschaften der *Widerstands-* bzw. *Übertragungs*-Symmetrie auf. Besitzen sie beide gleichzeitig, so sind solche Vierpole auch *umkehrbar* (Abb. 51f). Bei *umkehrbaren, symmetrischen, linearen Vierpolen* besteht Gleichheit der Leerlauf- und Kurzschlußwiderstände, der Strom- und Spannungsübersetzungen sowie der Kopplungswiderstände. Durch die Vierpolparameter der Widerstands- und Kettengleichungen [56a, 58a] zum Ausdruck gebracht ergibt sich:

$$\underline{Z}_{ik} = \underline{Z}_{ki} \text{ (Widerstandssymmetrie)} \qquad [59\text{a}]$$

$$\frac{\underline{A}_{11}}{\underline{A}_{22}} \text{ und } |\underline{A}| = \begin{vmatrix} \underline{A}_{11} & \underline{A}_{12} \\ \underline{A}_{21} & \underline{A}_{22} \end{vmatrix} = +1 \text{(Übertragungssymmetrie).} \qquad [59\text{b}]$$

Hat die Determinante $|\underline{A}|$ den Wert -1, so ist dies ein Kennzeichen für die *Unsymmetrie* des betreffenden Vierpoles (vgl. Abschn. 3.1.2.2.).

Für die rechnerische Anwendung besonders elegant ist es, die Vierpolgleichungspaare Gl. [56a, 57a, 58a] in Matrizen-Schreibweise zum Ausdruck zu bringen:

1. Widerstandsgleichungen: $\begin{pmatrix} \underline{u}_1 \\ \underline{u}_2 \end{pmatrix} = \begin{pmatrix} \underline{Z}_{11} & \underline{Z}_{12} \\ \underline{Z}_{21} & \underline{Z}_{22} \end{pmatrix} \cdot \begin{pmatrix} \underline{i}_1 \\ \underline{i}_2 \end{pmatrix}$

oder: $(\underline{u}) = (\underline{Z}) \cdot (\underline{i})$, [60a]

2. Leitwertsgleichungen: $\begin{pmatrix} \underline{i}_1 \\ \underline{i}_2 \end{pmatrix} = \begin{pmatrix} \underline{Y}_{11} & \underline{Y}_{12} \\ \underline{Y}_{21} & \underline{Y}_{22} \end{pmatrix} \cdot \begin{pmatrix} \underline{u}_1 \\ \underline{u}_2 \end{pmatrix}$

oder: $(\underline{i}) = (\underline{Y}) \cdot (\underline{u})$, [60b]

3. Kettengleichungen: $\begin{pmatrix} \underline{u}_1 \\ \underline{i}_1 \end{pmatrix} = \cdot \begin{pmatrix} \underline{A}_{11} & \underline{A}_{12} \\ \underline{A}_{21} & \underline{A}_{22} \end{pmatrix} \begin{pmatrix} \underline{u}_2 \\ \underline{i}_2 \end{pmatrix}$

oder: $\begin{pmatrix} \underline{u} \\ \underline{i} \end{pmatrix}_1 = (\underline{A}) \cdot \begin{pmatrix} \underline{u} \\ \underline{i} \end{pmatrix}$. [60c]

Schaltet man zwei Vierpole (I, II) in Reihe (Abb. 51 b), so nimmt sich dieser Vorgang mit Matrizen beschrieben folgendermaßen aus:

$$(\underline{u}) = (\underline{u})_{\mathrm{I}} + (\underline{u})_{\mathrm{II}} = \{(\underline{Z})_{\mathrm{I}} + (\underline{Z})_{\mathrm{II}}\} \cdot (i) = (\underline{Z}) \cdot (i) \qquad [61\,a]$$

mit

$$(\underline{Z}) = (\underline{Z})_{\mathrm{I}} + (\underline{Z})_{\mathrm{II}},$$

d. h. bei Reihenschaltung zweier Vierpole sind die Widerstandsmatrizen der beiden Vierpole zu addieren, um die *Widerstandsmatrix* des von beiden Vierpolen gebildeten Netzwerkes zu erhalten.

Eine entsprechende Überlegung für die *Parallelschaltung* zweier Vierpole (Abb. 51c) ergibt:

$$(\underline{i}) = (\underline{i})_{\mathrm{I}} + (\underline{i})_{\mathrm{II}} = \{(\underline{Y})_{\mathrm{I}} + (\underline{Y})_{\mathrm{II}}\} \cdot (\underline{u}) = (\underline{Y}) \cdot (\underline{u}) \qquad [61\,b]$$

mit

$$(\underline{Y}) = (\underline{Y})_{\mathrm{I}} + (\underline{Y})_{\mathrm{II}}.$$

Die *Leitwertsmatrix* der Parallelschaltung ist gleich der Summe der Leitwertsmatrizen der beiden Vierpole.

Für die *Kettenschaltung* zweier Vierpole (Abb. 51e) ist zu beachten, daß die Ausgangswerte von Spannung und Strom des Vierpoles I gleich den Eingangswerten des Vierpoles II sein müssen. Deshalb ist für die beiden Vierpole anzusetzen:

$$\begin{pmatrix} \underline{u} \\ \underline{i} \end{pmatrix}_{1\mathrm{I}} = (\underline{A})_{\mathrm{I}} \cdot \begin{pmatrix} \underline{u} \\ \underline{i} \end{pmatrix}_{2\mathrm{I}} \quad \text{und} \quad \begin{pmatrix} \underline{u} \\ \underline{i} \end{pmatrix}_{1\mathrm{II}} = (\underline{A})_{\mathrm{II}} \cdot \begin{pmatrix} \underline{u} \\ \underline{i} \end{pmatrix}_{2\mathrm{II}};$$

wegen $\begin{pmatrix} \underline{u} \\ \underline{i} \end{pmatrix}_{2\mathrm{I}} = \begin{pmatrix} \underline{u} \\ \underline{i} \end{pmatrix}_{1\mathrm{II}}$ folgt:

$$\begin{pmatrix} \underline{u} \\ \underline{i} \end{pmatrix}_{1\mathrm{I}} = (\underline{A})_{\mathrm{I}} \cdot (\underline{A})_{\mathrm{II}} \cdot \begin{pmatrix} \underline{u} \\ \underline{i} \end{pmatrix}_{2\mathrm{II}} = (\underline{A}) \cdot \begin{pmatrix} \underline{u} \\ \underline{i} \end{pmatrix}_{2\mathrm{II}} \qquad [61\,c]$$

mit

$$(\underline{A}) = (\underline{A})_{\mathrm{I}} \cdot (\underline{A})_{\mathrm{II}}.$$

Die *Kettenmatrix* zweier Vierpole ergibt sich demnach aus dem Produkt der Kettenmatrizen der beiden einzelnen Vierpole. Die Kettenschaltung ist deshalb besonders bedeutungsvoll, weil sich die Strom-Spannungs-Verhältnisse in elektrischen Netzen in der Regel durch kettenartige Aneinanderschaltung von Vierpolen (Netzwerken) beschreiben lassen (z. B. die einer Doppelleitung, vgl. S. 141).

Aus den Gln. [60a, 60b] folgt, daß gilt:

$$(\underline{Z}) = (\underline{Y})^{-1} \quad \text{sowie} \quad (\underline{Y}) = (\underline{Z})^{-1} \tag{62a}$$

und aus Gl. [60c], daß die Kettenmatrix des reziproken Vierpols $(\underline{A})_R$ gegeben ist durch:

$$(\underline{A})_R = (\underline{A})^{-1}. \tag{62b}$$

Ausgedrückt durch die Vierpolparameter haben diese reziproken Matrizen die Werte:

$$\begin{aligned}
(\underline{Z})^{-1} &= \frac{1}{|\underline{Z}|}\begin{pmatrix} \underline{Z}_{22} & -\underline{Z}_{12} \\ -\underline{Z}_{21} & \underline{Z}_{22} \end{pmatrix}; \\
(\underline{Y})^{-1} &= \frac{1}{|\underline{Y}|}\begin{pmatrix} \underline{Y}_{22} & -\underline{Y}_{12} \\ -\underline{Y}_{21} & \underline{Y}_{11} \end{pmatrix}; \\
(\underline{A})^{-1} &= \frac{1}{|\underline{A}|}\begin{pmatrix} \underline{A}_{22} & -\underline{A}_{12} \\ -\underline{A}_{21} & \underline{A}_{22} \end{pmatrix}.
\end{aligned} \tag{62c}$$

Widerstandsmatrix, Leitwertsmatrix und Kettenmatrix lassen sich wechselseitig aus ihren Vierpolparametern ausdrücken. Diese Beziehungen sind im folgenden unter [63] zusammengestellt:

$$\begin{aligned}
(\underline{Z}) &= \begin{pmatrix} \underline{Z}_{11} & \underline{Z}_{12} \\ \underline{Z}_{21} & \underline{Z}_{22} \end{pmatrix} = \frac{1}{|\underline{Y}|}\begin{pmatrix} \underline{Y}_{22} & -\underline{Y}_{12} \\ -\underline{Y}_{21} & \underline{Y}_{11} \end{pmatrix} = \frac{1}{\underline{A}_{21}}\begin{pmatrix} \underline{A}_{11} & -|\underline{A}| \\ 1 & -\underline{A}_{22} \end{pmatrix} \\
(\underline{Y}) &= \frac{1}{|\underline{Z}|}\begin{pmatrix} \underline{Z}_{22} & -\underline{Z}_{12} \\ -\underline{Z}_{21} & \underline{Z}_{11} \end{pmatrix} = \begin{pmatrix} \underline{Y}_{11} & \underline{Y}_{12} \\ \underline{Y}_{21} & \underline{Y}_{22} \end{pmatrix} = \frac{1}{\underline{A}_{12}}\begin{pmatrix} \underline{A}_{22} & -|\underline{A}| \\ 1 & -\underline{A}_{11} \end{pmatrix} \\
(\underline{A}) &= \frac{1}{\underline{Z}_{21}}\begin{pmatrix} \underline{Z}_{11} & -|\underline{Z}| \\ 1 & -\underline{Z}_{22} \end{pmatrix} = \frac{1}{\underline{Y}_{21}}\begin{pmatrix} -\underline{Y}_{22} & 1 \\ -|\underline{Y}| & \underline{Y}_{11} \end{pmatrix} = \begin{pmatrix} \underline{A}_{11} & \underline{A}_{12} \\ \underline{A}_{21} & \underline{A}_{22} \end{pmatrix}
\end{aligned} \tag{63}$$

Die Vorzeichen der Vierpolparameter in den Umrechnungsmatrizen nach Gln. [62c] und [63] werden durch die Wahl der Stromrichtungen (i_1, i_2) bestimmt, wie sie gemäß Abb. 51a festgelegt sind.

3.1.2. Vierpolkennwerte

Kennwerte, deren paarweise Kenntnis zur Beschreibung linearer *und* symmetrischer Vierpole ausreicht, müssen für den Vierpol charakteristisch, d. h. ihm eigentümlich und nicht von angeschalteten Netzwerken abhängig sein. Das letztere Möglichkeit besteht, liegt daran, daß der *Vierpol zwei* miteinander verkoppelte *Schaltkreise* enthält, so daß Wechselwirkungen zwischen Eingangs- und Ausgangskreis auftreten. Damit unterscheidet er sich grundsätzlich vom *Zweipol*, der nur *einen Schaltkreis* enthält und dessen Verhalten durch seinen Widerstand (Impedanz) beschrieben wird (S. 160). Der Widerstand $\underline{W}_1$ vom Eingangskreis des Vierpols hängt jedoch über dessen Kopplung mit dem Ausgangskreis vom äußeren (willkürlich wählbaren und nicht dem Vierpol angehörenden) Widerstand $\underline{R}_a$ ab (Abb. 52), so daß gilt:

$$\underline{W}_1 = \underline{W}_1(\underline{R}_a)\,. \qquad [64]$$

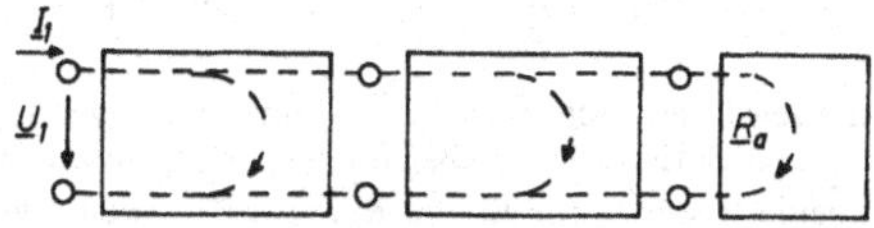

Abb. 52. Widerstandsabhängigkeit des Vierpoles vom äußeren Widerstand $\underline{R}_a$

3.1.2.1. *Kurzschluß- und Leerlaufwiderstände*

Es gibt aber Werte von $\underline{W}_1$, die allein vom Vierpol abhängen. Zunächst sind dies die Werte für den Kurschluß ($\underline{R}_a = 0$) und Leerlauf ($\underline{R}_a = \infty$) seines Ausgangskreises. Ihnen entsprechen die Widerstandswerte $\underline{W}_{1k}$ und $\underline{W}_{1l}$ des Eingangskreises. Diese beiden Kennwerte sind relativ leicht meßbar. Ganz problemlos ist die Messung von $\underline{W}_{1l}$. Bei der Messung von $\underline{W}_{1k}$ ist die Belastbarkeit des Ausgangskreises zu beachten, sein Wert jedoch durch eine Meßreihe mit $R_a \to 0$ in ausreichender Näherung zu bestimmen. Die Werte von $\underline{W}_{1l}$ und $\underline{W}_{1k}$ lassen sich einfach durch die Vierpolparameter der Kettengleichungen [58 a] ausdrükken. Für den Leerlauf ($i_2 = 0$) bzw. den Kurzschluß ($\underline{u}_2 = 0$) ergeben sich

$$\underline{W}_{1l} = \frac{\underline{A}_{11}}{\underline{A}_{21}} \quad \text{bzw.} \quad \underline{W}_{1k} = \frac{\underline{A}_{12}}{\underline{A}_{22}}\,. \qquad [65]$$

3.1.2.2. *Wellenwiderstand*

Ein weiterer nur vom Vierpol abhängiger Widerstandswert ist der Wert $\underline{R}_a = \underline{Z}_w$, für den nach Gl. [64] der Eingangswiderstand $\underline{W}_1$ den gleichen Wert annimmt:

$$\underline{W}_1(\underline{R}_a) = \underline{W}_1(\underline{Z}_w) = \underline{Z}_w\,. \qquad [66]$$

Er wird als *Wellenwiderstand* bezeichnet und stellt den Grenzwiderstand dar, dem sich der Eingangswiderstand einer Kette gleicher Vierpole asymptotisch nähert (Abb. 52). Seine Bedeutung liegt darin, daß durch eine Kette gleicher Vierpole an allen Schaltstellen die optimale

Anpassung gewährleistet wird, da er stets Quotienten der Momentanwerte von Spannung und Strom darstellt.

Unter *Anpassung* zweier Schaltkreise versteht man dabei, den Grad der Stetigkeit des Energieflusses an der Schaltstelle. Nennen wir den Energiefluß je Sekunde $\underline{N}_a$ (Leistung), der vom einen Kreis mit dem Widerstand $\underline{R}_i$ (oder auch $\underline{W}_1$ bzw. $\underline{W}_2$ eines Vierpols) in einen zweiten mit dem Widerstand $\underline{R}_a$ übertritt, so gilt:

$$\underline{N}_a = \underline{I}_2 \cdot \underline{U}_2 = \underline{I}_2^2 \cdot \underline{R}_a = \left(\frac{\underline{U}_2}{\underline{R}_i + \underline{R}_a}\right)^2 \cdot \underline{R}_a = \frac{\underline{U}_2^2}{4\underline{R}_i} \frac{4\underline{R}_i \underline{R}_a}{(\underline{R}_i + \underline{R}_a)^2}. \qquad [67]$$

Aus der zuletzt gewählten Schreibweise erkennt man, daß der Energiefluß für $\underline{R}_i = \underline{R}_a (\underline{R}_a = \underline{W}_{1,2})$ optimal ist, wobei für eine Kette symmetrischer Vierpole gemäß [66] beide Widerstände $\underline{R}_i$ und $\underline{R}_a$ (bzw. $\underline{W}_{1,2}$) den Wert des Wellenwiderstandes $\underline{Z}_w$ besitzen.

Die Messung von $\underline{Z}_w$ ist nicht so einfach wie die von $\underline{W}_{1l}$ und $\underline{W}_{1k}$. Man kann sie aber auf die Messung dieser beiden Größen zurückführen. Wir greifen wieder auf die Kettengleichung [60c] zurück. Durch Division beider Gleichungen und unter Beachtung, daß $\frac{\underline{u}_1}{\underline{i}_1} = \underline{W}_1$ bzw. $\frac{\underline{u}_2}{\underline{i}_2} = \underline{W}_2$ sowie $\frac{\underline{u}_2}{\underline{i}_2} = \underline{R}_{a_2}$ bzw. $\frac{\underline{u}_2}{\underline{i}_1} = \underline{R}_{a_1}$ ist, erhalten wir für einen symmetrischen, umkehrbaren Vierpol:

$$\underline{W}_{1,2} = \frac{\underline{A}_{11} \underline{R}_{a_{2,1}} + \underline{A}_{12}}{\underline{A}_{21} \underline{R}_{a_{2,1}} + \underline{A}_{22}}, \qquad [68]$$

unter Beachtung der Bedingungen für Widerstands- und Übertragungssymmetrie [59a, 59b], aus denen die Gleichheit von $\underline{W}_1 = \underline{W}_2$ und $\underline{R}_{a_1} = \underline{R}_{a_2}$ und die Umkehrbarkeit folgt.

Für den Fall der optimalen Anpassung ist nach [66]:

$$\underline{W}_1 = \underline{W}_2 = \underline{R}_{a_2} = \underline{R}_{a_1} = \underline{Z}_w. \qquad [69a]$$

Daraus folgt in Verbindung mit [68]:

$$\underline{Z}_w = \frac{\underline{A}_{11} \underline{Z}_w + \underline{A}_{12}}{\underline{A}_{21} \underline{Z}_w + \underline{A}_{22}}. \qquad [69b]$$

Unter Beachtung von [59b] errechnet sich daraus für den Wellenwiderstand $\underline{Z}_w$:

$$\underline{Z}_w = \sqrt{\frac{\underline{A}_{12}}{\underline{A}_{21}}}. \qquad [69c]$$

Nach [59b] und [65] läßt sich der Quotient der Vierpolparameter $\underline{A}_{12}$ und $\underline{A}_{21}$ aber auch durch das Produkt aus Eingangs-Leerlauf- und Kurzschlußwiderstand darstellen:

$$\frac{\underline{A}_{12}}{\underline{A}_{21}} = \underline{W}_l \cdot \underline{W}_k, \tag{69d}$$

woraus für $\underline{Z}_w$ nach [69c] folgt:

$$\underline{Z}_w = \sqrt{\underline{W}_l \cdot \underline{W}_k}, \tag{69e}$$

d. h. daß $\underline{Z}_w$ das geometrische Mittel von $\underline{W}_l$ und $\underline{W}_k$ ist. Da aus Symmetriegründen $\underline{W}_{1l} = \underline{W}_{2l} = \underline{W}_l$ und $\underline{W}_{1k} = \underline{W}_{2k} = \underline{W}_k$ ist, sind in [69d] und [69e] die Indizes 1,2 weggelassen worden.

3.1.2.3. Schwingwiderstände

Zwei andere Widerstandskennwerte, die sogenannten *Schwingwiderstände* ($\underline{S}_1, \underline{S}_2$) erhalten wir, wenn wir den Vierpol ähnlich wie im oben diskutierten Fall (Gl. [66], [69a] und [69b]) mit gleichen Widerständen abschließen, diese jedoch verschiedene Vorzeichen besitzen. An die Stelle von Gl. [69a] treten dann die Beziehungen:

$$\underline{W}_1 = -\underline{S} = \underline{R}_{a_1}; \quad \underline{W}_2 = +\underline{S} = \underline{R}_{a_2}. \tag{70a}$$

Das Auftreten eines negativen Widerstandes, der im Falle der Kettenschaltung eines derartigen Vierpols Kreise mit verschwindendem Widerstand bilden kann, gibt Anlaß zur Schwingungsanfachung, daher die Bezeichnung *Schwingwiderstand* (vgl. Abschn. 1.1.4.).

In Verbindung mit Gl. [70a] ergibt sich aus Gl. [68] analog zur Gl. [69b] unter Berücksichtigung der Symmetriebedingung $A_{11} = A_{22}$ und der Gl. [69d]:

$$-\underline{S} = \frac{\underline{A}_{11}\left(\dfrac{\underline{A}_{12}}{\underline{A}_{11}} + \underline{S}\right)}{\underline{A}_{21}\left(\dfrac{\underline{A}_{22}}{\underline{A}_{21}} + \underline{S}\right)} = \underline{W}_l \cdot \frac{\underline{W}_{12} + \underline{S}}{\underline{W}_l + \underline{S}} \tag{70b}$$

Diese Gleichung liefert nun für die Bestimmung der Schwingwiderstände eine quadratische Gleichung:

$$\underline{S}^2 + 2\underline{W}_l\underline{S} + \underline{W}_l\underline{W}_k = 0 \tag{70c}$$

mit den beiden Lösungen:

$$\underline{S}_1 = -\underline{W}_l + \sqrt{\underline{W}_l(\underline{W}_l - \underline{W}_k)}\,,$$
$$\underline{S}_2 = -\underline{W}_l - \sqrt{\underline{W}_l(\underline{W}_l - \underline{W}_k)}\,, \qquad [70\,d]$$

welche S_1 und S_2 durch die relativ leicht zu bestimmenden Eingangs-Leerlauf- und Kurzschlußwiderstände W_l und W_k zu ermitteln gestatten.

3.1.2.4. Kopplungswiderstände

Ein weiteres Widerstandspaar sind die *Kopplungswiderstände* ($\underline{K}_1, \underline{K}_2$), die den Eingangs- und Ausgangskreis galvanisch (ohmscher Widerstand), kapazitiv (Reaktanz) und induktiv (Induktanz) miteinander verbinden. Man findet für sie auch die Bezeichnung *Kernwiderstände*. Sie rührt vom induktiven Widerstandswert her, den ein Transformator über seinen „Kern" zwischen Ein- und Ausgang des ihn repräsentierenden Vierpols besitzt. Auch diese beiden Widerstände $\underline{K}_1 = \underline{K}_2 = \underline{K}_{12}$ lassen sich für den linearen, symmetrischen Vierpol durch $\underline{W}_l$ und $\underline{W}_k$ ausdrücken. Hierzu gehen wir von den Vierpolgleichungen in der Leitwertsform aus (Gl. [60 b]), deren Parameter wir mittels der Beziehung [63] durch die Widerstandsparameter zum Ausdruck bringen:

$$\underline{i}_1 = \underline{Y}_{11}\underline{u}_1 + \underline{Y}_{12}\underline{u}_2 = \frac{\underline{W}_l}{|\underline{Z}|}\underline{u}_1 - \frac{\underline{K}}{|\underline{Z}|}\underline{u}_2\,,$$
$$\underline{i}_2 = \underline{Y}_{21}\underline{u}_1 + \underline{Y}_{22}\underline{u}_2 = -\frac{\underline{K}}{|\underline{Z}|} + \frac{\underline{W}_l}{|\underline{Z}|}\,, \qquad [71\,a]$$

woraus folgt:

$$|\underline{Z}| = \begin{vmatrix} \underline{W}_l & -\underline{K}_{12} \\ -\underline{K}_{12} & \underline{W}_l \end{vmatrix} \quad \text{und} \quad \left(\frac{\underline{u}_1}{\underline{i}_1}\right)_{\underline{u}_2 = 0} = \underline{W}_k = \frac{|\underline{Z}|}{\underline{W}_l}\,, \qquad [71\,b]$$

d. h. zur Berechnung der Kopplungswiderstände des linearen symmetrischen Vierpols: $\underline{K}_1 = \underline{K}_2 = \underline{K}_{12}$ erhalten wir unter Beachtung von [69 e] die Beziehung:

$$|\underline{Z}| = \underline{W}^2 - \underline{K}_{12}^2 = \underline{W}_l\underline{W}_k = \underline{Z}_w^2\,. \qquad [71\,c]$$

Nunmehr ergibt sich für $\underline{K}_{12}$:

$$\underline{K}_{12} = \pm\sqrt{\underline{W}_l(\underline{W}_l - \underline{W}_k)} = \pm\sqrt{\underline{W}_l^2 - \underline{Z}_w^2}\,, \qquad [71\,d]$$

wobei $+\underline{K}_{12}$ den Kopplungswiderstand „vorwärts" (vom Eingang zum Ausgang) und $-\underline{K}_{12}$ den Kopplungswiderstand „rückwärts" (vom Ausgang zum Eingang) bedeuten. Außerdem ergeben sich nebenbei Beziehungen zum Wellenwiderstand ($\underline{Z}_w$) und zu den Schwingungswiderständen ($\underline{S}_{1,2}$) [70d]:

$$\underline{Z}_w^2 = \underline{W}_l^2 - \underline{K}_{12}^2 \qquad [71\,e]$$

sowie

$$\underline{S}_{1,2} = -\underline{W}_l \pm \underline{K}_{12}. \qquad [71\,f]$$

3.1.2.5. Strom-Spannungs- und Leistungsübersetzung

Weitere wichtige Kennwerte eines Vierpoles (im allgemeinen) und eines linearen symmetrischen Vierpoles (im speziellen) sind die Übersetzungen ($\underline{A}_{iz}, \underline{A}_{uz}$) von Strom und Spannung im Ein- und Ausgangskreis sowie das daraus abgeleitete Übertragungsmaß $\underline{A}_z$. Da die Übersetzungsverhältnisse von Strom und Spannung als Kennwerte nur vom Vierpol allein abhängen und auf keinen Fall eine Funktion des Widerstandes im Ausgangskreis $\underline{R}_a$ sein dürfen, haben wir bei ihrer Definition eine Kette von *n* gleichen Vierpolen zugrundezulegen, deren Ein- und Ausgangswiderstände den Wert des Wellenwiderstandes $\underline{Z}_w$ besitzen. Dann gilt für die Strom- bzw. Spannungsübersetzung ($\underline{A}_{iz}$ bzw. $\underline{A}_{uz}$):

$$\underline{A}_{iz} = \frac{\underline{i}_2}{\underline{i}_1} = \frac{\underline{i}_3}{\underline{i}_2} = \cdots \frac{\underline{i}_n}{\underline{i}_{n-1}} \qquad [72\,a]$$

bzw.

$$\underline{A}_{uz} = \frac{\underline{u}_2}{\underline{u}_1} = \frac{\underline{u}_3}{\underline{u}_2} = \cdots \frac{\underline{u}_n}{\underline{u}_{n-1}}. \qquad [72\,b]$$

Wegen der vorausgesetzten Anpassung der *n* Vierpole mit dem gleichen Wellenwiderstand $\underline{Z}_w$ gilt weiterhin:

$$\frac{\underline{u}_1}{\underline{i}_1} = \frac{\underline{u}_2}{\underline{i}_2} = \frac{\underline{u}_3}{\underline{i}_3} = \cdots \frac{\underline{u}_n}{\underline{i}_n} = \underline{Z}_w, \qquad [72\,c]$$

so daß aus [72a] und [72b] folgt:

$$\underline{A}_{iz} = \underline{A}_{uz} = \underline{A}_z. \qquad [72\,d]$$

$\underline{A}_z$ ist dabei die für Strom und Spannung geltende Übersetzung (Wellenstromübersetzung, Wellenspannungsübersetzung).

Bei den Anwendungen auf Kettenleiter (z. B. Doppelleitungen, vgl. Abschn. 3.2.1.) muß man die einzelnen Übersetzungsverhältnisse der *n* die Kette bildenden Vierpole (Gl. [72a] bzw. [72b]) miteinander multiplizieren, um das jeweilige Übersetzungsverhältnis der Kette zu erhalten:

$$\frac{\underline{u}_n}{\underline{u}_1} = \frac{\underline{u}_2}{\underline{u}_1} \cdot \frac{\underline{u}_3}{\underline{u}_2} \cdots \frac{\underline{u}_n}{\underline{u}_{n-1}} = \frac{\underline{i}_n}{\underline{i}_1} = \frac{\underline{i}_2}{\underline{i}_1} \cdot \frac{\underline{i}_3}{\underline{i}_2} \cdots \frac{\underline{i}_n}{\underline{i}_{n-1}} = \underline{A}_z^n. \quad [72e]$$

Durch Multiplikation von $\underline{A}_{iz}$ [72a] mit $\underline{A}_{uz}$ [72b] ist auch die *Leistungsübersetzung* eines bzw. einer Kette von Vierpolen ($\underline{N}_2/\underline{N}_1$ bzw. $\underline{N}_n/\underline{N}_1$) angebbar:

$$\frac{\underline{N}_2}{\underline{N}_1} = \left(\frac{\underline{u}_2 \underline{i}_2}{\underline{u}_1 \underline{i}_1}\right) = \underline{A}_z^2$$

bzw. [73]

$$\frac{\underline{N}_n}{\underline{N}_1} = \left(\frac{\underline{u}_2 \underline{i}_2}{\underline{u}_1 \underline{i}_1}\right) \cdot \left(\frac{\underline{u}_3 \underline{i}_3}{\underline{u}_2 \underline{i}_2}\right) \cdots \left(\frac{\underline{u}_n \underline{i}_n}{\underline{u}_{n-1} \underline{i}_{n-1}}\right) = \underline{A}_z^{2n}.$$

3.1.2.6. Übertragungsmaß

Um das Rechnen mit den als Potenzen der Übersetzungsverhältnisse auftretenden Größen zu erleichtern, hat man ein logarithmisches Maß eingeführt. Da in der Regel die Ausgangsgrößen eines Vierpoles kleiner als seine Eingangsgrößen sind, haben die Übersetzungsverhältnisse $\underline{A}_z$ stets Werte: $|\underline{A}_z| < 1$, d. h. aber ihre Logarithmen werden negativ. Dies vermeidet man, indem man das logarithmische Maß an den reziproken Wert von $\underline{A}_z$, d. h. an $1/\underline{A}_z$ anschließt. Als Basis des Logarithmus wählt man zweckmäßigerweise die Basis der *e*-Funktion (natürlicher Logarithmus) und definiert ein *Wellenübertragungsmaß* $\underline{g}$ durch die Beziehung:

$$\underline{g} = \ln \frac{1}{\underline{A}_z} = \ln \frac{\underline{u}_1}{\underline{u}_2} = \ln \frac{\underline{i}_1}{\underline{i}_2} \quad [74a]$$

bzw.

$$\frac{\underline{u}_1}{\underline{u}_2} = \frac{\underline{i}_1}{\underline{i}_2} = \frac{1}{\underline{A}_z} = e^{\underline{g}} \quad [74b]$$

und für das jeweilige Übersetzungsverhältnis einer Kette von Vierpolen nach [72e]:

$$\frac{\underline{u}_1}{\underline{u}_n} = \frac{\underline{i}_1}{\underline{i}_n} = \frac{1}{\underline{A}_z^n} = e^{n\underline{g}}. \quad [74c]$$

Entsprechend läßt sich auch die Leistungsübersetzung [73] durch das Wellenübertragungsmaß $\underline{g}$ zum Ausdruck bringen:

$$\frac{\underline{u}_1}{\underline{u}_2} \cdot \frac{\underline{i}_1}{\underline{i}_2} = \frac{1}{\underline{A}_z^2} = e^{2\underline{g}} \quad [74d]$$

Da sich die verschiedenen Übersetzungsverhältnisse [72b, 72d, 72e] auf das Übertragungsmaß $\underline{g}$ zurückführen lassen, genügt es, dieses mittels der Kennwerte $\underline{W}_l, \underline{W}_k$ darzustellen, auf die bereits in den vorhergehenden Abschnitten die verschiedenen Widerstandskennwerte des umkehrbaren, symmetrischen Vierpols zurückgeführt worden sind.

Wir gehen hierzu wieder von den Kettengleichungen [58a] aus, beachten, daß wegen der optimalen Anpassung innerhalb der Vierpolkette der betrachtete Vierpol mit dem Wellenwiderstand $\underline{Z}_w$ abgeschlossen ist – weshalb $\underline{u}_2 = \underline{Z}_w \underline{i}_2$ gesetzt werden darf – und erhalten durch Multiplikation der beiden Kettengleichungen:

$$\underline{u}_1 \cdot \underline{i}_1 = \underline{u}_2 \cdot \underline{i}_2 (\underline{A}_{11} \underline{Z}_w + \underline{A}_{12}) \left(\underline{A}_{21} + \frac{\underline{A}_{22}}{\underline{Z}_w} \right). \qquad [75a]$$

Nach [69c] gilt dabei: $\underline{Z}_w = \sqrt{\underline{A}_{12}/\underline{A}_{21}}$ und wegen der Bedingungen für die Übertragungssymmetrie [59b]:

$$\underline{A}_{11} = \underline{A}_{22} = \underline{A}_s \quad \text{und} \quad |\underline{A}| = (\underline{A}_s^2 - \underline{A}_{12} \underline{A}_{21}) = 1. \qquad [75b]$$

Durch schrittweise Verwendung dieser Beziehungen unter Beachtung von [74d] folgt aus [75a] zunächst:

$$\frac{\underline{u}_1 \cdot \underline{i}_1}{\underline{u}_2 \cdot \underline{i}_2} = e^{2\underline{g}} = (\underline{A}_s + \sqrt{\underline{A}_{12} \underline{A}_{21}})^2 \qquad [75c]$$

und daraus:

$$e^{+\underline{g}} = (\underline{A}_s + \sqrt{\underline{A}_{12} \underline{A}_{21}}) \qquad [75d]$$

sowie wegen $|\underline{A}| = 1$

$$e^{-\underline{g}} = (\underline{A}_s - \sqrt{\underline{A}_{12} \underline{A}_{21}}). \qquad [75e]$$

Mit Hilfe dieser beiden Exponentialfunktionen lassen sich zur Bestimmung von $\underline{g}$ die Hyperbelfunktionen $\tanh \underline{g}$, $\cosh \underline{g}$ und $\sinh \underline{g}$ darstellen:

$$\tanh \underline{g} = \frac{e^{+\underline{g}} - e^{-\underline{g}}}{e^{+\underline{g}} + e^{-\underline{g}}};$$

$$\cosh \underline{g} = \frac{e^{+\underline{g}} + e^{-\underline{g}}}{2}; \qquad [75f]$$

$$\sinh \underline{g} = \frac{e^{+\underline{g}} - e^{-\underline{g}}}{2}.$$

Durch Einsetzen von [75d, 75e] in diese Beziehungen und unter Beachtung von [65] erhält man:

$$\tanh \underline{g} = \sqrt{\frac{\underline{A}_{12}}{\underline{A}_s} \cdot \frac{\underline{A}_{21}}{\underline{A}_s}} = \sqrt{\frac{\underline{W}_k}{\underline{W}_l}}. \qquad [75g]$$

Wegen $\cosh \underline{g} = 1/\sqrt{1 - \tanh^2 \underline{g}}$ und $\sinh \underline{g} = \tanh \underline{g} \cdot \cosh \underline{g}$ ergibt sich im Hinblick auf [69e] und [71d]:

$$\cosh \underline{g} = \frac{1}{\sqrt{1 - \frac{\underline{W}_k}{\underline{W}_l}}} = \frac{\underline{W}_l}{\sqrt{\underline{W}_l(\underline{W}_l - \underline{W}_k)}} = \frac{\underline{W}_l}{\underline{K}}, \qquad [75h]$$

$$\sinh \underline{g} = \sqrt{\frac{\underline{W}_k \underline{W}_l}{\underline{W}_l(\underline{W}_l - \underline{W}_k)}} = \frac{\underline{Z}_w}{\underline{K}}. \qquad [75i]$$

Die bekannte Relation $\cosh^2 \underline{g} - \sinh^2 \underline{g} = 1$ entspricht dann der Gl. [71e]. Das Übertragungsmaß $\underline{g}$ ergibt sich aus den entsprechenden Area-Funktionen:

$$\underline{g} = \operatorname{artanh} \sqrt{\frac{\underline{W}_k}{\underline{W}_l}} = \operatorname{arcosh} \frac{\underline{W}_l}{\underline{K}} = \operatorname{arsinh} \frac{\underline{Z}_w}{\underline{K}}. \qquad [75k]$$

Da $\underline{g}$ eine komplexe Zahl ist, läßt sich diese nach Real- und Imaginärteil getrennt ausdrücken:

$$\underline{g} = a + jb \qquad [76a]$$

mit $j = \sqrt{-1}$ als imaginärer Einheit. Dies erlaubt folgende Schreibweise der Gl. [74b] für das Spannungs- bzw. Stromübersetzungsverhältnis:

$$\frac{\underline{u}_1}{\underline{u}_2} = \frac{\underline{i}_1}{\underline{i}_2} = \frac{1}{\underline{A}_z} = \mathrm{e}^{a+jb} = \mathrm{e}^a \cdot \mathrm{e}^{jb}. \qquad [76b]$$

Da e^{jb} den absoluten Wert 1 besitzt, erhält man für den Absolutwert der Stromspannungsübersetzung:

$$|\underline{A}_z| = \frac{\underline{u}_2}{\underline{u}_1} = \frac{\underline{i}_2}{\underline{i}_1} = e^{-a}$$

oder: [76c]

$$a = \ln \left| \frac{1}{|\underline{A}_z|} \right|.$$

Entsprechend ergibt sich nach [74d] für die Leistungsübersetzung:

$$\frac{N_2}{N_1} = |A_N| = e^{-2a_N}$$

mit: [76d]

$$a_N = \frac{1}{2} \ln \frac{1}{|A_N|}.$$

Die Größen a bzw. a_N sind danach ein Maß für die Dämpfung, gemessen mittels der Logarithmen der Verhältnisse von Strom- bzw. Spannungsamplituden oder zweier Leistungswerte (Strom-, Spannungs-, Leistungsdämpfung). Als Einheiten für die Messung sind das Neper (Np) und das Dezibel (dB) definiert worden, wobei die Messung in Neper auf Verwendung des natürlichen Logarithmus beruht, wie dies durch die theoretische Ableitung des Übertragungsmaßes nahegelegt wird, während die Messung in Dezibel die oft vorteilhafteren dekadischen Logarithmen verwendet. Gemäß [76c] und [76d] können wir daher schreiben:

Neper: $a = \ln \left| \frac{\underline{u}_1}{\underline{u}_2} \right| \text{Np}; \qquad a_N = \frac{1}{2} \ln \frac{N_1}{N_2} \text{Np}.$ [77a]

Dezibel: $a = 20 \lg \left| \frac{\underline{u}_1}{\underline{u}_2} \right| \text{dB}; \qquad a_N = 10 \lg \frac{N_1}{N_2} \text{dB}.$ [77b]

Für die Umrechnung der beiden Maße ineinander folgt:

$$1\,\text{Np} = 8{,}686\,\text{dB}$$
$$1\,\text{dB} = 0{,}115\,\text{Np}.$$ [77c]

Ihrer Definition nach bedeuten die Dämpfungsmaße a [76c] und a_N [76d] ein Maß für den *Energieentzug* (z. B. durch *Joule*sche Wärme, durch Hystereseverluste, durch Energieabstrahlung). Daher besitzen *passive* Vierpole stets ein *positives Dämpfungsmaß* $(+a, +a_N)$. *Aktive* Vierpole hingegen, die unabhängige Energiequellen enthalten (vgl. Abschn. 3.1.1.), haben ein *negatives Dämpfungsmaß* $(-a, -a_N)$, das auf *Energiezufuhr* hinweist.

3.1.2.7. Kennwertumrechnung

In den vorhergehenden Abschnitten ist unter Beschränkung auf umkehrbare symmetrische Vierpole, für die die Kenntnis eines Kennwert - paares zur Beschreibung ausreicht, die Umrechnung der gebräuchlichsten Kennwertpaare auf die Leerlauf- bzw. Kurzschlußwiderstände $\underline{W}_l$

Tab. 9. Kennwertumrechnung bei umkehrbaren symmetrischen Vierpolen

	$\underline{W}_l, \underline{W}_k$	$\underline{W}_l, \underline{K}$	$\underline{S}_1, \underline{S}_2$	$\underline{Z}_w, \underline{g}$	$\underline{Z}_w, \underline{A}_z$
$\underline{W}_l =$	$\underline{W}_l$	$\underline{W}_l$	$-\frac{1}{2}(\underline{S}_1 + \underline{S}_2)$	$\underline{Z}_w \operatorname{cotanh} \underline{g}$	$\underline{Z}_w \frac{1 + \underline{A}_z^2}{1 - \underline{A}_z^2}$
$\underline{W}_k =$	$\underline{W}_k$	$\underline{W}_l - \frac{\underline{K}^2}{\underline{W}_l}$	$-2\underline{S}_1\underline{S}_2/(\underline{S}_1 + \underline{S}_2)$	$\underline{Z}_w \tanh \underline{g}$	$\underline{Z}_w \frac{1 - \underline{A}_z^2}{1 + \underline{A}_z^2}$
$\underline{K} =$	$\sqrt{\underline{W}_l(\underline{W}_l - \underline{W}_k)}$	$\underline{K}$	$\frac{1}{2}(\underline{S}_1 + \underline{S}_2)$	$\underline{Z}_w \sinh^{-1} \underline{g}$	$\underline{Z}_w \frac{2\underline{A}_z}{1 - \underline{A}_z^2}$
$\underline{S}_1 =$	$-\underline{W}_l + \sqrt{\underline{W}_l(\underline{W}_l - \underline{W}_k)}$	$-\underline{W}_l + \underline{K}$	$\underline{S}_1$	$-\underline{Z}_w \tanh \frac{\underline{g}}{2}$	$-\underline{Z}_w \frac{1 - \underline{A}_z}{1 + \underline{A}_z}$
$\underline{S}_2 =$	$-\underline{W}_l - \sqrt{\underline{W}_l(\underline{W}_l - \underline{W}_k)}$	$-\underline{W}_l - \underline{K}$	$\underline{S}_2$	$-\underline{Z}_w \operatorname{cotanh} \frac{\underline{g}}{2}$	$-\underline{Z}_w \frac{1 + \underline{A}_z}{1 - \underline{A}_z}$
$\underline{Z}_w =$	$\sqrt{\underline{W}_l\underline{W}_k}$	$\sqrt{\underline{W}_l^2 - \underline{K}^2}$	$\sqrt{\underline{S}_1\underline{S}_2}$	$\underline{Z}_w$	$\underline{Z}_w$
$\underline{g} =$	$\operatorname{artan}\sqrt{\frac{\underline{W}_l}{\underline{W}_k}}$	$\operatorname{arcosh}\frac{\underline{W}_l}{\underline{W}_k}$	$2\operatorname{artanh}\sqrt{\frac{\underline{S}_1}{\underline{S}_2}}$	$\underline{g}$	$-\ln \underline{A}_z$
$\underline{A}_z =$	$\sqrt{\frac{1 - \sqrt{\frac{\underline{W}_k}{\underline{W}_l}}}{1 + \sqrt{\frac{\underline{W}_k}{\underline{W}_l}}}}$	$\sqrt{\frac{\frac{\underline{W}_l - \underline{K}}{\underline{W}_l + \underline{K}}}{\frac{\underline{W}_l - \underline{K}}{\underline{W}_l + \underline{K}}}}$	$\frac{1 - \sqrt{\frac{\underline{S}_1}{\underline{S}_2}}}{1 + \sqrt{\frac{\underline{S}_1}{\underline{S}_2}}}$	$e^{-\underline{g}}$	$\underline{A}_z$

und $\underline{W}_k$ abgeleitet worden. Sie ist aber auch wahlweise zwischen den anderen Kennwertpaaren möglich. In Tab. 9 sind diese Möglichkeiten zusammengestellt. Wegen ihrer Ableitung sei auf die Darstellungen von *R. Feldtkeller* (57), *H. Schulz* (58) sowie *H. Zuhrt* (59) hingewiesen.

Auf Tab. 9 wird in den folgenden Abschnitten bei auftretenden Kennwertumrechnungen Bezug genommen werden.

3.2. Einfache lineare symmetrische Vierpole

Um die Wirkungsweise von Vierpolen in einem Netzwerk besser beschreiben zu können, ist es vorteilhaft, sich von seinem Inhalt eine Modellvorstellung zu machen und ihn durch das Modell zu ersetzen. Man bezeichnet dies allgemein als eine Ersatzschaltung (vgl. Abschn. 3.3.1.). Die einfachsten Modelle dieser Art für einen passiven, linearen, umkehrbaren, symmetrischen Vierpol sind die Stern (Y)-, Dreieck (Δ)- und Kreuz (×)-Schaltungen (Abb. 53a, b; 54a, b; 55a, b). Ihr Inhalt besteht aus komplexen Widerständen. Die drei Schaltungen unterscheiden sich durch deren Anordnung. Die Sternschaltung besitzt zwei Längswiderstände und einen Querwiderstand (Abb. 53b). Bei der Dreieckschaltung liegen die Verhältnisse umgekehrt (Abb. 54b). In der Kreuzschaltung finden wir zwei Längs- und zwei gekreuzte Querwiderstände. Die Anordnungssymmetrie der Widerstände in den drei Modellen haben, wie aufgrund der Abbildungen einleuchtet, den Anlaß gegeben, sie als T- bzw. Π- bzw. X-Schaltung zu bezeichnen.

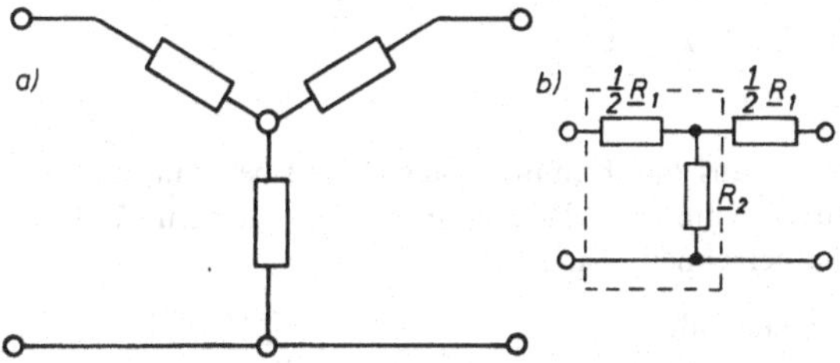

Abb. 53. Sternschaltungs-Vierpol a) Sternanordnung; b) T-Schaltung (... Bereich der Widerstände, die zusammen den Eingangsleerlaufwiderstand $\underline{W}_{1l}$ bilden)

Wir wollen zunächst ihre Kennwerte ermitteln und gehen dabei von leicht zu erfassenden Kennwertpaaren aus, mit deren Hilfe wir unter Benutzung der Tab. 9 die übrigen Kennwerte errechnen. Anschließend sollen Schlüsse auf ihr Verhalten gegenüber Schwingungen (Wechselströmen) gezogen werden, wenn über den Charakter der Widerstände

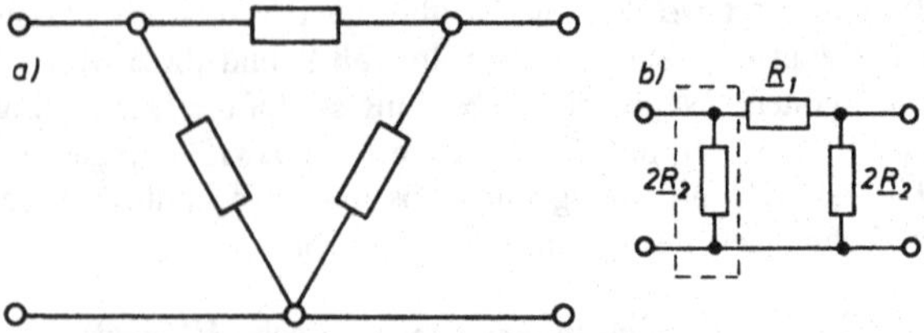

Abb. 54. Dreiecksschaltungs-Vierpol a) Dreieckanordnung; b) Π-Schaltung (... Eingangsleerlaufwiderstand $\underline{W}_{1l}$ des Vierpols)

– ob ohmsche, kapazitive oder induktive – konkretere Annahmen gemacht werden.

Wir ermitteln zuerst die *Kennwerte der T-Schaltung:* Aus der Schaltzeichnung (Abb. 53 b) lassen sich der Eingangsleerlaufwiderstand $\underline{W}_{1l} = \underline{W}_l$ sowie der Eingangskurzschlußwiderstand $W_{1k} = \underline{W}_{l1}$ dieses Vierpols ablesen:

$$\underline{W}_l = \tfrac{1}{2}\underline{R}_1 + \underline{R}_2 \quad \text{bzw.} \quad \underline{W}_k = \frac{\underline{R}_1(\underline{R}_1 + 4\underline{R}_2)}{2(\underline{R}_1 + 2\underline{R}_2)}. \qquad [78\,\text{a}]$$

Ebenso leicht läßt sich der Kopplungswiderstand $\underline{K}$ angeben, weil die Leerlaufspannung $\underline{u}_{2l}$ unverändert am Querwiderstand $\underline{R}_2$ in Erscheinung tritt, der vom Strom $\underline{i}_1$ durchflossen wird. Dann gilt nämlich:

$$\frac{\underline{u}_2}{\underline{i}_1} = \underline{K} = \underline{R}_2\,. \qquad [78\,\text{b}]$$

Damit ist uns das Kennwertpaar $(\underline{W}_l, \underline{K})$ bekannt, und wir können unter Zuhilfenahme der Tab. 9 (Spalte 2) die übrigen *Kennwerte der T-Schaltung* berechnen. Wir erhalten:

Wellenwiderstand:

$$\left.\begin{aligned} \underline{Z}_w &= \sqrt{\underline{W}_l^2 - \underline{K}^2} = \sqrt{\underline{R}_1\underline{R}_2 + \frac{\underline{R}_1^2}{4}} \\ &= \sqrt{\underline{R}_1\underline{R}_2}\cdot\sqrt{1 + \frac{\underline{R}_1}{4\underline{R}_2}} \end{aligned}\right. \qquad [78\,\text{c}]$$

Schwingwiderstände:

$$\left.\begin{aligned} \underline{S}_1 &= -\underline{W}_l + \underline{K} = -\tfrac{1}{2}\underline{R}_1 \\ \underline{S}_2 &= -\underline{W}_l - \underline{K} = -\tfrac{1}{2}(\underline{R}_1 + 4\underline{R}_2) \end{aligned}\right\} \qquad [78\,\text{d}]$$

Wellenübertragungsmaß:

$$\underline{g} = \operatorname{arcosh} \frac{\underline{W}_l}{\underline{K}} = \operatorname{arcosh}\left(1 + \frac{\underline{R}_1}{2\underline{R}_2}\right) \qquad [78\text{e}]$$

Strom-Spannungsübersetzung:

$$\underline{A}_z = \frac{1 - \sqrt{\dfrac{\underline{W}_l - \underline{K}}{\underline{W}_l + \underline{K}}}}{1 + \sqrt{\dfrac{\underline{W}_l - \underline{K}}{\underline{W}_l + \underline{K}}}} = \frac{\sqrt{1 + \dfrac{4\underline{R}_2}{\underline{R}_1}} - 1}{\sqrt{1 + \dfrac{4\underline{R}_2}{\underline{R}_1}} + 1}. \qquad [78\text{f}]$$

Die Kennwerte der Π-Schaltung ergeben sich aus entsprechenden Überlegungen. Aus der Schaltzeichnung (Abb. 54b) ist zu folgern, daß für den Eingangsleerlaufwiderstand $\underline{W}_l$ gilt:

$$\frac{1}{\underline{W}_l} = \frac{1}{\underline{R}_2} + \frac{1}{\underline{R}_1 + 2\underline{R}_2}$$

oder: [79a]

$$\underline{W}_l = \frac{2\underline{R}_2(\underline{R}_1 + 2\underline{R}_2)}{\underline{R}_1 + 4\underline{R}_2}.$$

Ebenso entnimmt man der Schaltung für den Kopplungswiderstand $\underline{K}$ die Darstellung:

$$\underline{K} = \frac{\underline{u}_{2l}}{\underline{i}_1} = \underbrace{\underline{i}_1 \cdot \underline{W}_l \frac{2\underline{R}_2}{\underline{R}_1 + 2\underline{R}_2}}_{\underline{u}_{2l}} \cdot \frac{1}{\underline{i}_1} = \frac{4\underline{R}_2^2}{\underline{R}_1 + 4\underline{R}_2}. \qquad [79\text{b}]$$

Wir haben dabei beachtet, daß $\underline{u}_{2l}$ durch jenen Teil des Spannungsabfalls $\underline{i}_1 \underline{W}_l$ gebildet wird, den ein Teilstrom von $\underline{i}_1$ am – zum Vierpolausgang hin gelegenen – Widerstand $\underline{R}_2$ erzeugt. Das Aufteilungsverhältnis ist dabei durch $2\underline{R}_2/(\underline{R}_1 + 2\underline{R}_2)$ gegeben. Nunmehr lassen sich unter Verwendung der Tab. 9 wieder die übrigen Kennwertpaare – hier für *die Π-Schaltung* – angeben:

Wellenwiderstand:

$$\underline{Z}_w = \underline{W}_l^2 - \underline{K}_2^2 = \sqrt{\underline{R}_1 \underline{R}_2} / \sqrt{1 + (\underline{R}_1/4\underline{R}_2)} \qquad [79\text{c}]$$

Schwingwiderstände:

$$\left.\begin{aligned} \underline{S}_1 &= -\underline{W}_l + \underline{K} = -\underline{R}_1 \underline{R}_2/(\underline{R}_1 + 4\underline{R}_2) \\ \underline{S}_2 &= -\underline{W}_l - \underline{K} = -2\underline{R}_2 \end{aligned}\right\} \qquad [79\text{d}]$$

Wellenübertragungsmaß:

$$\underline{g} = \operatorname{arcosh} \frac{\underline{W}_l}{\underline{K}} = \operatorname{arcosh} \left(1 + \frac{\underline{R}_1}{2\underline{R}_2}\right) \qquad [79\,\mathrm{e}]$$

Strom-Spannungsübersetzung:

$$\underline{A}_z = \frac{1 - \sqrt{\dfrac{\underline{W}_l - \underline{K}}{\underline{W}_l + \underline{K}}}}{1 + \sqrt{\dfrac{\underline{W}_l - \underline{K}}{\underline{W}_l + \underline{K}}}} = \frac{\sqrt{1 + \dfrac{4\underline{R}_2}{\underline{R}_1}} - 1}{\sqrt{1 + \dfrac{4\underline{R}_2}{\underline{R}_1}} + 1}. \qquad [79\,\mathrm{f}]$$

Wir wenden uns nunmehr dem dritten oben angegebenen Vierpol, *der X-Schaltung*, zu (Abb. 55a, b). Aus der Schaltzeichnung entnehmen wir wiederum leicht den Eingangsleerlauf- sowie den Kopplungswiderstand ($\underline{W}_l$ bzw. $\underline{K}$):

$$\underline{W}_l = \frac{1}{2}\left(\frac{\underline{R}_1}{2} + \frac{\underline{R}_2}{2}\right) = \frac{1}{4}(\underline{R}_1 + \underline{R}_2), \qquad [80\,\mathrm{a}]$$

$$\underline{K} = \frac{\underline{u}_{2l}}{\underline{i}_1} = \frac{1}{\underline{i}_1}\left(-\frac{\underline{R}_1}{2}\cdot\frac{\underline{i}_1}{2} + \frac{\underline{R}_2}{2}\cdot\frac{\underline{i}_1}{2}\right) = \frac{1}{4}(\underline{R}_2 - \underline{R}_1). \qquad [80\,\mathrm{b}]$$

Die Ausgangsleerlaufspannung $\underline{u}_{2l}$ wird in diesem Fall durch die Differenz der Spannungsabfälle in den beiden symmetrischen Zweigen der X-Schaltung, deren jeder vom Strom $\underline{i}_1/2$ durchflossen wird, gebildet (vgl. Abb. 55a).

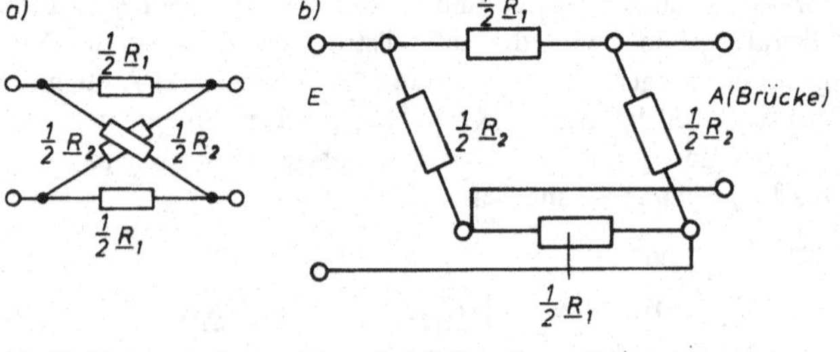

Abb. 55. Kreuzschaltungs-Vierpol a) X-Schaltung; b) Brückenschaltung

Mit Hilfe der Tab. 9 errechnen wir wiederum – diesmal für *die X-Schaltung* – die weiteren Kennwertpaare:

Wellenwiderstand:

$$\underline{Z}_w = \sqrt{\underline{W}_l^2 - \underline{K}^2} = \tfrac{1}{2}\sqrt{\underline{R}_1 \underline{R}_2} \qquad [80\text{c}]$$

Schwingwiderstände:

$$\left.\begin{aligned} \underline{S}_1 &= -\underline{W}_l + \underline{K} = -2\underline{R}_1 \\ \underline{S}_2 &= -\underline{W}_l - \underline{K} = -2\underline{R}_2 \end{aligned}\right\} \qquad [80\text{d}]$$

Wellenübertragungsmaß:

$$\underline{g} = \operatorname{arcosh} \frac{\underline{W}_l}{\underline{K}} = \operatorname{arcosh}\left(\frac{\underline{R}_1 + \underline{R}_2}{\underline{R}_2 - \underline{R}_1}\right) \qquad [80\text{e}]$$

Strom-Spannungsübersetzung:

$$\underline{A}_z = \frac{1 - \sqrt{\dfrac{\underline{W}_l - \underline{K}}{\underline{W}_l + \underline{K}}}}{1 + \sqrt{\dfrac{\underline{W}_l - \underline{K}}{\underline{W}_l + \underline{K}}}} = \frac{1 - \sqrt{\dfrac{\underline{R}_1}{\underline{R}_2}}}{1 + \sqrt{\dfrac{\underline{R}_1}{\underline{R}_2}}}. \qquad [80\text{f}]$$

Die Kreuzschaltung ist physikalisch gesehen die Schaltung einer (*Wheatstone*schen) Brücke (Abb. 55b). Aus den Gleichungen [80b] und [80e] ersieht man, daß für $\underline{R}_1 = \underline{R}_2$ der Kopplungswiderstand verschwindet und das Wellenübertragungsmaß $\underline{g} = a + jb$ und damit auch das Dämpfungsmaß a gegen den Wert ∞ streben. Letzteres bedeutet theoretisch eine unendlich große Dämpfung, d. h. die Brücke ist im Gleichgewicht, im Ausgangskreis des Vierpols (in der Brücke) fließt kein Strom.

Eine weitere interessante Eigenschaft der X-Schaltung kommt in der Beziehung ihres Wellenwiderstandes $\underline{Z}_w$ zu den Widerständen $\underline{R}_1$ und $\underline{R}_2$ des X-Vierpols [80c] zum Ausdruck. Wenn man nämlich die beiden Widerstände $\underline{R}_1$ und $\underline{R}_2$ so wählt, daß ihr Produkt eine reelle Größe ist:

$$\underline{R}_1 \cdot \underline{R}_2 = 4 Z_0^2, \qquad [80\text{g}]$$

bezeichnet man dies als „*Widerstandsreziprozität*" und der Wellenwiderstand wird reell:

$$\underline{Z}_w = \tfrac{1}{2}\sqrt{\underline{R}_1 \underline{R}_2} = \underline{Z}_0\,. \qquad [80\text{h}]$$

Setzt man beispielsweise:

$$\left.\begin{aligned} \underline{R}_1 &= j\omega L && \text{(induktiver Widerstand)} \\ \underline{R}_2 &= \frac{1}{j\omega C} && \text{(kapazitiver Widerstand)}, \end{aligned}\right\} \qquad [80\text{i}]$$

so ergibt sich für den reellen Wellenwiderstand Z_0 der X-Schaltung:

$$\underline{Z}_0 = \sqrt{\frac{L}{C}}. \qquad [80\,k]$$

Wenn wir die gleichen Annahmen für $\underline{R}_1$ und $\underline{R}_2$ [80i] auch für die T- und Π-Schaltung machen, so nehmen alle drei Schaltungen die Eigenschaften einfachster *elektrischer Filter* an, nämlich die von *Tief-*, *Hoch-* und *Allpässen.*

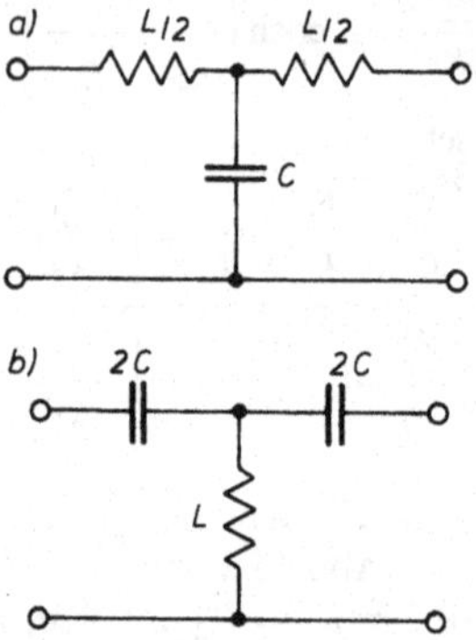

Abb. 56. T-Schaltung als a) Tiefpaß; b) Hochpaß

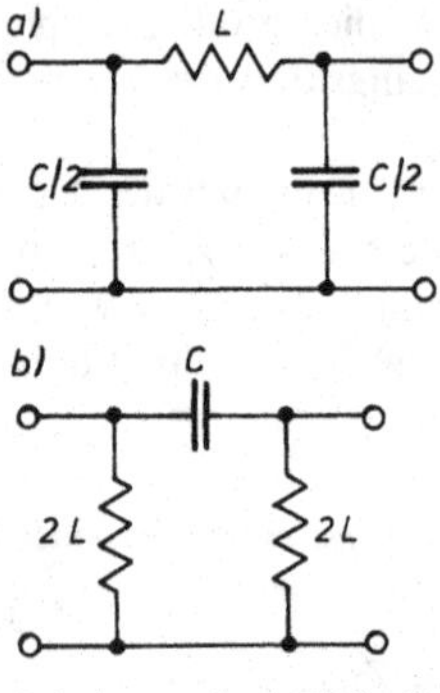

Abb. 57. T-Schaltung als a) Tiefpaß; b) Hochpaß

Die Betrachtung der Abb. 56 bzw. 57 läßt die *Tiefpässe* an den *induktiven Längswiderständen* erkennen, die *Hochpässe* an *induktiven Querwiderständen.* Im ersten Fall werden nur Wechselströme (Schwingungen) niedriger Frequenz durchgelassen und solche hoher Frequenz gedrosselt und über einen kapazitiven Querwiderstand (als Nebenschluß) abgeleitet, während im zweiten Fall die Wechselströme niedriger Frequenz durch kapazitive Längswiderstände blockiert und über induktive Querwiderstände abgeleitet, jedoch die hoher Frequenz durchgelassen, aber deren Ableitung gedrosselt werden.

Im folgenden soll der Verlauf des *Dämpfungsmaßes a* sowie des *Phasenmaßes b* (vgl. Gl. [76a]) in Abhängigkeit von der Kreisfrequenz ω ($\omega = 2\pi f$) rechnerisch zunächst für T- und Π-Schaltungen ermittelt werden. Hierzu gehen wir von der Beziehung für das Wellenübertragungsmaß $\underline{g}$ aus, die sich für *T- und Π-Schaltung* als gleichlautend herausgestellt hat ([78e, 79e]), was bedeutet, daß diese beiden Schaltungen hinsichtlich ihres *Dämpfungs* (a)- und *Phasenverhaltens* (b)- *äquivalent* sind. Diese Beziehung lautet:

$$\cosh \underline{g} = 1 + \frac{\underline{R}_1}{2\underline{R}_2}. \qquad [81\,a]$$

Durch folgende Umformung läßt sich die Funktion $\cosh \underline{g}$ auf die für den vorliegenden Zweck brauchbarere Funktion $\sinh \underline{g}/2$ zurückführen. Zunächst fassen wir $\underline{g}$ als $\underline{g}/2 + \underline{g}/2$ auf, so daß sich die Anwendung einer Summenformel anbietet:

$$\cosh\left(\frac{\underline{g}}{2} + \frac{\underline{g}}{2}\right) = \cosh^2 \frac{\underline{g}}{2} + \sinh^2 \frac{\underline{g}}{2} = 1 + \frac{\underline{R}_1}{2\underline{R}_2}; \qquad [81\,b]$$

mit

$$\cosh^2 \frac{\underline{g}}{2} - \sinh^2 \frac{\underline{g}}{2} = 1$$

erhält man durch Subtraktion dieser beiden Beziehungen:

$$\sinh \frac{\underline{g}}{2} = \frac{1}{2}\sqrt{\frac{\underline{R}_1}{\underline{R}_2}}. \qquad [81\,c]$$

Durch Einsetzen der Werte von $\underline{R}_1$ und $\underline{R}_2$ nach [80h] folgt:

$$\sinh \frac{\underline{g}}{2} = j\omega \frac{\sqrt{LC}}{2} = j\frac{\omega}{\omega_0} = j\eta, \qquad [81\,d]$$

wobei ω_0 für $\frac{2}{\sqrt{LC}}$ gesetzt ist und $\eta = \frac{\omega}{\omega_0} = \frac{f}{f_0}$ als normierte (Kreis-) Frequenz für $\omega = \omega_0$ bzw. $f = f_0$ (Eigen-(kreis-)frequenz des Widerstandssystems L, C) den Wert 1 annimmt. Die Gleichung [81c] sagt aus, daß der hyperbolische Sinus der komplexen Funktion $g = a + jb$ rein imaginäre Werte $j\eta$ besitzt:

$$\left.\begin{aligned} \sinh\left(\frac{a}{2} + j\frac{b}{2}\right) &= \sinh\frac{a}{2}\cosh j\frac{b}{2} \\ &\quad + \cosh\frac{a}{2}\sinh j\frac{b}{2} = j\eta \\ \text{bzw.} \quad \sinh\frac{a}{2}\cos\frac{b}{2} &+ j\cos\frac{a}{2}\sin\frac{b}{2} = j\eta\,. \end{aligned}\right\} \qquad [81\,e]$$

Ein Koeffizientenvergleich zwischen den Real- und Imaginärteilen fordert:

$$\begin{aligned} \sinh\frac{a}{2}\cos\frac{b}{2} &= 0\,, \\ \cosh\frac{a}{2}\sin\frac{b}{2} &= \eta\,. \end{aligned} \qquad [81\,f]$$

Aus der ersten der beiden Gleichungen [81 f] ergeben sich drei Möglichkeiten, durch die diese Gleichung erfüllt wird:

$$1.\ \sinh\frac{a}{2} = 0\,; \qquad 2.\ \cos\frac{b}{2} = 0\,; \qquad 3.\ \sinh\frac{a}{2} = \cos\frac{b}{2} = 0\,. \qquad [81\,g]$$

Aus [81 f] folgt:

$$a = 0 \qquad [81\,h]$$

und wegen $\cosh a/2 = \cosh 0 = 1$ ergibt die 2. Gleichung von [81 f]

$$b = 2\arcsin\eta \qquad [81\,i]$$

für $\eta = 0 \to 1$.

2. Aus [81 f] ergibt sich:

$$b = (\pm)\,\pi \qquad [81\,k]$$

und wegen $\sin(b/2) = \sin(\pi/2) = 1$ folgt aus der 2. Gleichung von [81 f]:

$$a = 2\,\text{arcosh}\,\eta \qquad [81\,l]$$

für $\eta \geqq 1$ (da $\cosh(a/2) > 1$).

Die 3. Möglichkeit von [81 *g*] gilt nur für den Grenzfall $\eta = 1$ ($\omega = \omega_0$). Der graphische Verlauf von b und a ist in Abb. 58a dargestellt. Dieser bestätigt, daß die hinsichtlich der *Wellenübertragung äquivalenten T- und Π-Schaltungen* (Abb. 54a, b) als *Tiefpässe* wirken und alle Schwingungen mit Kreisfrequenzen kleiner als die Eigenkreisfrequenz ($\omega < \omega_0$) ungedämpft ($a = 0$) durchlassen (Durchlaßbereich), während für $\omega > \omega_0$ die Dämpfung entsprechend dem Verlauf der hyperbolischen Funktion exponentiell anwächst ($a \to \infty$) (Sperrbereich). Im ungedämpften Bereich ($\omega < \omega_0$) findet eine Phasenverschiebung der Schwingung um den Winkel π statt; im Gebiet stark wachsender Dämpfung ($\omega > \omega_0$) hingegen bleibt die Phase konstant.

Das *Hochpaß-Verhalten* der äquivalenten T- und Π-Schaltungen ergibt sich bei Vertauschung der Eigenschaften der Längs- und Querwiderstände, in dem wir für $\underline{R}_1$ und $\underline{R}_2$ statt [80i] setzen:

$$\underline{R}_1 = \frac{1}{j\omega C}; \quad \underline{R}_2 = j\omega L. \qquad [82\text{a}]$$

Wir führen diese Werte in [81b] ein und erhalten:

$$\sinh\frac{\underline{g}}{2} = \frac{1}{2}\sqrt{\frac{\underline{R}_1}{\underline{R}_2}} = \frac{1}{j\omega}\cdot\frac{2}{\sqrt{LC}} = -\,j\frac{\omega_0}{\omega} = -\,j\frac{1}{\eta}, \qquad [82\text{b}]$$

wobei wiederum ω_0 für $\frac{2}{\sqrt{LC}}$ steht und $\eta = \frac{\omega}{\omega_0} = \frac{f}{f_0}$ die normierte (Kreis-)Frequenz bedeutet. An die Stelle der Beziehung [81e] tritt die Gleichung:

$$\begin{aligned} \sinh\frac{\underline{g}}{2} &= \sinh\left(\frac{a}{2} + j\frac{b}{2}\right) \\ &= \sinh\frac{a}{2}\cos\frac{b}{2} + j\cosh\frac{a}{2}\sin\frac{b}{2} = -j\eta\,. \end{aligned} \qquad [82\text{c}]$$

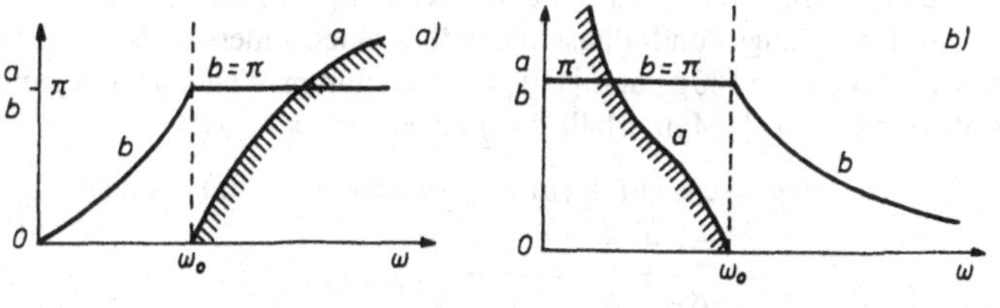

Abb. 58. Verlauf von Dämpfung (a) und Phase (b) des a) Tiefpasses; b) Hochpasses; für die äquivalenten, d. h. gleiches Wellenübertragungsmaß $\underline{g}$ besitzenden, Schaltungen nach Abb. 56 und 57

Ein Koeffizientenvergleich liefert entsprechend den Gleichungen [81f] die Beziehungen:

$$\sinh\frac{b}{2}\cos\frac{a}{2} = 0\,,$$
$$\cosh\frac{a}{2}\sin\frac{b}{2} = -\frac{1}{\eta} \qquad [82\text{d}]$$

Es sind wieder die drei Möglichkeiten nach [81g] zu unterscheiden, wobei die dritte nur den weniger interessierenden Grenzfall $\eta = 1$ betrifft. Der erste Fall: $\sinh a/2 = 0$ liefert analog zu [81h] und [81i]:

$$a = 0 \qquad [82\text{e}]$$

und

$$b = -2\arcsin\frac{1}{\eta} \qquad [82\text{f}]$$

für $\eta = \infty \to 1$.

Für den zweiten Fall $\cos b/2 = 0$ erhalten wir entsprechend [81i] und [81k]:

$$b = -\pi \qquad [82\text{g}]$$

und

$$a = 2\,\text{arcosh}\frac{1}{\eta} \qquad [82\text{h}]$$

für $\eta = 1 \to 0$.

Den graphischen Verlauf von Dämpfung (a) und Phasenverschiebung (b) findet man in Abb. 58b wiedergegeben. Er zeigt, wie erwartet, die Eigenschaften eines Hochpasses an: *Starke Dämpfung* und keine Änderung der Phase gemäß [82h] und [82g] im Bereich von $\omega < \omega_0$ (Sperrbereich), *keine Dämpfung*, d. h. Durchlässigkeit für $\omega > \omega_0$ und eine Phasenänderung von $-\pi$ auf 0 entsprechend [82e] und 82f].

Das Dämpfungs- und Phasenverhalten einer widerstandsreziproken X-Schaltung nach [80g] und [80i] folgt aus ihrem Wellenübertragungsmaß gemäß [80e]. Man erhält für $\underline{g}$ einen *reellen* Wert:

$$\cosh\underline{g} = \cosh(a + jb) = \cosh a\cos b + j\sinh a\sin b$$
$$= \frac{\underline{R}_1 + \underline{R}_2}{\underline{R}_1 - \underline{R}_2} = \frac{1 - \omega^2 LC}{1 + \omega^2 LC}\,. \qquad [82\text{i}]$$

Ein Koeffizientenvergleich ergibt:

$$a = 0 \quad (\text{für } \omega = 0 \to \infty) \qquad [82\text{k}]$$

und wegen:

$$\cos b = \frac{1 - \omega^2 LC}{1 + \omega^2 LC}, \tag{82l}$$

$$b = 0 \to \pm\pi \to 0 \quad (\text{für } \omega = 0 \to \infty) \tag{82m}$$

d. h., die X-Schaltung ist wegen [82k] ein *Allpaß*, dessen unendlichgroße Bandbreite alle Frequenzen *ungedämpft* durchläßt. Hingegen verursacht die X-Schaltung eine Phasenverschiebung [82m] und eignet sich daher für Schaltkreise zur *Phasenentzerrung*.

Die Abb. 58a und b machen auch klar, daß die Filterwirkung *keine* ideale *scharfe Grenze* zwischen Sperr- und Durchlaßbereich aufweist, und es der Kettenschaltung von Vierpolen geeigneten inneren Aufbaues bedarf, um sich dem idealen Ziel zu nähern. Ebenso ist aus den Abbildungen ersichtlich, daß eine Kombination von Hoch- und Tiefpässen zu Bandfiltern führt. Auf diese Möglichkeiten wird in Abschn. 3.2.2. näher eingegangen. Zunächst jedoch soll gezeigt werden, daß man die Eigenschaften einer Doppeleitung ableiten kann, wenn man sie als eine Kettenschaltung gleichartiger Vierpole der diskutierten Arten auffaßt.

3.2.1. Doppelleitung

Eine homogene Leitung kann man in beliebig kurze Teile ihrer Länge aufgliedern, die man als einander gleichende Vierpole in T-Schaltung auffaßt. Sie enthalten komplexe Längs- und Querwiderstände mit ohmschen Komponenten, die zu Energieverlusten durch *Joule*sche Wärme im Haupt- und Nebenschluß führen. Dann hat ein einzelnes Glied der aus einer Vierpolkette von T-Schaltungen bestehenden, homogenen Leitung die in Abb. 59 wiedergegebene Gestalt. Das Wellenverhalten wird am zweckmäßigsten mittels des Kennwertpaares: Wellenwiderstand $\underline{Z}_w$, Wellenübertragungsmaß $\underline{g}$ durch die Kettengleichung [58a] beschrieben. Hierzu sind deren Vierpolparameter $\underline{A}_{ik}$ durch $\underline{Z}_w$ und $\underline{g}$ zum Ausdruck zu bringen. Am einfachsten gehen wir dabei von der Widerstandsgleichung [56a] aus, indem wir deren Vierpolparameter $\underline{Z}_{ik}$ ihrer Bedeutung nach [56b] durch die Widerstände $\underline{R}_1$ und $\underline{R}_2$ der T-Schaltung zum Ausdruck bringen. Unter Beachtung von [78a] und [78b] erhalten wir:

$$\begin{aligned} \underline{Z}_{11} &= \left(\frac{\underline{R}_1}{2} + \underline{R}_2\right); \quad \underline{Z}_{12} = -\underline{R}_2\,; \\ \underline{Z}_{21} &= +\underline{R}_2\,; \quad \underline{Z}_{22} = -\left(\frac{\underline{R}_1}{2} + \underline{R}_2\right). \end{aligned} \tag{83a}$$

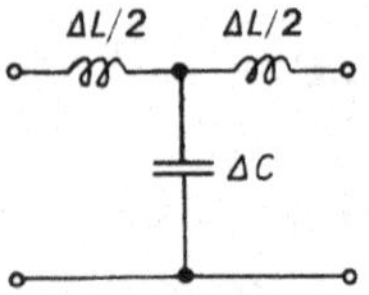

Abb. 59. Teilvierpol einer Doppelleitung

Nunmehr lassen sich mittels der Zusammenstellung [63] die $\underline{Z}_{ik}$ in die $\underline{A}_{ik}$ der Kettengleichung umrechnen, so daß sich diese Größen ebenfalls als durch $\underline{R}_1$ und $\underline{R}_2$ ausgedrückt ergeben:

$$\underline{A}_{11} = \frac{\underline{R}_1}{2\underline{R}_2} + 1\,; \quad \underline{A}_{12} = \frac{1}{\underline{R}_2}\left(\underline{R}_1\underline{R}_2 + \frac{\underline{R}_1^2}{4}\right); \quad \underline{A}_{21} = \frac{1}{\underline{R}_2}\,; \quad \underline{A}_{22} = \frac{\underline{R}_1}{2\underline{R}_2} + 1\,. \qquad [83\text{b}]$$

Der Rückgriff auf die Beziehungen [78c] und [78e]:

$$\cosh \underline{g} = \frac{\underline{R}_1}{2\underline{R}_2} + 1 \quad \text{und} \quad \underline{Z}_w = \sqrt{\underline{R}_1\underline{R}_2 + \frac{\underline{R}_1^2}{4}} \qquad [83\text{c}]$$

sowie die Berechnung von $\sinh \underline{g}$ aus $\cosh \underline{g}$ (vgl. [81a]) zu:

$$\sinh \underline{g} = \frac{1}{\underline{R}_2}\sqrt{\left(\underline{R}_1\underline{R}_2 + \frac{\underline{R}_1^2}{4}\right)} = \frac{\underline{Z}_w}{\underline{R}_2}$$

bzw. [83d]

$$\frac{1}{\underline{R}_2} = \frac{\sinh \underline{g}}{\underline{Z}_w}$$

lassen für die Kettenparameter $\underline{A}_{ik}$ folgende Werte finden:

$$\underline{A}_{11} = \cosh \underline{g}\,; \quad \underline{A}_{12} = \underline{Z}_w \sinh \underline{g}\,; \quad \underline{A}_{21} = \frac{\sinh \underline{g}}{\underline{Z}_w}\,; \quad \underline{A}_{22} = \cosh \underline{g}\,. \qquad [83\text{e}]$$

Mit diesen ergibt sich das Vierpol-Kettengleichungspaar, das in der Nachrichtentheorie allgemein als die *Leitungsgleichungen* bekannt ist:

$$\begin{aligned} \underline{u}_1 &= \cosh \underline{g} \quad\; u_2 + \underline{Z}_w \sinh \underline{g}\; \underline{i}_2 \\ \underline{i}_1 &= \frac{1}{\underline{Z}_w}\sinh \underline{g}\; \underline{u}_2 + \cosh \underline{g} \quad\; \underline{i}_2\,. \end{aligned} \qquad [83\text{f}]$$

Unter der Annahme, daß die Widerstände $\underline{R}_1$ und $\underline{R}_2$ keine ohmschen Anteile enthalten, die Leitung also verlustfrei ist, spricht man von einer idealen Leitung. Verlustlosigkeit bedeutet Dämpfungsfreiheit und nach [76a] das Verschwinden des reellen Dämpfungsmaßes ($a = 0$).

Daher wird das Wellenübertragungsmaß rein imaginär ($\underline{g} = jb$), und die Vierpolgleichungen [83f] der *homogenen* Leitung gehen über in die Gleichung der *idealen* Leitung:

$$\begin{aligned} \underline{u}_1 &= \cos b \quad \underline{u}_2 + j\underline{Z}_w \sin b \; \underline{i}_2 \\ \underline{i}_1 &= \frac{j}{\underline{Z}_w} \sin b \; \underline{u}_2 + \cos b \quad \underline{i}_2 \end{aligned} \qquad [83\text{g}]$$

Eine weitere Vereinfachung kann man erzielen, wenn man beachtet, daß wegen der beliebig wählbaren Kleinheit der T-Kettenglieder die Parameter $\underline{Z}_w$ und $\underline{g}$ eine näherungsweise Darstellung erfahren können. Vernachlässigen wir nämlich in [83c] und [83d] $\underline{R}_1^2/4$ im Radikanden des Ausdrucks für $\underline{Z}_w$ gegenüber $\underline{R}_1 \underline{R}_2$ und ziehen in Betracht, daß für kleine Werte des Übertragungsmaßes $\underline{g}$ der Sinus in [83d] bzw. [83g] durch den Bogen ersetzt werden kann ($\sin b \approx b$), so folgt:

$$\underline{Z}_w = \sqrt{\underline{R}_1 \underline{R}_2}\,; \quad \underline{b} = \frac{\underline{R}_1}{\underline{R}_2}. \qquad [83\text{h}]$$

Für $\underline{R}_1 = j\omega L$ und $\underline{R}_2 = 1/j\omega C$ *je Längeneinheit* (Abb. 59) ergibt sich daher ein reeller Wellenwiderstand Z_w und ein imaginäres Phasenmaß b:

$$Z_w = \sqrt{\frac{L}{C}}\,; \quad \underline{b} = j\omega\sqrt{LC}\,l, \qquad [83\text{i}]$$

wobei l die Leitungslänge bedeutet.

Den Stromspannungsverlauf längs der Doppelleitung als Funktion von x ($x = 0 - l$) erhält man, wenn man in [83i] x statt l einsetzt und entweder $\underline{u}_1, \underline{i}_1$ oder $\underline{u}_2, \underline{i}_2$ als Funktion von x betrachtet, wobei jeweils $\underline{u}_2, \underline{i}_2$ bzw. $\underline{u}_1, \underline{i}_1$ bekannt sein müssen. Da die Determinanten der Vierpolparameter der Leitungsgleichungen [83f] und [83g] wegen [81a] den Wert 1 haben, erhält man die Leitungsgleichung bei Beschreibung durch die umgekehrten Vierpole (vgl. [62d]) einfach durch Vertauschung der Indizes 1, 2 von u und i in den Leitungsgleichungen [83g]. Zur Berechnung von $\underline{u}(x)$ und $\underline{i}(x)$ der idealen Leitung bei (1.) bekannten Eingangs- bzw. (2.) Ausgangsgrößen erhalten wir aus [83g]:

1.
$$\begin{aligned} u(x) &= \cos\omega\sqrt{LC}x \quad u_1 + j\underline{Z}_w \sin\omega\sqrt{LC}x \; \underline{i}_1 \\ i(x) &= \frac{j}{\underline{Z}_w} \sin\omega\sqrt{LC}x \; \underline{u}_1 + \cos\omega\sqrt{LC}x \quad \underline{i}_1 \end{aligned} \qquad [83\text{j}]$$

$$2. \quad \begin{aligned} u(x) &= \cos\omega\sqrt{LC}x \quad \underline{u}_2 + j\underline{Z}_w \sin\omega\sqrt{LC}x \; \underline{i}_2 \\ i(x) &= \frac{j}{\underline{Z}_w}\sin\omega\sqrt{LC}x \; \underline{u}_2 + \cos\omega\sqrt{LC}x \quad \underline{i}_2 . \end{aligned} \qquad [83k]$$

Diese über vierpoltheoretische Betrachtungen gewonnenen Leitungsgleichungen [83g] ergeben sich in der älteren Nachrichtentheorie aus der sogenannten „*Telegraphengleichung*". Auch dabei geht man von einem kurzen Leitungsstück (der Länge $x \to dx$) aus, von einem Leitungselement mit den Werten R, G, L und C (*ohm*scher Längswiderstand, *ohm*sche Querleitfähigkeit, Induktion und Kapazität je Längeneinheit). Längs des kurzen Leitungsstückes treten ein Spannungsabfall von $-\frac{\partial \underline{U}}{\partial x}$ und ein Stromverlust von $-\frac{\partial \underline{I}}{\partial x}$ auf, verursacht durch R und L einerseits sowie G und C andererseits. Haben Spannung und Strom an der Stelle x die Werte $\underline{U}(x,t)$ bzw. $\underline{I}(x,t)$, so besitzen sie am Ort $x + \Delta x (\Delta x \to dx)$ die Werte $\underline{U} - \frac{\partial \underline{U}}{\partial x}\Delta x$ bzw. $\underline{I} - \frac{\partial \underline{I}}{\partial x}\Delta x$. Wir dürfen daher für die Spannungs- bzw. Stromverluste schreiben:

$$\begin{aligned} -\frac{\partial \underline{U}}{\partial x} &= R\underline{I} + L\frac{\partial \underline{I}}{\partial t} \\ -\frac{\partial \underline{I}}{\partial x} &= G\underline{U} + C\frac{\partial \underline{U}}{\partial t} . \end{aligned} \qquad [84a]$$

Differenziert man die erste der beiden Differentialgleichungen partiell nach x und setzt für $\frac{\partial \underline{I}}{\partial x}$ die zweite der Gleichungen, so gewinnt man eine Differentialgleichung, in der ein gemischter partieller Differentialquotient 2. Ordnung auftritt, nämlich $\frac{\partial^2 \underline{I}}{\partial x \partial t}$. Diesen eliminiert man durch Differentiation der zweiten Differentialgleichung nach t und Einsetzen des so erhaltenen Ausdrucks in die erste. Auf diese Weise ergibt sich die Telegraphengleichung für die Spannung $\underline{U}(x)$:

$$\frac{\partial^2 \underline{U}}{\partial x^2} = RG\underline{U} + (RC + GL)\frac{\partial \underline{U}}{\partial t} + LC\frac{\partial^2 \underline{U}}{\partial t^2} . \qquad [84b]$$

Geht man entsprechend wie bei der Ableitung von [84b] vor, differenziert jedoch die zweite Differentialgleichung in zwei Schritten zuerst nach x und dann nach t, so erhält man der Form nach die gleiche partielle Differentialgleichung wie [84b] für $\underline{I}(x)$:

$$\frac{\partial^2 \underline{I}}{\partial x^2} = RG\underline{I} + (RC + GL)\frac{\partial \underline{I}}{\partial t} + LC\frac{\partial^2 \underline{I}}{\partial t^2} . \qquad [84c]$$

Die allgemeine Lösung dieser beiden Differentialgleichungen beschreibt einen mit der Zeit abklingenden Einschwingvorgang (vgl. Abschn. 1.1.2., Gl. [21i])

und einen stationären eingeschwungenen Zustand, d. h. sie liefern mit letzterem das System der sogenannten *Leitungsgleichungen*. Für den stationären Zustand dürfen wir einen periodischen Zeitablauf ansetzen und daher schreiben:

$$\underline{U}(x,t) = \underline{u}(x)e^{j\omega t}$$
$$\underline{I}(x,t) = \underline{i}(x)e^{j\omega t} \quad . \qquad [84d]$$

Damit gehen die Gleichungen [84a] über in:

$$-\frac{d\underline{u}}{dx} = (R + j\omega L)\underline{i} = \underline{R}\,\underline{i},$$
$$-\frac{d\underline{i}}{dx} = (G + j\omega C)\underline{u} = \underline{G}\,\underline{u}, \qquad [84e]$$

wobei totale Differentialquotienten anstelle der partiellen geschrieben wurden, weil $u(x)$, $i(x)$ nur noch Funktionen *einer* Veränderlichen sind, und die Telegraphengleichungen [84b] und [84c] nehmen eine Gestalt an, aus der $\underline{u}$ und $\underline{i}$ als Funktionen von x bestimmt werden können:

$$\frac{d^2\underline{u}}{dx^2} = \underline{R}\,\underline{G}u = \underline{g}_1 u,$$
$$\frac{d^2\underline{i}}{dx^2} = \underline{R}\,\underline{G}i = \underline{g}_1 i, \qquad [84f]$$

mit $\underline{g}_1$ als auf die Längeneinheit bezogenem Wellenübertragungsmaß.

Die allgemeine Lösung dieser gewöhnlichen Differentialgleichungen 2. Ordnung lauten (vgl. Abschn. 1.1.2., Gl. [8b]) mit $\underline{u}_h, \underline{u}_r$ und $\underline{i}_h, \underline{i}_r$ als Integrationskonstanten:

$$\underline{u}(x) = \underline{u}_h e^{-\underline{g}_1 x} + \underline{u}_r e^{+\underline{g}_1 x} \qquad [84g]$$

bzw.

$$\underline{i}(x) = \underline{i}_h e^{-\underline{g}_1 x} + \underline{i}_r e^{+\underline{g}_1 x}, \qquad [84h]$$

wobei die charakteristische Gleichung (vgl. Abschn. 1.1.2., Gl. [9]) für $\underline{g}_1$ liefert:

$$\underline{g}_1 = \pm\sqrt{\underline{R}\,\underline{G}} = \pm\sqrt{(R + j\omega L)(G + j\omega C)} = \pm(a_1 + jb_1). \qquad [84i]$$

Die Integrationskonstanten $\underline{i}_h$ und $\underline{i}_r$ lassen sich durch die Integrationskonstanten $\underline{u}_h$ und $\underline{u}_r$ ausdrücken, wenn man die Gleichung [84g] in die erste Gleichung von [84e] einsetzt. Dies ergibt nämlich:

$$\underline{i}(x) = \frac{\underline{g}_1}{\underline{R}}\underline{u}_h e^{-\underline{g}_1 x} - \frac{\underline{g}_1}{\underline{R}}\underline{u}_r e^{+\underline{g}_1 x}. \qquad [84k]$$

Unter Beachtung von [83g] und [84i] sowie, wenn wir $\underline{Z}_w = \sqrt{\underline{R}/\underline{G}}$ setzen, folgt:

$$i(x) = \frac{\underline{u}_h}{\underline{Z}_w} e^{-\underline{g}_1 x} - \frac{\underline{u}_r}{\underline{Z}_w} e^{+\underline{g}_1 x}. \qquad [84l]$$

Die Integrationskonstanten $\underline{u}_h$ und $\underline{u}_r$ wollen wir nunmehr durch die Spannungs- und Stromwerte $\underline{u}_1$ bzw. $\underline{i}_1$ am Anfang der Leitung ($x = 0$) oder durch die korrespondierenden Werte für das Leitungsende ($x = l$) durch u_2 bzw. i_2 ausdrücken. Aus den Gln. [84g] bzw. [84l] erhält man:

$$\underline{u}_1 = \underline{u}_h + \underline{u}_r\,; \qquad \underline{Z}_w \underline{i}_1 = \underline{u}_h - \underline{u}_r\,,$$

d. h.:

$$\begin{aligned} \underline{u}_h &= \tfrac{1}{2}(\underline{u}_1 + \underline{Z}_w \underline{i}_1)\,, \\ \underline{u}_r &= \tfrac{1}{2}(\underline{u}_1 - \underline{Z}_w \underline{i}_1)\,, \end{aligned} \qquad [84m]$$

bzw. mit $\underline{g} = \underline{g}_1 \underline{l}$:

$$\underline{u}_2 = \underline{u}_h e^{-\underline{g}} + \underline{u}_r e^{+\underline{g}}\,; \qquad \underline{Z}_w \underline{i}_2 = \underline{u}_h e^{-\underline{g}} - \underline{u}_r e^{+\underline{g}}\,,$$

d.h.:

$$\begin{aligned} \underline{u}_h &= \tfrac{1}{2} e^{-\underline{g}}(\underline{u}_2 + \underline{Z}_w \underline{i}_2)\,, \\ \underline{u}_r &= \tfrac{1}{2} e^{-\underline{g}}(\underline{u}_2 - \underline{Z}_w \underline{i}_2)\,. \end{aligned} \qquad [84n]$$

Ein Gleichsetzen von $\underline{u}_h$ bzw. $\underline{u}_r$ aus [84m] und [84n] und anschließende Addition und Subtraktion der beiden erhaltenen Gleichungen liefert in Übereinstimmung mit [83f] die *Leitungsgleichungen* in der allgemeinen Form:

$$\begin{aligned} \underline{u}_1 &= \cosh \underline{g} \;\; \underline{u}_2 + \underline{Z}_w \sinh \underline{g} \;\; \underline{i}_2\,, \\ \underline{i}_1 &= \frac{\sinh \underline{g}}{\underline{Z}_w} \;\; \underline{u}_2 + \cosh \underline{g} \;\; \underline{i}_2\,. \end{aligned} \qquad [84o]$$

3.2.2. Übersetzer

Zu den einfachen linearen Vierpolen gehört auch die Gruppe der *Übersetzer*, insbesondere der *Übertrager* (Transformator) und der *Gyrator* (Impedanzkonverter). Die Kettendeterminanten und deren Werte für die beiden Übersetzer in idealer, verlustloser Schaltung sind:

$$\text{Übertrager:} \quad |A|_{ü} = \begin{vmatrix} ü & 0 \\ 0 & \frac{1}{ü} \end{vmatrix} = +1\,, \qquad [84p]$$

$$\text{Gyrator:} \quad |A|_G = \begin{vmatrix} 0 & R \\ \frac{1}{R} & 0 \end{vmatrix} = -1\,. \qquad [84q]$$

Hierbei bedeutet *ü* das Windungsverhältnis des Übertragers (im Idealfall: $ü = 1$) und R den Gyrationswiderstand (Kopplungswiderstand des Gyrators). Das Vorzeichen der Kettendeterminanten zeigt an, daß der ideale Übertrager ein symmetrischer, der ideale Gyrator hingegen ein unsymmetrischer Vierpol ist (vgl. Abschn. 3.1.1., Gl. [59b]).

Bei Abschluß der Ausgänge der Übersetzer mit dem jeweiligen Wellenwiderstand $\underline{Z}_{w2}$ gilt bei der Widerstandsübersetzung zum zugehörigen Eingang für dessen jeweiligen Wellenwiderstand $\underline{Z}_{w1}$:

beim Übertrager: $$\underline{Z}_{w1} = ü^2 \underline{Z}_{w2}, \qquad [84\mathrm{r}]$$

beim Gyrator: $$\underline{Z}_{w1} = R^2/\underline{Z}_{w2}. \qquad [84\mathrm{s}]$$

Nach [84r] beträgt die Eingangsimpedanz des Übertragers das $ü^2$-fache der Ausgangsimpedanz, während beim Gyrator die Eingangsimpedanz den reziproken Wert der Ausgangsimpedanz annimmt (vgl. [80g]). Dabei ist der *reelle Gyrationswiderstand* ($R = \sqrt{\underline{Z}_{w1}\underline{Z}_{w2}}$) das geometrische Mittel der beiden Wellenwiderstände, wenn diese rein *imaginäre* Werte besitzen.

Auf diese Eigenschaften des Gyrators hat *K. Braun* (60) bereits im Jahre 1944 hingewiesen. Danach gilt für die Konversion einer Induktivität in eine Kapazität durch einen idealen Gyrator, wenn $\underline{Z}_{w2} = 1/j\omega C$ ist, nach [84s]:

$$\underline{Z}_{w1} = R^2 j\omega C = j\omega L. \qquad [84\mathrm{t}]$$

Braun erkannte auch schon die Bedeutung dieser Beziehung, nämlich daß der Gyrator eine Induktivität in eine Kapazität und umgekehrt umwandelt, d. h. als *Impedanzkonverter* wirkt. Aus [84t] folgt die *Braun*sche Formel:

$$L = CR^2. \qquad [84\mathrm{u}]$$

Für die Herstellung von Induktivitäten beliebiger Größe durch die Fertigungstechnologie integrierter Schaltungen (Abschn. 2.4.4.2., Abb. 47d) hat die *Braun*sche Formel praktische Bedeutung erlangt. Denn es bereitete dieser Technologie bisher selbst Schwierigkeiten, kleine Induktivitäten durch ihre Verfahren (vgl. Abschn. 2.4.4., S. 104) herzustellen. Die Rückführung der Induktivität auf eine Kombination von Gyrator, Kapazität und Widerstand erlaubt nunmehr auch LC-Netzwerke zu integrieren. Denn auch der Gyrator kann aus integrierbaren Schaltelementen aufgebaut werden.

Verglichen mit einem umkehrbaren Vierpol, bei dem unbeschadet seiner Wirkungsweise Ein- und Ausgang vertauscht werden können, tritt beim Gyrator durch ein solches Vertauschen am leerlaufenden Ende eine Umkehr der Spannungsrichtung ein (*unsymmetrischer* Vierpol). Der Gyrator ist grundsätzlich aus passiven Bauelementen zusammensetzbar. Man verwendet jedoch hierzu auch aktive Bauelemente wie Röhren oder Transistoren (61).

Die Vierpolgleichungen des idealen Gyrators in der Widerstandsform [56a] nehmen, wenn wir $Z_{12} = Z_{21} = R$ setzen, die einfache Gestalt an:

$$\begin{aligned} \underline{u}_1 &= R\underline{i}_2 , \\ \underline{u}_2 &= R\underline{i}_1 . \end{aligned} \qquad [84\,v]$$

Hierbei charakterisiert der Gyrationswiderstand R die wechselseitige Kopplung von Eingangs- und Ausgangskreis. Dies ist sehr gut am – zum Gyrator umfunktionierten – Zweidrahtverstärker zu erkennen (Abb. 60). Im Zweidrahtverstärker werden die beiden Übertragungsrichtungen wegen der Unipolarität seiner aktiven Schaltelemente durch *zwei* Gabelübertrager mit Leitungsnachbildungen Z_N mittels zweier Brückenschaltungen getrennt. Die Umpolung *eines* Gabelübertragers führt dieses Netzwerk in einen aktiven, unsymmetrischen Gyrator-Vierpol über. Dieser konvertiert eine am einen Ende angeschaltete Kapazität in eine Induktivität am anderen Ende und umgekehrt.

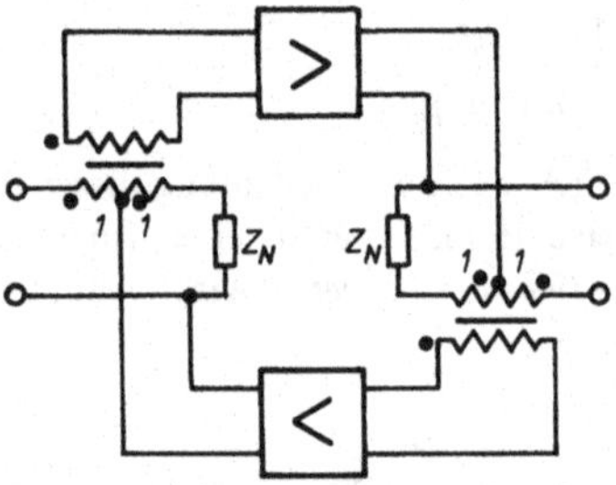

Abb. 60. Zweidrahtverstärker mit einseitig umgepolten Gabelübertrager als Gyrator nach *Nonnenmacher* und *Schreiber*

3.2.3. Filter

Bei der Behandlung der Durchlässigkeits- und Sperreigenschaften von T- und Π-Schaltungen in Abschn. 3.2. ist darauf hingewiesen worden, daß sich aus den dort beschriebenen Hoch- und Tiefpässen Netzwerke kombinieren lassen, sogenannte *Bandpässe* bzw. *-sperren* (*Bandfilter, Siebketten*), die nur in bestimmten Frequenzbereichen durchlässig oder sperrend sind. Dies soll im folgenden an Hand einiger Beispiele erörtert werden.

Ein einfacher *Bandpaß* soll für *einen* möglichst scharf begrenzten Frequenzbereich durchlässig sein. Er muß daher einen Durchlaßbereich (DB) für diese Frequenzen besitzen und für niedrigere wie auch höhere Frequenzen einen Sperrbereich (SpB) aufweisen. Dieser Anforderung genügt beispielsweise die in Abb. 61a wiedergegebene T-Schaltung. Als Längswiderstand $\underline{R}_1$ in der Bezeichnungsweise von Abschn. 3.2. enthält sie zwei Reihenschwingkreise, als Querwiderstand einen Parallelschwingkreis, der sich zum Reihenschwingkreis widerstandsreziprok (vgl. [80g]) verhält. Beide Kreise sollen zweckmäßigerweise auch die gleichen Eigenfrequenzen besitzen:

$$\omega_{0R} = \frac{1}{\sqrt{LC}} = \omega_{0P} = \frac{1}{\sqrt{L'C'}} = \omega_0 . \qquad [85a]$$

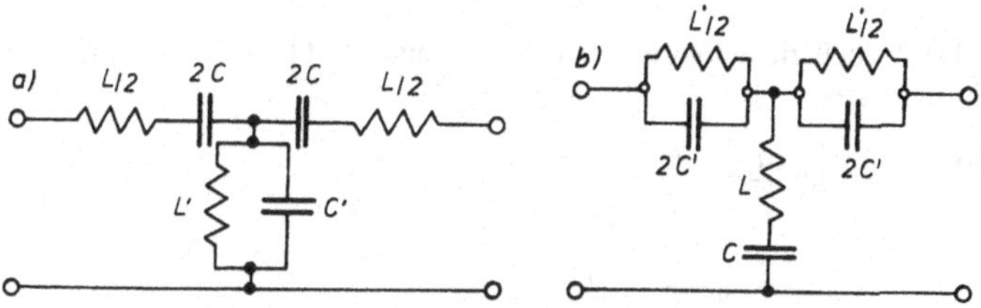

Abb. 61. Doppelsiebe als Bandfilter a) Bandpaß; b) Bandsperre

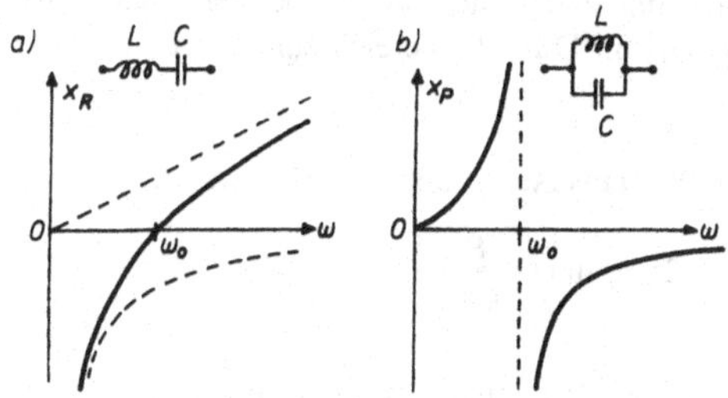

Abb. 62. Verlauf der Impedanz x_R bzw. x_P eines a) Reihenschwingkreises; b) Parallelschwingkreises

Im Resonanzfall verschwindet der Widerstand des Reihenschwingkreises (Abb. 62a), während der des Parallelschwingkreises gegen den Wert ∞ tendiert (Abb. 62b). Für Kreisfrequenzen $\omega \gtrless \omega_0$ nimmt der

Widerstand des Reihenschwingkreises unbegrenzt zu (Abb. 62a), wirkt also als Sperre, der Widerstand des Parallelschwingkreises wird jedoch kleiner (Abb. 62b), vergrößert dadurch die Ableitung erwünschter bzw. unerwünschter Frequenzen und verbessert damit die Filtereigenschaften von T-Schaltungen gemäß Abb. 61a, b (*Doppelsiebe*).

Zur rechnerischen Behandlung, die zu einer Aussage über das Verhalten der Filter führen soll, gehen wir am einfachsten von der Beziehung für $\sinh \underline{g}/2$ [81c] ohne zunächst die Werte von $\underline{R}_1$ und $\underline{R}_2$ einzusetzen. Dann nimmt die fortlaufende Gl. [81e] die Gestalt an:

$$\begin{aligned}\sinh\frac{\underline{g}}{2} &= \sinh\left(\frac{a}{2}+j\frac{b}{2}\right)\\ &= \sinh\frac{a}{2}\cosh j\frac{b}{2}+\cosh\frac{a}{2}\sinh j\frac{b}{2} \qquad [85\text{b}]\\ &= j\sqrt{\left|\frac{\underline{R}_1}{4\underline{R}_2}\right|}.\end{aligned}$$

Der Koeffizientenvergleich entsprechend [81f] führt zu dem Gleichungssystem:

$$\begin{aligned}\sinh\frac{a}{2}\cos\frac{b}{2} &= 0,\\ \cosh\frac{a}{2}\sin\frac{b}{2} &= \sqrt{\left|\frac{\underline{R}_1}{4\underline{R}_2}\right|}.\end{aligned} \qquad [85\text{c}]$$

Von den unter [81g] aufgezeigten drei Möglichkeiten interessiert in unserem Zusammenhang die zweite, die bei einer verschwindenden Dämpfung [81h] im Durchlaßbereich zum Werte:

$$a = 0$$

und zu einer Phasenverschiebung b vom Betrage

$$b = 2\arcsin\sqrt{\left|\frac{\underline{R}_1}{4\underline{R}_2}\right|}$$

führt, wobei wegen [81b] $\sin b/2$ in [85c] die Werte:

$$\sin\frac{b}{2} = \sqrt{\left|\frac{\underline{R}_1}{4\underline{R}_2}\right|} = \pm 1 \qquad [85\text{d}]$$

annehmen kann. Die Wahl zwischen + und – ist dabei so zu treffen, daß sich im gegebenen Falle eine physikalisch sinnvolle Lösung ergibt.

Bei der Beziehung [81 b] in Abschn. 3.2. haben wir uns deshalb für das *positive* Vorzeichen entschieden.

Für das Verhalten des Bandpasses mit der Eigenschaft eines Doppelsiebes wird uns wegen seines entscheidenden Auftretens in den obigen Gleichungen der Ausdruck:

$$\left|\frac{\underline{R}_1}{4\underline{R}_2}\right|. \tag{85e}$$

die angestrebte Aussage über die Bandbreite $\Delta = \omega_2 - \omega_1$ des Filters liefern können.

Wir setzen nunmehr die Werte des Doppelsiebes für R_1 und R_2 in [85e] ein:

$$\begin{aligned}\left|\frac{\underline{R}_1}{4\underline{R}_2}\right| &= \left|\frac{j}{4}\left(\omega L - \frac{1}{\omega_0}\right)\cdot j\left(\omega C' - \frac{1}{\omega L'}\right)\right| \\ &= \left|-\frac{LC'}{4}\left(\omega - \frac{\omega_0^2}{\omega}\right)^2\right| = \frac{\omega = \dfrac{\omega_0^2}{\omega}}{\Delta}\,,\end{aligned} \tag{85f}$$

wobei wir nach [85a] ω_0 für die Eigenkreisfrequenzen beider Schwingkreise gesetzt haben und $LC'/4$ mit $1/\Delta^2$ bezeichneten. Wegen [85f] darf zur Ermittlung der Bandgrenzen unter Beachtung von [85d] gesetzt werden:

$$\left|\frac{\underline{R}_1}{4\underline{R}_2}\right| = \left(\frac{\omega - \dfrac{\omega_0^2}{\omega}}{\Delta}\right)^2 = 1, \tag{85g}$$

woraus wir für die Bestimmung der Bandgrenzen ω_2, ω_1 die quadratische Gleichung erhalten:

$$\omega^2 - \Delta\cdot\omega - \omega_0^2 = 0 \tag{85h}$$

mit den Lösungen:

$$\left.\begin{aligned}\omega_2 - \omega_1 &= \Delta \\ \omega_1\cdot\omega_2 &= \omega_0^2\end{aligned}\right\} \quad [85i]$$

bzw. [85i]

$$\omega_{1,2} = \sqrt{\frac{\Delta^2}{4} + \omega_0^2} \pm \frac{\Delta}{2},$$

letztere Gestalt der Lösung, weil nur positive Lösungen für eine Frequenz physikalisch sinnvoll sind. Die Größe Δ gestattet aufgrund der

Widerstandsreziprozität der beiden Kreise noch eine Umformung. Nach [80g] und [85a] gilt:

$$\underline{R}_1 \cdot \underline{R}_2 = 4Z_0^2 = \frac{j\left(\omega L - \dfrac{1}{\omega C}\right)}{j\left(\omega C' - \dfrac{1}{\omega L'}\right)} = \frac{L'}{C} = \frac{L}{C'}. \qquad [85\text{k}]$$

Hiermit ergibt sich für:

$$\Delta = \frac{2}{\sqrt{LC}} = \frac{2}{\sqrt{\dfrac{L^2}{4Z_0^2}}} = \frac{4Z_0}{L}, \qquad [85\text{l}]$$

so daß für die Frequenzbandbreite geschrieben werden kann:

$$\omega_2 - \omega_1 = \frac{4Z_0}{L}. \qquad [85\text{m}]$$

Der Dämpfungsverlauf für den erörterten *Bandpaß* ist in Abb. 63a schematisch wiedergegeben. Die Abb. 63b zeigt das hierzu duale (widerstandsreziproke) Verhalten einer *Bandsperre*. Rechnerisch läßt sich dieses in analoger Weise zu dem des Bandpasses beschreiben.

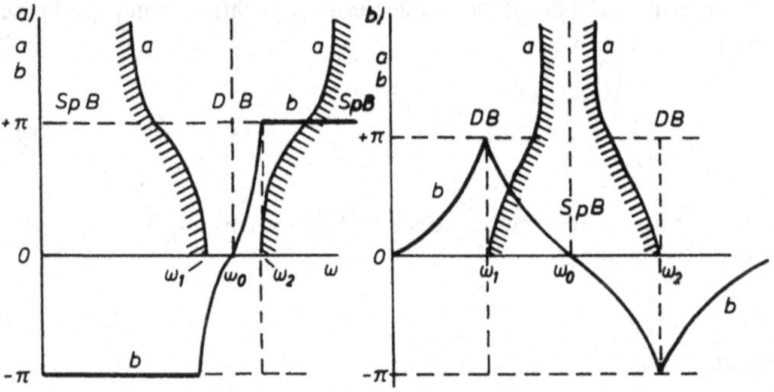

Abb. 63. Verlauf von Dämpfung (*a*) und Phase (*b*) von a) Bandpaß; b) Bandsperre

Wir bedienen uns dabei der in Abb. 61b gewählten Bezeichnungen und der durch die bestehende Widerstandsreziprozität gegebenen Möglichkeiten. Denn wegen letzterer gilt:

$$\bar{\underline{R}}_1 = \frac{1}{\underline{R}_1} \quad \text{und} \quad \bar{\underline{R}}_2 = \frac{1}{\underline{R}_2}. \qquad [86\text{a}]$$

Daraus folgt, daß wir anstelle von [85f] unter Beachtung von [85g] zu schreiben haben:

$$\left|\frac{\bar{\underline{R}}_1}{4\bar{\underline{R}}_2}\right| = \left|\frac{4\underline{R}_2}{\underline{R}_1}\right| = \left|\frac{1}{\frac{1}{4}j\left(\omega L - \frac{1}{\omega C}\right)\cdot j\left(\omega C' - \frac{1}{\omega L'}\right)}\right|$$

$$= \left(\frac{\bar{\Delta}}{\omega - \frac{\omega_0^2}{\omega}}\right)^2 = 1 = \left(\frac{\omega - \frac{\omega_0^2}{\omega}}{\bar{\Delta}}\right)^2, \qquad [86\text{b}]$$

d. h. wir erhalten entsprechend [85i]:

$$\begin{aligned} \omega_2 - \omega_1 &= \bar{\Delta}, \\ \omega_1 \cdot \omega_2 &= \omega_0^2. \end{aligned} \qquad [86\text{c}]$$

Da der Wert von Δ mittels [85k] ermittelt wurde, müssen wir entsprechend den Wert von $\bar{\Delta}$ mit Hilfe der zu [85k] analogen Gleichung bestimmen:

$$\bar{\underline{R}}_1 \cdot \bar{\underline{R}}_2 = \frac{1}{\underline{R}_1 \cdot \underline{R}_2} = \frac{j\left(\omega L - \frac{1}{\omega C}\right)}{j\left(\omega C' - \frac{1}{\omega L'}\right)} = \frac{C}{L'} = \frac{L}{C'}, \qquad [86\text{f}]$$

so daß sich wegen $\Delta = 2/\sqrt{LC'}$ unter Beachtung von [80g] anstelle von [85m] ergibt:

$$\omega_2 - \omega_1 = \frac{L}{4Z_0}. \qquad [86\text{e}]$$

Man erkennt, daß wegen [80i] und [85l] die Frequenzbandbreite der Bandsperre ($\bar{\Delta}$) größer als die des Bandpasses (Δ) bei gleichen Werten von L, C bzw. L', C' (vgl. Abb. 61a, b) in beiden Netzwerken ist:

$$\bar{\Delta} > \Delta .$$

wie auch aus den Abb. 63a und 63b ersichtlich ist.

In Abb. 64 sind nach *K. Küpfmüller* [62] Beispiele für kompliziertere Bandfilter mit einem und mehreren DB und SpB schematisch wiedergegeben.

Solche Bandfilter lassen sich rechnerisch aus einfacheren, als Filter wirkenden Vierpolen durch Kettenschaltungen zusammensetzen und

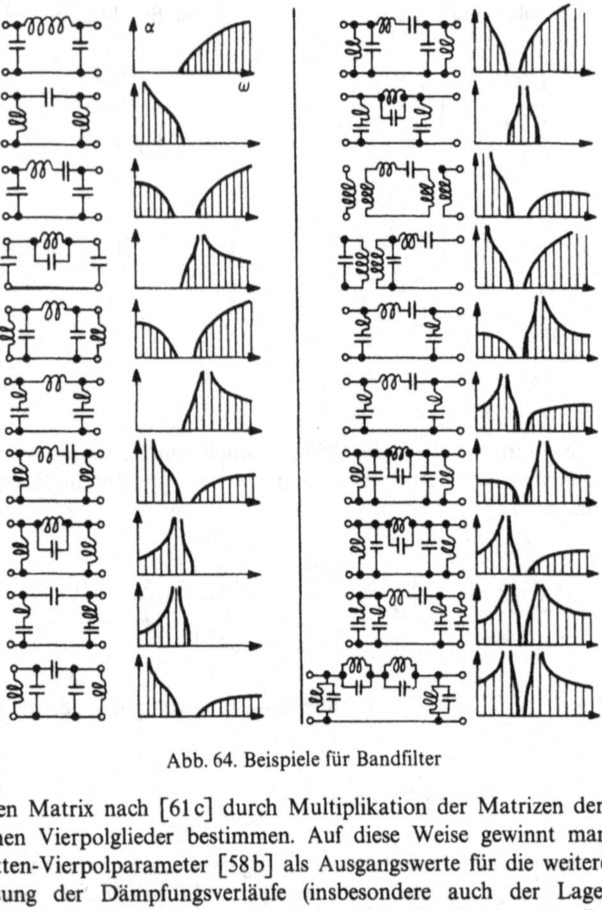

Abb. 64. Beispiele für Bandfilter

deren Matrix nach [61 c] durch Multiplikation der Matrizen der einzelnen Vierpolglieder bestimmen. Auf diese Weise gewinnt man die Ketten-Vierpolparameter [58 b] als Ausgangswerte für die weitere Erfassung der Dämpfungsverläufe (insbesondere auch der Lage der Dämpfungspole für $a \to \infty$) und dadurch der Bandbreiten von Durchlaß- und Sperrbreiten. Der Verbesserung der Flankensteilheit dienen sogenannte Halbglieder, die als unsymmetrische Vierpole durch Halbierung aus T- bzw. Π-Schaltungen hervorgehen (Abb. 65 a). Bemerkenswert ist, daß z. B. bei der Form nach Abb. 65 b der Wellenwiderstand $\underline{Z}_{w1}$ durch Multiplikation des eingangsseitigen Kurzschlußwiderstandes $\underline{W}_{1k}$ mit m und Division des eingangsseitigen Leerlaufwiderstandes $\underline{W}_{1l}$ durch m stets dem der ursprünglichen T-Schaltung gleichgemacht werden kann (vgl. [78 a]). Derartige Filter sind zuerst von *O. Zobel* (63) angegeben

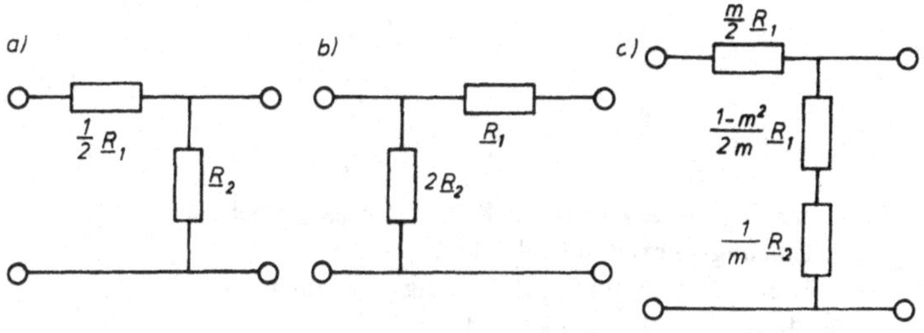

Abb. 65. Halbglieder als unsymmetrische Vierpole a) T-Halbglied; b) Π-Halbglied; c) *Zobel*sches *m*-Halbglied

worden (*Zobel*sche *m*-Filter (64)). Ihre besonderen Eigenschaften zum Aufbau von Bandfiltern seien nochmals besonders hervorgehoben: Erhöhung der Flankensteilheiten der Filter, günstige Anpassungsmöglichkeiten in der das Filter bildenden Kettenschaltung. Wegen näherer Einzelheiten sei auf das bereits zitierte Schrifttum (63, 64) sowie auf die einschlägigen im Literaturverzeichnis unter a) angegebenen Werke verwiesen.

3.2.4. Vierpolparameter des Transistors

Bei der Wahl des für die Darstellung der Wirkungsweise des Transistors als aktiver Vierpol am besten geeigneten Systems von Vierpolgleichungspaaren aus den in Abschn. 3.1. unter [55a – f] angegebenen sechs Möglichkeiten müssen wir uns davon leiten lassen, einen möglichst einfachen Zusammenhang zwischen den interessierenden Kenndaten (nach Abschn. 2.4.3.1.1.):

Eingangswiderstand, Stromverstärkungsfaktor,
Ausgangswiderstand, Spannungsrückwirkungsfaktor [87a]

und den Vierpolparametern zu erhalten.

Dafür erweist sich für niedrige Frequenzen am geeignetsten die fünfte der sechs zur Auswahl stehenden Vierpolgleichungssystem-Gl. [55a,e)]. Es ist dies die sogenannte Reihen-Parallel- bzw. Hybrid-Schaltung (Abb. 51 d), auf die wir bisher nicht näher eingegangen sind. Bezeichnen wir ihre Vierpolparameter mit $\underline{h}_{ik}$, so lauten die Hybridgleichungen:

$$\begin{aligned} \underline{u}_1 &= \underline{h}_{11}\underline{i}_1 + \underline{h}_{12}\underline{u}_2 \\ \underline{i}_2 &= \underline{h}_{21}\underline{i}_1 + \underline{h}_{22}\underline{u}_2 \end{aligned} \qquad [87\text{b}]$$

mit den Vierpolparametern:

$$\underline{h}_{11} = \left(\frac{\underline{u}_1}{\underline{i}_1}\right)_{\underline{u}_2=0}; \quad \underline{h}_{12} = \left(\frac{\underline{u}_1}{\underline{u}_2}\right)_{\underline{i}_1=0};$$
$$\underline{h}_{21} = \left(\frac{\underline{i}_2}{\underline{i}_1}\right)_{\underline{u}_2=0}; \quad \underline{h}_{22} = \left(\frac{\underline{i}_2}{\underline{u}_2}\right)_{\underline{i}_1=0} \qquad [87\,c]$$

die in der Tat die gewünschten Kenndaten [87a] liefern:
$\underline{h}_{11} \equiv$ Eingangskurzschlußwiderstand ($\underline{W}_{1k}$);
$\underline{h}_{12} \equiv$ Leerlauf-Spannungsrückwirkung bzw. -übersetzung ($1/\underline{A}_{uz}$);
$\underline{h}_{21} \equiv$ Stromverstärkungsfaktor ($\underline{A}_{iz}$);
$\underline{h}_{22} \equiv$ Ausgangsleerlaufleitwert ($1/\underline{W}_{2l}$).

Für höhere Frequenzen bevorzugt man zur Beschreibung des Transistorverhaltens die Leitwertsgleichungen [57a] für Parallelschaltung. Wie bei der Hybridschaltung verwendet man zur Kennzeichnung der Transistorparameter kleine Buchstaben: $\underline{y}_{ik}$, so daß die Vierpol-Leitwertsgleichungen die Gestalt besitzen:

$$\underline{i}_1 = \underline{y}_{11}\underline{u}_1 + \underline{y}_{12}\underline{u}_2$$
$$\underline{i}_2 = \underline{y}_{21}\underline{u}_1 + \underline{y}_{22}\underline{u}_2 \qquad [88\,a]$$

mit den Vierpolparametern:

$$\underline{y}_{11} = \left(\frac{\underline{i}_1}{\underline{u}_1}\right)_{\underline{u}_2=0}; \quad \underline{y}_{12} = \left(\frac{\underline{i}_1}{\underline{u}_2}\right)_{\underline{u}_1=0};$$
$$\underline{y}_{21} = \left(\frac{\underline{i}_2}{\underline{u}_1}\right)_{\underline{u}_2=0}; \quad \underline{y}_{22} = \left(\frac{\underline{i}_2}{\underline{u}_2}\right)_{\underline{u}_1=0} \qquad [88\,b]$$

welche folgende Kenndaten liefern:
$\underline{y}_{11} \equiv$ Eingangskurzschlußleitwert ($1/\underline{W}_{1k}$);
$\underline{y}_{12} \equiv$ Kopplungskurzschlußleitwert $1/\underline{K}_{12}$ (rückwärts);
$\underline{y}_{21} \equiv$ Kopplungskurzschlußleitwert $1/\underline{K}_{21}$ (vorwärts);
$\underline{y}_{22} \equiv$ Ausgangskurzschlußleitwert ($1/\underline{W}_{2k}$).

Zwischen den Hybrid- und Leitwerts-Vierpolparametern eines Transistors bestehen die Beziehungen:

$$\underline{h}_{11} = \frac{1}{\underline{y}_{11}}; \quad \underline{h}_{12} = -\frac{\underline{y}_{12}}{\underline{y}_{11}};$$
$$\underline{h}_{21} = \frac{\underline{y}_{21}}{\underline{y}_{11}}; \quad \underline{h}_{22} = \frac{\Delta \underline{y}}{\underline{y}_{11}}.$$
$$\underline{y}_{11} = \frac{1}{\underline{h}_{11}}; \quad \underline{y}_{12} = -\frac{\underline{h}_{12}}{\underline{h}_{11}};$$
$$\underline{y}_{21} = \frac{\underline{h}_{21}}{\underline{h}_{11}}; \quad \underline{y}_{22} = \frac{\Delta \underline{h}}{\underline{h}_{11}}, \qquad [89\,a]$$

wobei die Werte der Determinanten $\Delta\underline{h}$ und $\Delta\underline{y}$ der Transistorvierpolparameter gegeben sind durch:

$$\Delta\underline{h} = \underline{h}_{11}\underline{h}_{22} - \underline{h}_{12}\underline{h}_{21} = \frac{\underline{y}_{22}}{\underline{y}_{11}}\,;$$
$$\Delta\underline{y} = \underline{y}_{11}\underline{y}_{22} - \underline{y}_{12}\underline{y}_{21} = \frac{\underline{h}_{22}}{\underline{h}_{11}}\,. \qquad [89\,b]$$

Ähnlich wie man die Kenndaten einer Röhre: Steilheit, Durchgriff (und innerer Widerstand) graphisch bestimmen kann (vgl. Abschn. 2.1.2., Abb. 7, 8), ist dies auch für Transistoren möglich. In Abb. 66 wird schematisch am Beispiel der Emitterschaltung (vgl. Abschn. 2.4.3.1., Abb. 40a – c) nach *H. Beneking* (a) 1.) gezeigt, wie aus geeigneten Kennlinien die $\underline{h}_{ik}$-Parameter ermittelt werden können.

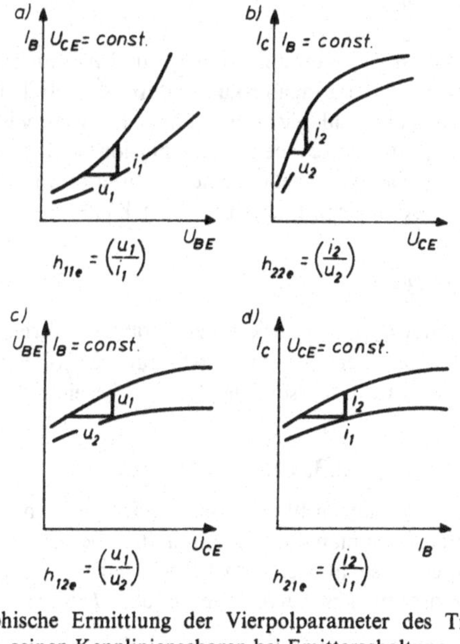

Abb. 66. Graphische Ermittlung der Vierpolparameter des Transistors aus seinen Kennlinienscharen bei Emitterschaltung

Wegen der in Abschn. 2.4. ausführlich erörterten Eigenschaften des normalen Transistors sind – speziell wegen seines nicht zu vernachlässigenden Leistungsbedarfs im Steuerkreis – zur Beschreibung seines Verhaltens zwei Kennlinienscharen erforderlich. Jede Schar benötigt zu ihrer Kenntnis zwei Parameter, d. h. normalerweise braucht man vier Transistorparameter, welche durch die Vierpolparameter bereitgestellt werden. Unter Umständen kann sich jedoch der Parameterbedarf auf einen einzigen reduzieren, und zwar auf $\underline{h}_{21}$, den Stromverstärkungsfaktor.

Dieser extreme, als Beispiel angeführte Fall tritt für die Basisschaltung ($\underline{h}_{12b}$) ein, wenn der Verbraucherwiderstand $\underline{R}_v$ sehr viel kleiner ist als der Ausgangs-Leerlaufwiderstand ($\underline{W}_{21} = 1/\underline{h}_{22b}$), d. h. praktisch einen Kurzschluß bedeutet. Denn bricht die Ausgangsspannung zusammen ($\underline{u}_2 \to 0$), und es kann nach [87b] geschrieben werden:

$$\underline{i}_2 = \underline{h}_{21b}\underline{i}_1 \qquad [89\,c]$$

Als weitere Gleichung bleibt aufgrund von [87b]:

$$\underline{u}_1 = \underline{h}_{11b}\underline{i}_1 \,. \qquad [89\,d]$$

Wegen $\underline{u}_2 \to 0$ ist die Kenntnis von $\underline{h}_{21}$ und $\underline{h}_{22}$ nicht erforderlich. Die Größe von $\underline{h}_{11b}$, der Eingangskurzschlußwiderstand ($\underline{W}_{1k}$), darf bei der Basisschaltung überschlägig als bekannt gelten, weil zwischen Emitter und Basis nur die thermisch bedingte Diffusionsspannung von $\underline{U}_T =$ 0,029 V liegt, welche das Fließen eines Emitterstromes der Größenordnung von 1 mA bewirkt. Daher darf man $\underline{W}_{1k} = \underline{h}_{11b}$ mit dem Wert ansetzen:

$$\underline{h}_{11b} \approx 30\,\Omega\,. \qquad [89\,e]$$

Damit bleibt nur $\underline{h}_{21b}$ als unbekannter Parameter übrig, den man von der Transistortheorie her als Stromverstärkungsfaktor α, von der Vierpoltheorie her als Stromübersetzung $\underline{A}_{iz} = \underline{A}_z$ bezeichnet.

3.3. Ersatznetzwerke

Die Modellvorstellungen über an sich unbekannte Inhalte von Vierpolen, deren Verhalten man durch Kombination bekannter Bauelemente nachzuvollziehen versucht, werden als *Ersatznetzwerke* bezeichnet. Man muß dabei zwischen *Ersatzschaltbildern* und *Ersatzzweipolen* unterscheiden.

Die *Ersatzschaltbilder* verkörpern am sinnvollsten die Bemühungen, einfache Bauelemente zur Erklärung des Verhaltens von – dem Inhalt nach – nicht näher bekannten Vierpolen heranzuziehen.

Bei den *Ersatzzweipolen* hingegen handelt es sich um Zweipole, die beispielsweise eine Energiequelle ersetzen, deren einziger Zweck es ist, die Eingangsgrößen für einen Vierpol zu liefern, dessen Verhalten im Mittelpunkt des Interesses steht.

3.3.1. Ersatzschaltbilder

Am Beispiel des Transistors, dessen rechnerische Darstellung durch die vier Vierpolparameter $\underline{h}_{ik}$ bzw. $\underline{y}_{ik}$ in Abschn. 3.2.4. eingehend erörtert wurde, soll im folgenden das typische Vorgehen bei der Schaffung eines Ersatzschaltbildes gezeigt werden.

Da wir der Modellvorstellung jeweils vier Größen zugrundelegen, müssen wir versuchen, ihren physikalischen Inhalt so in das Schaltbild einzubauen, daß ihre Wirksamkeit in ausreichender Näherung das Verhalten des Transistors beschreibt.

Legen wir zunächst dem Ersatzschaltbild des Transistors eine Hybridschaltung zugrunde [87b], so können wir ihm die Gestalt von Abb. 67a geben. Es handelt sich dabei um eine Basisschaltung. Der Eingangs-Steuerkreis enthält den Widerstand $\underline{h}_{11}$ und in Reihe geschaltet eine Urspannungsquelle, die von der Ausgangsspannung über die Spannungsrückwirkung $\underline{h}_{12}$ beeinflußt wird. Im Ausgangskreis liegt der Widerstand $1/\underline{h}_{22}$, parallel zu ihm geschaltet eine Urstromquelle, die den Eingangsstrom $\underline{i}_1$ mit dem Stromverstärkungsfaktor $\underline{h}_{21}$ zu $\underline{i}_2$ verstärkt. Eine

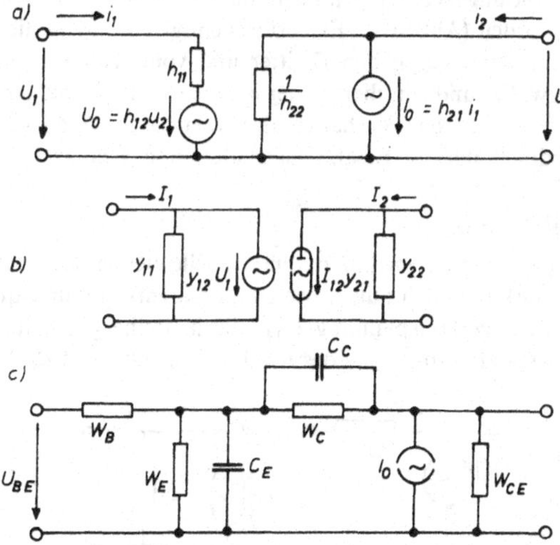

Abb. 67. Transistor-Ersatzschaltbilder a) bei Hybridschaltung (h_{ik}); b) bei Leitwertschaltung (y_{ik}); c) nach *Giacoletto*

Modellschaltung nach diesem Ersatzschaltbild gibt befriedigende Ergebnisse im Bereich niedriger Frequenzen. Für höhere Frequenzen fehlt in diesem Schaltbild die Berücksichtigung von kapazitiven und induktiven Einflüssen zwischen den Elektroden, so daß dann die Meßergebnisse zwischen dem wirklichen Transistor und seiner Ersatzschaltung voneinander abweichen.

Wenden wir uns nunmehr dem $\underline{y}$-Ersatzschaltbild des Transistors zu. Die Leitwertvierpolparameter $\underline{y}_{ik}$ lassen sich gemäß Abb. 67b sinnvoll in der Schaltung unterbringen. Der Eingangskurzschluß-Leitwert $y_{11}(1/W_{1k})$ liegt im Nebenschluß zur Urspannungsquelle, die über den Kopplungsleitwert $(\underline{y}_{12})$ rückwärts mit dem Vierpolausgang in Verbindung steht. Entsprechend ist der Ausgangskurzschlußleitwert parallel zur Urstromquelle geschaltet, die im Ausgangskreis vermittels des Kopplungsleitwertes $h_{21}(\underline{y}_{21})$ als Stromverstärkungsfaktor für die Verstärkung von i_1 auf i_2 sorgt. Durch die Art der Schaltung von y_{11} und y_{22} tritt eine günstigere Simulation der kapazitiven und induktiven Beeinflussungen innerhalb des Transistors auf, so daß sich diese Ersatzschaltung auch für höhere Frequenzbereiche eignet.

Ein Transistor-Ersatzschaltbild für die Emitterschaltung, das aus einer Π-Schaltung hervorgegangen ist und dank seiner geschickten Beschränkung auf die physikalisch wesentlichen Schaltelemente einen weiten Anwendungsbereich gefunden hat, ist von *L. Giacoletto* (65) angegeben worden (Abb. 67c). Es berücksichtigt besonders die Kapazitäten von der Basis gegen den Emitter und vom Kollektor gegen die Basis (C_E bzw. C_C) und simuliert daher in einem weiten Frequenzbereich bis zu rund 1 MHz das Verhalten des Transistors. Eine eingehende Diskussion der Transistor-Ersatzschaltbilder findet sich bei *J. Dosse* (66).

3.3.2. Ersatzzweipole

Eine Urspannung U_0 im Innern einer Quelle elektrischer Energie hat die gleiche Wirkung nach außen wie eine Ersatzurspannungsquelle von der Größe der Leerlaufspannung U_{1L}, die in Reihe geschaltet ist, mit einem Widerstand vom Betrag des inneren Widerstandes R_i der Quelle

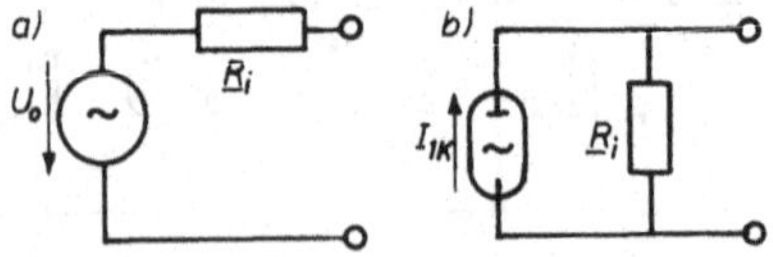

Abb. 68. Quellen elektrischer Energie als Zweipole a) Urspannung; b) Urstrom

(Abb. 68a). Entsprechend läßt sich auch eine Urstromquelle I_0 durch eine Ersatzurstromquelle von der Größe der Kurzschlußstromstärke I_{1k} mit parallelgeschaltetem Widerstand vom Betrag R_i des inneren Widerstandes der Stromquelle (Abb. 68b) beschreiben. Beide Ersatzquellen sind einander äquivalent, wie sich leicht zeigen läßt.

Bezeichnen wir unter Einführung der komplexen Schreibweise den äußeren (Last-)Widerstand einer Ersatzspannungsquelle mit $\underline{R}_a$, so fließt im Stromkreis, der von $(\underline{R}_i + \underline{R}_a)$ gebildet wird, der Strom $\underline{I}_1$ (*Klemmenstrom*):

$$\underline{I}_1 = \frac{\underline{U}_{1L}}{\underline{R}_i + \underline{R}_a}. \qquad [90a]$$

Für den Kurzschlußstrom $\underline{I}_{1k}$ (bei $\underline{R}_a \to 0$) folgt

$$\underline{I}_{1k} = \frac{\underline{U}_{1L}}{\underline{R}_i}. \qquad [90b]$$

Die Spannung an der Last ($\underline{U}_1$, *Klemmenspannung*) beträgt:

$$\underline{U}_1 = \underline{I}_1 \underline{R}_a = \underline{U}_{1L} \frac{\underline{R}_a}{\underline{R}_i + \underline{R}_a}. \qquad [90c]$$

Da der Kurzschlußstrom $\underline{I}_{1k}$ bei $\underline{R}_a = 0$ nur durch $\underline{R}_i$ fließt, muß für die Ersatzspannungsquelle nach [90b] gelten:

$$\underline{U}_{1L} = \underline{I}_{1k} \underline{R}_i. \qquad [90d]$$

Die Kombination der Gleichungen [90c] und [90d] liefert die Beziehungen:

$$\underline{U}_1 = \underline{I}_1 \underline{R}_a = \underline{I}_{1k} \underline{R}_a \frac{\underline{R}_i}{\underline{R}_i + \underline{R}_a}, \qquad [90e]$$

bzw.

$$\underline{I}_1 = \underline{I}_{1k} \frac{\underline{R}_i}{\underline{R}_i + \underline{R}_a}, \qquad [90f]$$

womit die Äquivalenz zwischen beiden Ersatzquellen nachgewiesen ist. Beide liefern einem angeschlossenen Netzwerk die gleichen Ströme und Spannungen, so daß von außen nicht festzustellen ist, ob es sich bei der jeweils vorliegenden Quelle, deren Verhalten durch den Ersatzzweipol beschrieben wird, um eine Urspannungs- oder Urstromquelle handelt.

Die an den äußeren (Last-)Widerstand von der Quelle als aktivem Zweipol abgegebene *Klemmenleistung* $N_1 = U_1 \cdot I_1$ ergibt sich nach [90c] und [90f] zu:

$$\underline{N}_1 = \underline{U}_{1L} \cdot \underline{I}_{1k} \frac{\underline{R}_i \underline{R}_a}{(\underline{R}_i + \underline{R}_a)^2} \,. \qquad [90\text{g}]$$

Ihr maximaler Wert bei optimaler Anpassung (vgl. S. 122; $R_i = R_a = R$) beträgt:

$$\underline{N}_{1\max} = \tfrac{1}{4}\, \underline{U}_{1L} \cdot \underline{I}_{1k} \,. \qquad [90\text{h}]$$

Als einfachstes *Beispiel* für eine Beschreibung seines Verhaltens durch einen Ersatzzweipol bietet sich als Quelle elektrischer Leistung ein *ohmscher Widerstand* an, bei dem thermische Schwankungen der Geschwindigkeiten seiner Leitfähigkeitselektronen die als *thermisches Rauschen* bezeichnete Erscheinung verursachen (vgl. Bd. I, S. 69ff.). Die *Rauschleistung*, die an den äußeren Widerstand abgegeben wird, besitzt ihren maximalen Wert, wenn dieser Widerstand optimal angepaßt (vgl. [90h]) und außerdem *rauschfrei* also beispielsweise ein Blindwiderstand ist.

Infolge doppeldeutigen Gebrauchs des Index *R*, der sowohl auf das „R"auschen als auf den äußeren (Last-)Widerstand „*R*" Bezug nimmt, sind bei der a. a. O. durchgeführten Ableitung der *Nyquist-Formel* Unklarheiten entstanden*), die im Folgenden bereinigt werden sollen: wendet man den Index *R* nur unter Bezug auf die Rauschgrößen an, so ist a. a. O. S. 69 für die Gl. [110a] aufgrund der Gln. [90c, f, h] zu setzen:

$$\underline{U}_1 = \frac{\underline{U}_R}{2}\,; \quad \underline{I}_1 = \frac{\underline{I}_R}{2}\,; \quad \underline{N}_{1\max} = \underline{U}_1 \cdot \underline{I}_1 = \tfrac{1}{4}\, \underline{U}_R \cdot \underline{I}_R \,,$$

wobei $\underline{U}_R = \underline{U}_{1L}$ und $\underline{I}_R = \underline{I}_{1k}$ die Rausch-Urspannung bzw. den Rausch-Urstrom bedeuten.

Dies wirkt sich auf den weiteren Rechnungsgang (a. a. O. S. 70/71) dahingehend aus, daß zur Ableitung der Gl. [110f] *nicht* die Beziehung $\underline{N}_R = \underline{I}_R^2 \underline{R}$, *sondern* $\underline{N}_{1\max} = \underline{U}_1 \cdot \underline{I}_1 = \underline{I}_1^2 \underline{R} = \tfrac{1}{4}\, \underline{U}_R \cdot \underline{I}_R$ zu verwenden ist. Damit gehen die Gln. [110g, 110i] überein:

$$\underline{N}_{1\max} = \frac{\underline{U}_R^2}{4\underline{R}} = \frac{\underline{I}_R^2 \underline{R}}{4} = \underline{E}_{2F}\, \Delta\nu \quad \text{bzw.} \quad \underline{N}_{1\max} = \mathrm{k}T\, \Delta\nu \,,$$

wobei erstere durch Auflösung nach $\underline{U}_R$ oder $\underline{I}_R$ die Rausch-Urgrößen $\underline{U}_R$ [110l] oder $\underline{I}_R$ [110k] ergibt, während letztere die *Nyquist-Formel* darstellt (vgl. a. a. O.).

Zu der Gruppe der Ersatzzweipole gehören auch nicht lineare Zweipole (Verstärker, Schwingungserzeuger). Es sind dies Quellen, die in Reihe

---

*) Hierauf hat mich dankenswerterweise Herr Kollege Prof. *D. H. Bittel*, Univ. Münster, aufmerksam gemacht.

oder parallel mit einem negativen Widerstand $\underline{R}_N$ (vgl. Abschn. 1.1.4) zusammengeschaltet sind. Solche Zweipole sind z. B. Glimmentladungen (vgl. Abschn. 2.3.) und Tunneldioden (vgl. Abschn. 2.4.2.1.4.). Nach den in Abschn. 1.1.4., Gln. [24d, e] angestellten allgemeinen Stabilitätsbetrachtungen muß gelten für den Fall der:

$$\begin{aligned} &\text{Reihenschaltung (Abb. 68a):} && \underline{R}_a > \underline{R}_N, \\ &\text{Parallelschaltung (Abb. 68b):} && \underline{R}_a < \underline{R}_N, \end{aligned} \qquad [90\text{i}]$$

wobei sich, wie a.a.O. näher abgeleitet worden ist, die Reihenschaltung als leerlaufstabil ($\underline{R}_a \to \infty$), die Parallelschaltung als kurzschlußstabil ($\underline{R}_a \to 0$) erweisen. Werden die Relationen [90i] nicht eingehalten, geht die Verstärkereigenschaft verloren, und es erfolgt eine Schwingungsanfachung durch Selbsterregung (vgl. Abschn. 1.1.3.).

Literatur

a) Weiterführende Werke

1. *H. Beneking*, Transistortechnik I (Theorie), II (Schaltungen), 1. Aufl. (TH Aachen 1967).
2. *R. Feldtkeller*, Einführung in die Vierpoltheorie (Physik und Technik der Gegenwart, Abtl. Fernmeldetechnik, Bd. II), 5. Aufl. (Leipzig 1948).
3. *R. Feldtkeller*, Einführung in die Siebschaltungstheorie, 6. Aufl. (Stuttgart 1967).
4. *W. Klein*, Vierpoltheorie (Mannheim-Wien-Zürich 1972).
5. *K. Küpfmüller*, Einführung in die theoretische Elektrotechnik, 10. Aufl. (Berlin-Heidelberg-New York 1973).
6. *K. Steinbuch* et al., Taschenbuch der Nachrichtenverarbeitung, 2. Aufl. (Berlin-Heidelberg-New York 1967).
7. *A. v. Weiss*, Theoretische Elektrotechnik I: Die physikalisch-mathematischen Grundlagen, 2. Aufl. (Leipzig 1959).
8. *J. Wallot*, Theorie der Schwachstromtechnik, 4. Aufl. (Berlin 1944).

b) Buchreihen

1. *G. Bosse*, Grundlagen der Elektrotechnik I–IV, HTB Bde. 182, 183, 184, 185 (Mannheim-Wien-Zürich 1966/67/69/73).
2. *E. Lüscher*, Experimentalphysik II (Elektromagnetische Vorgänge) HTB Bd. 115 (Mannheim-Wien-Zürich 1966).
3. *H. Teichmann*, Halbleiter, HTB Bd. 21 (Mannheim-Wien-Zürich 1969).
4. *J. Orton*, Gunn-Effekt-Halbleiter, UTB 220 (Heidelberg 1973).
5. *B. Pethley*, Einführung in die Josephson-Effekte, UTB 376 (Heidelberg 1975).

6. *H. Rühl*, Zweipole und Vierpole in elektronischen Schaltungen, UTB 378 (Heidelberg 1975).
7. *E. Vogelsang*, Einführung in die Elektronik, TTB 26, 3. Aufl. (München 1974).

c) Zitiertes Schrifttum

(1) *H. Hurwitz*. Math. Ann. **46** (1895).
(2) *H. Busch*, Stabilität, Labilität und Pendelungen in der Elektrotechnik (Leipzig 1913).
(3) *H. Richard* u. *K. Steffenhagen*, Der Fernmelde-Ingenieur **25**, Heft 2 (1971).
(4) *A. Meißner*, DRP 291604 v. 9. 4. 1913; Electrician (London) **73**, 702 (1914).
(5) *Lee de Forest*, Proc. I.R.E. **2**, 15 (1913).
(6) *H. Teichmann*, Arch. Elektrot. **44**, 275 (1959); Der Fernmelde-Ingenieur **29**, Heft 6 (1975).
(7) *C. F. Gauss*, Crelles J. reine u. angew. Math. **4**, 232 (1829).
(8) *K. W. Wagner*, Einführung in die Lehre von den Schwingungen und Wellen (Wiesbaden 1947).
(9) *B. van der Pool*, Onde Electrique **9**, 245, 275 (1930).
(10) *W. Schottky*, Phys. Z. **15**, 526, 624 (1914).
(11) *H. Barkhausen*, Grundlagen der Elektronenröhren, Bd. 1–4 (Leipzig 1960/62).
(12) *W. Schottky*, Telegr. u. Fernspr.-Technik (TFT) **9**, 31 (1920).
(13) *F. Martens*, Z. Phys. **4**, 437 (1921).
(14) *H. Barkhausen*, Jhb. drahtl. Telegr. u. Tel. **14**, 36 (1919).
(15) *H. Teichmann*, Z. techn. Phys. **1**, 22 (1928).
(16) *T. W. Case*, Phys. Rev. **15**, 290 (1917).
(17) *F. Michelsen*, Z. techn. Phys. **11**, 511 (1930).
(18) *R. Frerichs*, Naturwiss. **33**, 281 (1946); Phys. Rev. **72**, 594 (1947).
(19) *B. Gudden*, Forschungsarbeiten über infrarote Strahlungsempfänger (Berlin 1944).
(20) *G. Landwehr*, International Conference on the Application of High Magnetic Fields in Semiconductor Physics, 188–220 (Würzburg 1974).
(21) *A. Stoletow*, Compt. Rend. **107**, 91 (1888); J. de Phys. **9**, 468 (1890).
(22) *Lord Rayleigh*, Nature **130**, 365 (1932).
(23) *C. A. Mebius*, Wied. Ann. **59**, 659 (1896).
(24) *H. E. Watson*, Proc. Cambr. Phil. Soc. **17**, 90 (1912).
(25) *G. Dosse* u. *G. Mierdel*, Der elektrische Strom im Hochvakuum und in Gasen (Leipzig 1943).
(26) *G. M. Schmierer*, Z. techn. Phys. **8**, 370 (1925).
(27) *H. Teichmann*, Phys. Z. **35**, 637 (1934).
(28) *P. Hatscheck*, Die Kinotechnik **15**, 399 (1933).
(29) *A. Righi*, R.C.R. Accad. Sci. Inst. Bologna **6**, 188 (1902).
(30) *W. Kluge*, Elektrotechn. Z. **57**, H. 11/12 (1936).
(31) *H. Geiger* u. *W. Müller*, Phys. Z. **29**, 839 (1938).

(32) *W. Bitterlich*, Einführung in die Elektronik (Wien-New York 1967).
(33) *C. F. Huhn*, Telefunken-Z. **31**, H. 119 (1958).
(34) *H. Teichmann*, Proc. Roy. Soc. London (A) **139**, 105 (1933).
(35) *E. Weißhaar* u. *H. Welker*, Z. Naturforschg. **8a**, 681 (1953).
(36) *R. Gremmelmaier*, Physikertagung 1960, S. 136 (Mosbach 1961).
(37) *H. Hartmann, W. Mitscherlich* u. *W. Steinhäuser*, Arch. elektr. Übertragung **15**, 125 (1961).
(38) *J. B. Gunn*, IBM J. Res. Div. **8**, 141 (1964).
(39) *C. E. Fritts*, Lum.-Electric. **15**, 226 (1885); Electr. Rev. 218 (1885).
(40) *W. Schottky*, Z. Phys. **14**, 63 (1923); **30**, 839 (1929); **113** 367 (1939); **118**, 539 (1942).
(41) *I. Giaever*, Phys. Rev. Lett. **5**, 464 (1960); **14**, 904 (1965).
(42) *IBM* Research Reports **9**, Nr. 1 (1973).
(43) *F. Braun*, Pogg. Ann. **153**, 556 (1874); Wied. Ann. **1**, 95 (1877); **19**, 340 (1883).
(44) *H. Weiß*, Phys. Bl. **31**, 156 208 (1975).
(45) *J. Bardeen* u. *W. H. Brattain*, Phys. Rev. **75**, 1208 (1949).
(46) *W. Shockley*, Proc. IRE **40**, 1374 (1952).
(47) *H. Krömer*, Naturwiss. **40**, 578 (1953); Arch. elektr. Übertragung **8**, 223, 363, 499 (1954).
(48) *W. v. Münch* u. *H. Statz*, Europ. Tagung „Forschung auf dem Gebiete der Halbleiter-Bauelemente (Bad Nauheim 1967).
(49) *General Electric* (USA) controlled rectifier manual (Liverpool-New York 1964).
(50) *K. Heime*, Der Fernmelde-Ingenieur **20**, H. 6 (1966).
(51) *G. Raabe*, VALVO-Berichte **17**, 139 (1973).
(52) *E. Seebald*, Der Fernmelde-Ingenieur **30**, H. 1 (1976).
(53) *H. Teichmann*. Der Fernmelde-Ingenieur **29**, H. 11 (1975).
(54) *K. Heime*, Der Fernmelde-Ingenieur **22**, H. 1, 2 (1968).
(55) *F. Breisig*, ETZ **42**, 933 (1921).
(56) *J. Wallot*, Z. techn. Phys. **5**, 488 (1924).
(57) *R. Feldtkeller*, Einführung in die Vierpoltheorie (Physik und Technik der Gegenwart, Abtl. Fernmeldetechnik, Bd. II, 1. Aufl. 1948; 5. Aufl. Neubearbeitung) (Leipzig 1937).
(58) *H. Schulz*, Der Fernmelde-Ingenieur **2**, H. 1/2 (1942).
(59) *H. Zuhrt*, Vierpoltheorie, in Handwörterbuch des elektr. Fernmeldewesens Bd. 3 (Berlin 1970).
(60) *K. Braun*, Telegr. u. Fernspr.-Technik (TFT) **33** (1944).
(61) *W. Klein*, Vierpoltheorie (Mannheim-Wien-Zürich 1972).
(62) *K. Küpfmüller*, Einführung in die theoretische Elektrotechnik, 5. Aufl. (Berlin-Göttingen-Heidelberg 1957).
(63) *O. Zobel*, Bell Syst. Techn. J. **2**, 1 (1923); **3** 567 (1924).
(64) *H. Richard*, Der Fernmelde-Ingenieur **15**, H. 4 (1961).
(65) *L. J. Giacoletto*, RCA Rev. **15**, 506 (1954).
(66) *J. Dosse*, Der Transistor (München 1959).

Biographische Notizen

Barkhausen, Heinrich (1881–1956), Prof. d. Schwachstromtechnik an der Technischen Hochschule Dresden, Arbeitsgebiet: Röhren- und Funktechnik, Elektroakustik, Ferromagnetismus (Laufzeitschwingungen, 1920; Umklappvorgänge beim Magnetismus, 1924; Festlegung der Phon-Skala; Definition der Röhren-Kenngrößen [*Barkhausen*-Formel]).

Breisig, Franz (1868–1934), Geheimer Postrat, Ministerialrat am Reichspostministerium, Honorarprofessor a. d. Technischen Hochschule Berlin (1926), Arbeitsgebiet: Fernsprechtechnik, Mitbegründer der Vierpoltheorie.

Braun, Karl (geb. 1906) Dr.-Ing. habil. Oberpostdirektor a. D., langjähriger wissenschaftlicher Mitarbeiter an den technischen Zentralämtern der Deutschen Reichs- und Bundespost, Arbeitsgebiet: Elektroakustik, Vierpoltheorie (entdeckte die Verwendung des Gyrators als Impedanzwandler, 1944 [*Braun*sche Formel]).

Bunsen, Robert (1811–1899), Prof. d. Chemie in Kassel (1836), Marburg (1838), Breslau (1851), Heidelberg (1852); entdeckte gemeinsam mit G. Kirchhoff die Spektralanalyse (1859/60).

Feldtkeller, Richard (geb. 1901), Prof. f. elektrische Nachrichtentechnik an der Technischen Hochschule Stuttgart, Arbeitsgebiet: Elektroakustik, Vierpoltheorie.

de Forest, Lee (1873–1961), amerikanischer Radioingenieur, Arbeitsgebiet: Fernmeldewesen (Audion-Schaltung, 1907; Rückkopplung, 1913 [gleichzeitig aber unabhängig von *A. Meißner*]

Gauß, Karl Friedrich (1777–1855), Prof. f. Mathematik u. Astronomie a. d. Universität Göttingen, Arbeitsgebiet: Differentialgeometrie (*Gauß*sche Flächentheorie); Potentialtheorie (*Gauß*scher Satz); Fehlertheorie (*Gauß*sche Verteilung, Methode der kleinsten Quadrate); experimentelle Astronomie; Telegraphentechnik [gemeinsam mit *Wilhelm Weber*]).

Heisenberg, Werner (s. Bd. I, S. 157) gest. 1976.

Kirchhoff, Gustav (1824–1887), Prof. d. Physik a. d. Universitäten Breslau (1850), Heidelberg (1854), Berlin (1875); stellte 1845 die als „Kirchhoffsche Regeln“ bezeichneten Stromverzweigungsgesetze auf (Knoten- u. Maschenregel), 1859 Kirchhoffsches Strahlungsgesetz, 1859/60 gemeinsam mit R. Bunsen Entdeckung der Spektralanalyse (s. a. Bunsen).

Küpfmüller, Karl (geb. 1897). Prof. f. Nachrichtentechnik a. d. Technischen Hochschule Darmstadt (seit 1952, vorher 1928 in gleicher Eigenschaft a. d. Technischen Hochschule Danzig und 1935 a. d. Technischen Hochschule Berlin, zwischenzeitlich in leitenden

Stellungen der elektrotechnischen Großindustrie), Arbeitsgebiet: Elektrotechnik, Nachrichtentheorie (Wegbereiter der Kybernetik und Informationstheorie).

Meißner, Alexander (1883–1958), Honorarprofessor a. d. Technischen Hochschule Berlin, wiss. Mitarbeiter d. Firmen Telefunken und AEG (Forschungsinstitut), Arbeitsgebiet: Funktechnik (Rückkopplungsschaltung, 1913 [gleichzeitig aber unabhängig von L. de Forest]; Wärmetechnik [Quarz als Isolierstoff in der Starkstromtechnik]).

Rayleigh, John, William (1842–1919), Prof. d. Physik a. d. Universität Cambridge, Arbeitsgebiet: Akustik (*Rayleigh*sche Scheibe), Nobelpreis 1904.

Schottky, Walter (s. Bd. I, S. 160) gest. 1976)

Steinbuch, Karl (geb. 1917), Prof. f. Nachrichtenverarbeitung u. Nachrichtenübertragung a. d. Technischen Universität Karlsruhe, Arbeitsgebiet: Nachrichtentechnik, Kybernetik, Informatik (und deren Einfluß auf die Gesellschaft).

Wagner, Karl Willy (1883–1953), Prof. a. d. Technischen Hochschule Berlin 1927–1938 (vorher a. d. Physikalisch-Technischen Reichsanstalt und bei d. Deutschen Reichspost [Präsident des Telegraphen-Technischen Reichsamtes] sowie anschließend Direktor des Heinrich-Hertz-Institutes für Schwingungsforschung), 1947–1950 Direktor der Hauptverwaltung für das Post- und Fernmeldewesen des vereinigten Wirtschaftsgebietes (Bizone), Arbeitsgebiet: Nachrichtentechnik, Anwendung mathematischer Methoden i. d. Elektrotechnik (Operatoren- u. Vektorrechnung, Laplacesche Transformation).

Wallot, Julius (1876–1960), Prof. f. Schwachstromtechnik a. d. Technischen Hochschule Berlin (zwischenzeitlich auch Mitarbeiter i. d. elektrotechnischen Großindustrie), Arbeitsgebiet: Schwachstromtechnik (Mitbegründer der Vierpoltheorie), Systematik der physikalischen Einheiten und Größen.

Sachverzeichnis*)

Akzeptoren 60, 101
Analogien zwischen Röhren und Halbleiter-Bauelementen 61
Anlaufbereich 21 ff.
Anode 22
Anpassung 122
Anregungsleuchten 47
Antimon 40, 41
– trisulfid 38
Aufdampfverfahren 107, 108 ff.
– automat 109
Aufladungsstrom 51
Auflösungsvermögen 53
Auslösebereich 55

Bändermodell 91
Bainbridge, K. T. 40, *(154)*
Bandfilter 148 ff., 154
– paß 149
– sperre 149
Bardeen, J. 89, 165, *(154)*
Barkhausen, H. 26, 30, 164, *166*
– -Formel 27
Baritt-Diode 77
Basis 89, 91
– schaltung 93
Bauelemente, elektronische 21 ff.
–, aktive 2, 11, 36, 42, 104
–, passive 2, 104
Beneking, A. 94, 157, 163
Bienenkorblampe 48
Bleiglanzdetektor 88 ff.
Bleisulfid 38
Blindwiderstände 3
Bogenentladung 46
*Boltzmann*sche Konstante 21
– *s* Verteilungsgesetz 78, 101
Brattain, W. H. 89, 165, *(154)*
Braun, F. 88, *(154)*
Braun, K. 147, 165, *166*
– sche Formel 147
Breisig, F. 114, 165, *166*
Bunsen, W. *166*

Cadmiumsulfid 37 ff.
Cäsium
Gewinnung von 40
Case, T. W. 36
*Cooper*paare 81

Dämpfung 4, 11, 16
– skonstante 6, 8
– sverläufe von Tief- und Hochpaß 139
– – von Bandpaß und Bandsperre 152
Defektelektronen 36, 101
Dekrement, logarithmisches 6, 8
Dickschichttechnik 104 ff.
Diffusion 101
– sgeschwindigkeit, thermische von Elektronen 91
– sgleichung, *Fick*sche 101 ff.
– skoeffizienten (Tab. 6) 102
– sverfahren 103, 105, 108
Dioden 21 ff., 67 ff.
Esaki- 72
Gas- 46
Gleichrichter- 68
Gunn- 76 ff.
Halbleiter- 67
Josephson- 81
Kipp- 98
Kristall- 88
Leucht- 86
Mehrschicht- 99
Photo- 84
pin- 101

*) *Kursiv* gesetzte Seitenzahlen weisen auf Biographische Notizen hin, in Klammern gesetzt auf solche in Bd. I.

Dioden
Röhren- 21
Schottky- 77ff.
Tunnel- 72
Varaktor- 70
Varistor- 71
Zener- 72
Direktumwandlung von Energie 85
Domäne 77
Donatoren 60, 101
Doppelleitung 141ff.
Drain 95
Drifttransistor 92, 104
Dünnschichttechnik 105ff.
Durchdringungswahrscheinlichkeit einer Potentialschwelle 75ff.
Durchgriff 26ff.
–, differentieller 27
–, direkt gemessener 29
–, dynamischer 31

Eigenfrequenz 8ff.
Eigenleitung 101
*Einstein*sche Gleichung 34
Elektronen 1
– geschwindigkeit, thermische 91
– injektion 86
– masse 1
– mangel 36
– röhren 21ff.
– strahlabtastung 38
– überschuß 36
elektronische Bauelemente 21ff.
– Effekte 1ff.
Emitter 91
– schaltung 93
Empfindlichkeit, photoelektrische (Tab. 1) 38
Energiekonversion 87
Entdämpfung 4, 11, 16
Entladungsstrom 51
Epitaxie-Verfahren 110ff.
–, Reaktoren für 111
Ersatz-Netzwerke 158
– -Schaltbilder 159
– -Zweipole 160
– -Urspannungsquelle 160ff.
– -Urstromquelle 161ff.
*Esaki*dioden 72
Excitron 59

Feldeffekttransistor (FET) 62, 95ff.
Feldtkeller, R. 114, 131, 163, 165, *166*
FET 95ff.
Anreicherungs- 97
Dünnschicht- 96
Isolierschicht- 97
MES- 96
MOS- 95, 96
– –, Kennlinien 97
Sperrschicht- 96
Verarmungs- 97
Filter, elektrische 136, 148ff.
Flächentransistor 90
Flip-Flop 58
Flußrichtung 68
Forest, Lee de 12, 164, *166*
Frequenzmessung mittels Josephsoneffekts 83
Frerichs, R. 37, 164

Galliumarsenid 62, 86
Herstellung von- 67
Gasdioden 47ff.
Gasdruck 47
Gasentladung 47
– skennlinie 47
– slampen 56
– sröhren 46
Gastrioden 58
Gasverstärkung 35, 44
Gate 95
*Gauß*sches Prinzip des kleinsten Zwanges 13
Geiger, H. 53, 164, *(156)*
Germanit 64
Germanium 64
Aufbereitungsverfahren von- 65
– -tetrachlorid 64

Germanium
–, Zonenschmelzen im Tiegel 65
–, Ziehen aus der Schmelze 66
Gitter 25
Brems- 33
Schirm- 33
Steuer- 33
Gleichrichter, Glimm- 52
– dioden 68
Röhren- 22
Glimmentladung, selbstständige 44
Vor- 45
Glimmzünder 57
glühelektrischer Effekt 1, 21
Glühkathode 22
Görlich, Paul 40, *(157)*
Grenzflächen 34
–, innere 68
Grenzwellenfrequenz 35
Grenzwiderstand 8
– fall, aperiodischer 7
Gudden, B. 38, *(157)*
Gunn, J. B. 76, 165
Gunndiode 76
–, fallender Kennlinienbereich 77
–, als Schwingungserzeuger 77
Gyrationswiderstand 147
Gyrator 104, 146ff.

Halbglieder-Vierpole 155
Halbleiter-Bauelemente 60ff.
Halbleiter-Dioden 67ff., 84ff.
– -Photo- – 36
Halbleitertrioden 88ff.
Hatschek, P. 46, 164
Heime, K. 96, 165
Heisenberg, W. 166, (157)
Herstellungsverfahren 100ff.
Hexode 34
Hilfsenergie 60
Hochpaß 136ff.
Höchstdrucklampen 56
Huhn, C. F. 64, 165
*Hurwitz*sches Theorem 12, 164
Hybrid-Schaltungen 104

Ignitron 58
Impatt-Diode 77
Impedanzkonverter 104, 147
Impfkristall 64
Indiumantimonid
Herstellung von 66
Induktion, wechselseitige 11
Informatik 60
Injcktions-Dioden 84ff.
– -Lumineszenz 88
integrierte Schaltkreise 61, 104
–, Herstellung von 106ff.
intrinsic conduction 101

Josephson, B. D. 81, *(158)*
Josephsondiode 81
– Gleichstromeffekt 81
– Wechselstromeffekt 81
*Joule*sche Wärme 3

Kanal, n-, p- 95
Karbid, Bor- 59
Kathodenfall 47
– –, normaler 48
Kathodenglimmlicht 47
Kenndaten 24ff., (Tab. 4) 85
– linien 12ff., 21, 25
– –, dynamische 30, 31
– –, fallende 13, 17
– –, gekrümmte 17ff.
– –, statische 26, 30
– –, bereiche 21
– werte von Vierpolen 120ff.
– – umrechnung (Tab. 9) 130
Keramikträger (Tab. 7) 105
Kippdiode 98
– frequenz 50, 51
– schwingung 49
– triode 98
Kirchhoff, G. 166
– sche Knotenregel 16
Klemmenleistung 161
– spannung 161
– strom 161
Kluge, W. 52, 164

Knotenregel, *Kirchhoff*sche 16
Kollektor 89, 91
– schaltung 93
Koller, L. R. 40, *(158)*
Kontakt Metall/Halbleiter 80
Kontaktierung, sperrschichtfreie 110
Kontaktpotentialdifferenz 78
–, Berechnung der 78
Kopplungswiderstände
eines Vierpols 124ff.
Kreuz-(X-)Schaltung 134
Kristalldetektor 88
Krömer, K. 92, 165
Küpfmüller, K. 153, 163, 165, *166*
Kurzschlußstabilität 13, 15, 163

Landwehr, G. 41, 164
Leerlaufstabilität 13, 15, 163
Legierungsphotokathoden 40
– verfahren 101
Leistungsverstärkung 2
Leitfähigkeit, differentielle 12
– –, negative 12ff.
– – sband 72, 80, 91
– –, unipolare 22, 68
– ung, elektronische 1, 36, 68
n- – – 36, 68
p- – – 36, 68
– – sgleichungen 142ff., 146
Leuchtdioden 86
– röhren 56
– stofflampen 56
– – –, Zündschaltung 57
– – röhren 56
Licht, kaltes 56
Löschspannung 49ff.
logarithmisches Dekrement 6, 8

Majoritätsträger 95, 101, 112
Martens, F. 30, 164
Matrizen-Schreibweise
der Vierpolgleichungen 118, 119
Mebius, C. A. 45, 164
Mehrgitterröhren 31ff.
Mehrschichtdioden 99
Meißner, A. 12, 164, 167
– sche Schaltung 12
MES-FET 96
Mesatransistor 103
Michelsen, F. 37, 164
Miniaturisierung 61, 104
Minimalprinzip des kleinsten
Zwanges 14
Minoritätsträger 95, 101
Mischröhren 34
Molekularbewegung, thermische 46
MOS-FET 96, 112
Müller, W. 53, 164
Münch, W. von 96, 165

Nachrichtentechnik 60
negativer Widerstand 12ff.
Netzwerke 12, 147, 158
n-Leitung 36, 68
Nutzenergie 60

Oktode 34
Oxidationsverfahren 107, 112

Pasten, leitende 104
Perveanz 23
Phasenanschnittsteuerung 99
– entzerrung 141
– verlauf (Hoch- u. Tiefpaß) 139
– – (Bandpaß- u. -sperre) 152
– verschiebung 3
Photoätzung 112
– dioden 36, 84
– elemente 42, 85
– effekt 1
– –, äußerer 40ff.
– –, innerer 34ff.
– lack 112
– lithographie 107, 112
– maske 112ff.
– transistor 92
– widerstände 36ff.
– zellen 34ff.
– –, gasgefüllte 43

Photoätzung, -zellen
– –, Kennlinien 41, 43
– –, Vakuum- 41
pin-Diode 101
Π-Schaltung von Vierpolen 132ff.
Planartechnik 103ff.
p-Leitung 36, 68
pn-Übergang 36, 67
– - –, Kennlinie 68, 69
– - –, Ziehen a. d. Schmelze 66
*Poisson*sche Gleichung 23
Potentialschwelle 69
Potentialschwelle, Berechnung der Durchdringungswahrscheinlichkeit 75, 76
–, durch Kontaktpotentialdifferenz 78

Raumladung 22
– sbereich 21
– skonstante 23, 26
– sgesetz, *Schottky*sches 23
Rauschen, thermisches 11, 13, 162
Regelröhre 34
Relaxationszeit 39, 51, 53, 55, 60, 81, 85, 96, 101
Resonanzfall 10
*Richardson*sche Gleichung 21, 35
Röhren, Elektronen- 21ff.
– diode 21, 25
– gleichrichter 22
– güte 28
– hexode 34
– oktode 34
– triode 25ff.
Rückkopplungsprinzip 11

Sägezahnschwingungen 49
Sättigungsbereich 21
Sandwich-Aufbau 103, 105
Schichtenaufbau 100
– einkristalliner 64, 100, 111
– polykristalliner 64, 111
J. M. Schmierer 45, 164
Schottky, W. 30, 77, 164, *167*, *(160)*
– diode 77ff.
– –, Relaxationszeit 81
– kontakt 95
– –, Relaxationszeit 96
– sches Raumladungsgesetz 23
Schrödinger-Gleichung 75
Schutzgasatmosphäre 66
Schwingung 2
–, anharmonische 49
–, erzwungene 9
–, gedämpfte 4
–, harmonische 3
– sanfachung 4
– saufschaukelung 11
– sformel, Thomsonsche 6
Kipp- 49
Sägezahn- 49
Schwingwiderstände eines Vierpols 123ff.
Segregation 63
– skonstante 63
Sekundärelektronenvervielfachung 40
Senditron 59
*Shockley*sche Gleichung 68
Silizium 62
–, Reindarstellung 62
–, Sinderung 63
– tetrachlorid 62
–, tiegelfreies Zonenschmelzen 63
Smith, W. 36
Solarzellen 85
–, Kenndaten (Tab. 4) 85
Source 95
Spannung 2
Betriebs- 47
Klemmen- 161
Lösch- 49
Netz- 47
Sperr- 69
Ur- 2, 85, 118, 160
Zünd- 48ff.
– smessung (*Josephson*-Effekt) 84
– srückwirkungsfaktor 94
– sstabilisator (Glimmentladung) 52
– – (Zener-Effekt) 72

Spannungssteuerung 95
– sverstärkung 27, 90
Sperrspannung 69
– kapazität 69
– richtung 69
– schicht, photoelektrische 70
– –, magnetische 70
– – freie Übergänge 79
Spitzendiode 69, 88
– transistor 89
Stabilität 13
– (Kurzschluß-) 15, 163
– (Leerlauf-) 15, 163
– sbedingungen 15, 163
Stabilität einer Glimmentladung 48
Statz, H. 96, 165
Steilheit 24ff.
–, differentielle 26
–, direkt gemessene 29
–, dynamische 31
–, statische 24
Steuergitter 26, 33
– spannung 26, 95
– wirkung 26
– –, additive 33
– –, multiplikative 34
Störleitung 60
Stoletow, A. 44, 164
Stoßionisation 46
Strahlung, kosmische 46
Strom (Elektronen-) 2
Steuer- 2
Leitungs- 2
Verschiebungs- 2
Ur- 2, 85, 118, 160
Wechsel- 4
– steuerung 90, 95
– verstärkung 27
– – sfaktor 2, 94
Supraleiter 81

Teichmann, H. 46, 70, 163, 164, 165
Telegraphengleichung 144
Thallofid 36
Theorem, *Hurwitz*sches 12
thermische Elektronengeschwindigkeit 91
– Molekularbewegung 46
– s Rauschen 11, 13, 162
*Thomson*sche Schwingungsformel 6
Thyratron 59
Thyristor 95, 97ff.
–, Daten (Tab. 5) 100
Tiefpaß 136ff.
Townsend, J. S. 45, 46 *(161)*
– -Gebiet 45, 53
Träger, keramische (Tab. 7) 105
Transformator 146
Transistoren 61, 89ff.
– Bändermodell 91
–, bipolare 95
–, unipolare 95
– (Vierpolparameter) 155
Drift- 92
Feldeffekt-(FET-)- 1, 62, 95ff.
Flächen- 90ff.
Mesa- 103
MES-FET 96
MOS-FET 96, 112
Photo- 92
Schicht- 91
Spitzen- 89
Tunnel- 92
T-Schaltung von Vierpolen 131ff.
Tunneldioden 70, 72ff.
– – (fallende Kennlinie) 73
– – (Schwingungserzeuger) 75
– effekt, wellenmechanischer 69
– n, direktes 76
– n, indirektes 76
– transistor 92

Übergänge, sperrschichtfreie 79
Übersetzer 146ff.
Übersetzungen eines Vierpoles 125ff.
Strom- 125
Spannungs- 125
Leistungs- 126
Übertrager 146
Übertragungsmaß 126

Urspannung 2, 118, 160ff.
–, photoelektrische 36, 42, 85
Urstrom 2, 85, 118, 160ff.

Vakuum-Photozellen 41ff.
Valenzband 73, 80, 91
Varaktordioden 70, 71
Varistordioden 70, 71
Ventilröhre 52
verbotene Zone 73, 76
Verstärkung 1ff., 27, 31, 44, 60, 75, 90, 95, 155ff.
Verstimmung 10
Vierpol 2, 114
–, einfacher linearer symmetrischer 131ff.
– gleichungen 116ff.
Vierpol-Kennwerte 120ff.
– – des Transistors 155ff.
– – (Umrechnung) (Tab. 9) 130
–, Kopplungswiderstände 125
–, linearer 117, 118
– parameter 117
– schaltungen 114
–, Schwingwiderstände 124
–, symmetrischer 118
– theorie 114ff.
– übersetzungen 125ff.
–, umkehrbarer 118
–, unsymmetrischer 118
–, Wellenübertragungsmaß 126
–, Wellenwiderstand 121ff.
–, Widerstandsabhängigkeit 121
Vorglimmentladung 45

Wagner, K. W. 15, 164, *167*
Wallot, J. 114, 163, 165, *167*
Wandler, photoelektrische 34
Watson, H. E. 45, 164
Weglänge, freie 43
Welker, H. 70, *(161)*
– sche 3,5 Verbindungen 66
Wellen, elektromagnetische 4
– übertragungsmaß 126
– widerstand 121ff.
Wheatstonesche Brücke 135
Widerstand 3
–, differentieller 12, 26
–, direkt gemessener 29
–, induktiver 3
–, innerer 12, 26
–, kapazitiver 3
–, negativer 12ff.
–, ohmscher 3
Ausgangs- 94
Eingangs- 94
Kopplungs- 124
Kurzschluß- 121
Leerlauf- 121
Schwing- 123
Wellen- 121
– sänderung, photoelektrische 36
– sgerade 47
Wismut 40, 41

Zählrohre 45, 53
–, selbstlöschende 54
Zeitkonstante s. Relaxationszeit
Zenerdioden 70, 72
– als Spannungsstabilisator 72
– -Effekt 69
Zobel, O. 154, 165
– sches Halbglied 155
Zone, verbotene 76
– nschmelzverfahren 63, 100
–, tiegelfreies 63
– mit Tiegel 65
Züchtung von Einkristallen 64
Zündspannung 48ff.
Zwang 14
Zweidrahtverstärker als Gyrator 148
Zweitor 114
Zweipol 160ff.
– (thermischer Rauschwiderstand) 162